高职高专“十二五”规划教材

# 药物制剂技术

沈　莉　主编
王云庆　主审

化学工业出版社
·北京·

全书分为七个学习单元，分别介绍口服固体制剂生产技术（包括散剂、颗粒剂、胶囊剂、片剂、滴丸剂等的生产工艺、各岗位操作及相关知识）和无菌制剂生产技术（包括小容量注射剂，大容量注射剂等的生产工艺、各岗位操作及相关知识）。教材遵照以实践为导向的课程体系，按“教、学、做一体化”的思路，探索项目导向、理实一体的教学模式，弱化学科的系统性，突出实用性、技术性、应用性。全书采用创新的体例格式，以项目、模块代替篇、章、节，每一项目都有明确的学习目标和工作任务。

本书主要供高等职业学校药学、制药类专业学生使用，也可作为制药企业职工以及其他相关专业人员的培训用书。

**图书在版编目（CIP）数据**

药物制剂技术/沈莉主编. —北京：化学工业出版社，2011.2（2021.8 重印）
高职高专“十二五”规划教材
ISBN 978-7-122-10410-6

Ⅰ. 药…　Ⅱ. 沈…　Ⅲ. 药物-制剂-技术-高等学校：技术学院-教材　Ⅳ. TQ460.6

中国版本图书馆 CIP 数据核字（2011）第 007804 号

责任编辑：李植峰　　文字编辑：李　瑾
责任校对：边　涛　　装帧设计：刘丽华

出版发行：化学工业出版社（北京市东城区青年湖南街 13 号　邮政编码 100011）
印　　装：涿州市般润文化传播有限公司
787mm×1092mm　1/16　印张 13¼　字数 334 千字　　2021 年 8 月北京第 1 版第 4 次印刷

购书咨询：010-64518888　　售后服务：010-64518899
网　　址：http://www.cip.com.cn
凡购买本书，如有缺损质量问题，本社销售中心负责调换。

**定　　价：39.00 元**

# 《药物制剂技术》编写人员

主　　编　沈　莉

副 主 编　丁振铎　杨松岭

参编人员（按姓名笔画排列）

丁振铎（黑龙江生态工程职业学院）

刘　楠（铜仁职业技术学院）

安明显（黑龙江农业职业技术学院）

杨松岭（黑龙江生物科技职业学院）

沈　莉（黑龙江农垦职业学院）

张　楠（黑龙江农垦职业学院）

陈　未（江苏畜牧兽医职业技术学院）

殷作群（黑龙江生物科技职业学院）

崔立勋（黑龙江生物科技职业学院）

主　　审　王云庆（黑龙江农垦职业学院）

# 前　言

药物制剂技术是在药剂学理论指导下，研究药物制剂工艺基本理论及生产制备技术的一门课程，是药品类专业核心专业课程，其课程特点是紧密结合生产实际。为此，本教材在编写过程中，遵照以实践为导向的课程体系，按“教、学、做”合一思路，探索项目导向、课堂与实训一体化的教学模式，弱化学科的系统性，突出实用性、技术性、应用性。全书采用创新的体例格式，以项目、模块代替篇、章、节，每一项目都有明确的学习目标和工作任务。回避对高深理论的探讨，兼顾制剂生产的工序性，充分考虑受教育对象的知识层次、接受知识的能力及其所适应的教育方式，注重培养学生创新、获取信息及终身学习的能力，以适应新时期医药高等职业技术教育改革和发展的需要。

本教材共分七个学习单元，内容围绕培养药物制剂岗位需求的高素质技能型人才培养目标，介绍口服固体制剂生产技术（包括散剂、颗粒剂、胶囊剂、片剂、滴丸剂等的生产工艺、各岗位操作及相关知识）和无菌制剂生产技术（包括小容量注射剂、大容量注射剂等的生产工艺、各岗位操作及相关知识）。本书可作为高职高专药品类专业师生的教材，也可供药品类专业人员作为培训教材使用。

本教材由沈莉担任主编，负责全书统稿并编写学习单元五，陈未编写学习单元一和学习单元三项目一，崔立勋编写学习单元二项目一，殷作群编写学习单元二项目二模块一中散剂、颗粒剂、胶囊剂、丸剂、中药丸剂，杨松岭编写学习单元二项目二模块一中片剂和模块二，丁振铎编写学习单元三项目二，安明显编写学习单元四，刘楠编写学习单元六，张楠编写学习单元七。

在教材编写过程中，得到了参编院校相关领导及同行的大力支持；王云庆教授审阅了全稿，并提出了宝贵的意见和建议；编写过程中参考了相关教材及专著，在此一并表示感谢！

由于编者水平与能力有限，书中疏漏之处在所难免，恳切希望广大读者予以批评指正，以便总结经验，修订完善。

编者

2011年1月

# 目　录

# 学习单元一　药物制剂技术基础

**学习目标**

1. 常用术语及含义。
2. GLP、GCP 、GSP、GAP、GUP 的含义。
3. 药品剂型的分类。
4. 处方药与非处方药的概念及区别。
5. GMP 的概念及基本内容。

**工作任务**

1. 能按不同的分类方法进行剂型分类。
2. 会进行处方、处方药类别判定。
3. 会查阅使用 2010 年版《中华人民共和国药典》及制剂相关法定依据。
4. 熟悉药厂洁净室。

## 模块一　必备知识——药物制剂工作依据

### 一、常用术语及含义

1. 药品

用于预防、治疗、诊断人的疾病，有目的地调节人的生理机能并规定有适应证或者功能主治、用法和用量的物质，包括中药材、中药饮片、中成药、化学原料药及其制剂、抗生素、生化药品、放射性药品、血清、疫苗、血液制品和诊断药品等。

2. 辅料

生产药品和调配处方时所用的赋形剂和附加剂。

3. 药物制剂

根据药典或药政管理部门批准的标准，为适应治疗、诊断或预防的需要而制成的药物应用形式的具体品种，简称制剂。如葡萄糖氯化钠注射液、阿苯达唑片等。

4. 剂型

药物经过加工制成的应用于临床的适宜形式称为药物剂型，简称剂型。如片剂、注射剂、软膏剂等。根据国家药典或药政部门批准的质量标准，同一种药物可以制成不同的剂型；同一种剂型可以有不同的药物。

5. 制剂名称

我国制剂名称有三种：通用名（CADN)、商品名和国际非专利名（INN)。通用名是药品标准中收载的药品名称，是根据国际通用药品名称、卫生部药典委员会《新药审批办法》的规定命名的，为药品的法定名称，并以法律规定的形式加以保护。商品名是制药企业为其产品注册的商标名称，是药品制造商根据自己的经营理念，为创造企业的品牌而精心设计的，是为了占有更广阔的市场，从而获取更大的发展空间和利益。所以，同一种药物只有一个通用名，但却可以有许多不同的商品名。国际非专利名是世界卫生组织制定的药物国际通用名。

6. 药品批准文号

系指国家批准药品生产企业生产该药品的文号。由国家药品监督管理部门统一编订，并由各地药品监督管理部门核发。其格式为：国药准字＋1位字母＋8位数字。其中化学药品使用字母“H”，中药使用字母“Z”，通过国家食品药品监督管理局整顿的保健药品使用字母“B”，生物制品使用字母“S”，体外化学诊断试剂使用字母“T”，药用辅料使用字母“F”，进口分包装药品使用字母“J”。

7. 批量

系指在一次或相同操作条件下，连续制成质量均一的制剂的量。在GMP附录中分别对无菌药品、非无菌药品、原料药、中药制剂等规定了各自的批的划分原则。

8. 药品生产批号

系指用来表示药品生产日期的一种编号，常以同一原料和辅料、同一批次生产的产品作为一个批号。批号一般以6位数字表示。例如，070820，表示为2007年8月20日生产的药品。如果当日生产两批及两批以上该种药品，则在末尾数字后加1、2等字样，以示区别。

9. 药品的有效期

系指药品在一定贮存条件下，能够保证质量的期限。药品标签中的有效期应当按照年、月、日的顺序标注，年份用四位数字表示，月、日用两位数表示。其具体标注格式为“有效期至××××年××月”或者“有效期至××××年××月××日”；也可以用数字和其他符号表示为“有效期至××××.××.”或者“有效期至××××/××/××”等。预防用生物制品有效期的标注按照国家食品药品监督管理局批准的注册标准执行，治疗用生物制品有效期的标注自分装日期计算，其他药品有效期的标注自生产日期计算。

有效期若标注到日，应当为起算日期对应年月日的前一天，如：有效期至2006年7月，则表示该药品可使用到2006年7月31日。若标注到月，应当为起算月份对应年月的前一月。如：有效期至2006/07/08，则该药品可使用至2006年7月8日。

10. 制剂处方

指制备任何一种制剂的书面文件，应写明药物的名称、数量、制成何种剂型、配制数量和规格等。制剂处方应保存一定时间，以备查考。

结合已学知识，并通过图书馆、网络等查阅期刊及相关文献资料，回答问题。

处方是医疗和药剂配制的重要书面文件。一般地讲，处方按其性质可分为哪几种类型？举例说明。

## 二、药品剂型

目前药物制剂的剂型有40余种，一种药物可以制成何种剂型主要取决于药物本身的理化性质、给药途径及使用、储存和运输上的要求。药物剂型在很多情况下可以决定或影响药物的有效性、安全性和稳定性，如青霉素等药物若制成片剂，易在胃肠道内失活，故制成注射用无菌粉末供临床使用。

### (一) 剂型的重要性

1. 不同剂型改变药物的作用性质

如硫酸镁口服剂型用作泻下药，但其5%注射液静脉滴注，能抑制大脑中枢神经，有镇静、止痉作用。

2. 不同剂型改变药物的作用速度

如注射剂、吸入气雾剂等，起效快，常用于急救；丸剂、缓控释制剂、植入剂等作用缓慢，属长效制剂。临床上可根据治疗的需要选择不同作用速度的剂型。

3. 不同剂型改变药物的毒副作用

氨茶碱治疗哮喘病效果很好，但有引起心跳加快的毒副作用，若制成栓剂则可消除这种毒副作用；缓、控释制剂能保持血药浓度平稳，避免血药浓度的峰谷现象，从而降低药物的毒副作用。

4. 有些剂型可产生靶向作用

含微粒结构的静脉注射剂，如脂质体、微球、微囊等进入血液循环系统后，被网状内皮系统的巨噬细胞所吞噬，从而使药物浓集于肝、脾等器官，起到肝、脾的被动靶向作用。

5. 有些剂型影响疗效

固体剂型，如片剂、颗粒剂、丸剂的制备工艺不同会对药效产生显著的影响，特别是药物的晶型、粒子的大小发生变化时直接影响药物的释放，从而影响药物的治疗效果。

**（二）剂型的分类**

1. 按药品形态分类

（1）液体剂型　如酊剂、乳剂、混悬剂、搽剂等。

（2）固体剂型　如颗粒剂、片剂、栓剂、膜剂等。

（3）半固体剂型　如软膏剂、糊剂等。

（4）气体剂型　如气雾剂、吸入剂等。

相同形态中的各类剂型，其制法特点和使用方法也有相似之处。例如液体剂型制备时多需溶解，固体剂型制备时多需粉碎、混合，以内服给药为多；半固体剂型制备时多需熔化或研匀，一般多作外用。在药物吸收速度方面，以气体剂型最快，固体剂型较慢。因而，该种分类方法在制备、储存、运输上具有一定的指导意义。

2. 按分散系统分类

凡一种或几种物质的质点分散在另外一种物质的质点中所形成的体系叫做分散系统。被分散的物质称为分散相，容纳分散相的物质叫做分散介质。

（1）溶液型　是指药物以分子或离子状态（分散相质点小于1nm）分散在分散介质中所组成的均匀的液态分散体系，也称为低分子溶液，如溶液剂、糖浆剂、甘油剂、醑剂等。

（2）胶体溶液型　包括高分子溶液剂和溶胶剂（分散相质点在1～100$\mu$m间）。高分子溶液的质点分散在介质中形成均匀分散体系，如胶浆剂等；溶胶剂系由固体药物的多分子聚集体分散形成的非均匀分散体系。

（3）乳剂型　是指油相或水相的细小液滴（粒径大小在0.1～100$\mu$m间）分散在另一互不相溶的液相中所形成的非均匀分散体系，如乳剂等。

（4）混悬型　是指药物以固体微粒（粒径大小在0.5～10$\mu$m间）分散在液体介质中所形成的非均匀分散体系，如混悬剂等。

（5）气体分散型　是指液体或固体药物以微粒状态分散在气体分散介质中所形成的分散体系，如气雾剂、吸入粉雾剂等。

(6) 微粒分散型　是指药物以一定大小微粒呈液体或固体状态分散，如微球剂、微囊制剂等。

(7) 固体分散型　此类是固体药物以分散或聚集体状态存在的分散体系，如散剂、颗粒剂、胶囊剂、片剂等。

按分散系统分类，便于应用物理化学的原理阐明各类剂型内在的分散特性及制成均匀稳定制品的一般规律，但不能反映用药部位与方法对剂型的要求，甚至一种剂型由于基质和制法不同而必须分到几个分散系统中去。例如注射剂中有溶液型、混悬液型、乳浊液型和粉针等，如果仅按此法分类，就无法保持剂型的完整性。

3. 按给药途径分类

(1) 经胃肠道给药剂型　如片剂、散剂、液体药剂、浸出制剂等口服给药剂型；栓剂、灌肠剂等直肠给药剂型。口服给药剂型中的药物易受胃肠液的破坏而影响疗效；直肠给药剂型中的药物常较口服的吸收好，且药物不受或少受肝脏的代谢而破坏。

(2) 非经胃肠道给药的剂型

① 注射给药剂型。如注射剂，可根据需要做静脉注射、肌内注射、皮下注射、皮内注射、椎管注射和穴位注射等。

② 皮肤给药剂型。如洗剂、擦剂、软膏剂、糊剂等，用药后可在局部或经吸收发挥全身作用。

③ 黏膜给药剂型。如口含片、滴眼剂、滴鼻剂、舌下片剂等，可起全身作用或经黏膜吸收发挥全身作用。

④ 呼吸道给药剂型。如吸入剂、气雾剂等。

⑤ 腔道给药剂型。如栓剂、气雾剂等，用于直肠、尿道、阴道、鼻腔、耳道等，可起全身作用或经吸收后发挥全身作用。

4. 按制法分类

此类方法是将主要工序采用同样方法制备的剂型列为一类。例如用浸出方法制备的列为浸出制剂，如流浸膏剂、酊剂等；用灭菌方法或无菌操作方法制备的列为灭菌或无菌制剂，如安瓿注射剂、大输液、粉针剂、滴眼剂等。该方法因不能覆盖所有制剂，故较少应用。

## 活动与探究

结合已学知识，并通过图书馆、网络等查阅期刊及相关文献资料，回答问题。

药物与剂型之间有着辩证的关系。药物本身的疗效固然是主要的，而剂型对疗效的发挥，在一定条件下，也起着积极作用。剂型常用的有30余种。新的剂型也在不断地发展与创造中。将来会有更多的新剂型应用于临床。为什么需要这么多剂型？

### 三、药典

药典是一个国家记载药品标准、规格的法典，一般由国家卫生行政部门主持编纂、颁布实施，国际性药典则由公认的国际组织或有关国家协商编订。制定药品标准对加强药品质量的监督管理、保证质量、保障用药安全有效、维护人民健康起着十分重要的作用。药品标准是药品现代化生产和质量管理的重要组成部分，是药品生产、供应、使用和监督管理部门共同遵循的法定依据。

1949年中华人民共和国成立后，已编订了《中华人民共和国药典》（简称《中国药典》）1953年版、1963年版、1977年版、1985年版、1990年版、1995年版、2000年版、2005年版、2010年版共九个版次。

2010年版《中国药典》分为三部，一部为中药，二部为化学药，三部为生物制品。各部内容主要包括凡例、标准正文和附录三部分，其中附录由制剂通则、通用检测方法、指导原则及索引等内容构成。药典二部收载化学药品、抗生素、生化药品、放射性药品以及药用辅料等。药典三部收载生物制品。新版药典在凡例、品种的标准要求、附录的制剂通则和检验方法等方面均有较大的改进和发展，特别是对药品的安全性、有效性和质量可控性方面尤为重视。新版药典在继承前版药典的基础上，做了大量发展和创新性的工作。

结合已学知识，并通过图书馆、网络等查阅期刊及相关文献资料，回答问题。

1. 提高药品标准就意味着优胜劣汰。2010年版《中国药典》在2005年版的基础上，做了哪些大幅度的增修订和新增品种的工作？电子版、纸质版《中国药典》的查阅方法？

2. 何为药品标准？我国除药典外还有哪些药品标准？

## 四、处方药与非处方药

1. 处方的含义

处方指医疗和生产部门用于药剂调制的一种重要书面文件。

(1) 制剂处方　主要指药典、局（部）颁标准收载的处方。它具有法律的约束力，在制造或医师开写法定制剂时，均需遵照其规定。

(2) 医师处方　医师为某一患者医疗或预防需要而写给药房（药店）的书面文件。具有法律上、技术上和经济上的意义

(3) 协定处方　一般是根据某一地区或某一医院日常医疗用药需要，由医院药剂科与医师协商共同制订的处方。它适于大量配制和储备药品，便于控制药物的品种和质量，减少病人等候取药的时间。

(4) 生产处方　大量生产制剂时所列制剂的质量规格、成分名称、数量及制备和质量控制方法等规程性文件。

2. 处方药与非处方药的含义

(1) 处方药（prescription drug或ethical drug）　必须凭执业医师或执业助理医师的处方才可调配、购买，并在医生指导下使用的药品。处方药可以在国务院卫生行政部门和药品监督管理部门共同指定的医学、药学专业刊物上介绍，但不得在大众传播媒介发布广告宣传。

(2) 非处方药（nonprescription drug）　不需凭执业医师或执业助理医师的处方，消费者可以自行判断购买和使用的药品。经专家遴选，由国家食品药品监督管理局批准并公布。在非处方药的包装上，必须印有国家指定的非处方药专有标识。非处方药在国外又称之为“可在柜台上买到的药物”（over the counter，简称OTC）。

根据药品的安全性，非处方药又可分为甲、乙两类，其中乙类的安全性高于甲类。非处方药的包装、标签、说明书上均有其特有标识OTC。红色为甲类，必须在药店出售；绿色为乙类，除药店外，还可在药监部门批准的宾馆、商店等商业企业中零售。

结合已学知识，回答下列处方分别属何种处方？

1. 复方甘草片（含氯化铵）

处方：甘草流浸膏（粉末） 0.125g<br>
氯化铵 0.06g<br>
酒石酸锑钾 0.001g<br>
樟脑 0.002g<br>
苯甲酸钠 0.002g<br>
八角茴香油 0.002ml<br>
白糊精 适量<br>
乙醇、滑石粉 适量

2. 处方

1%麻黄素滴鼻液 8ml<br>
用法：滴鼻 3滴 3次/日

### 五、药事法规

1. GLP

GLP是good laboratory practice的简称，即《药物非临床研究质量管理规范》。药物的非临床研究是指非人体研究，亦称为临床前研究，用于评价药物的安全性，在实验室条件下，通过动物实验进行非临床（非人体）的各种毒性实验，包括单次给药的毒性试验、反复给药的毒性试验、生殖毒性试验、致突变试验、致癌试验、各种刺激性试验、依赖性试验以及与药品安全性评价有关的其他毒性试验。我国的《药品非临床研究质量管理规范》于1999年发布并于1999年11月1日起施行。

2. GCP

GCP是good clinical practice的简称，即《药物临床试验质量管理规范》。药品临床试验是指任何在人体（病人或健康志愿者）进行的药品系统性研究，以证实或揭示试验用药品的作用及不良反应等。制定GCP的目的在于保证临床试验过程的规范，结果科学可靠，保证受试者的权益并保障其安全。

3. GSP

GSP是good supply practice的缩写，即《药品经营质量管理规范》。是控制药品流通环节所可能发生质量事故的因素，从而防止质量事故发生的一整套管理程序，是经营企业质量管理的基本准则。药品经营企业应在药品的购进、储运和销售等环节实行质量管理，建立包括组织结构、职责制度、过程管理和设施设备等方面的质量体系并使之有效运行。

4. GAP

GAP是good agricultural practice for chinese crude drugs的缩写，即《药材生产质量管理规范》。是为确保中药材的质量而定，要求从生态环境、种质到栽培、采收到运输、包装，每一个环节都要处在严格的控制之下。

5. GUP

GUP是英文good using practice的缩写，即《药品使用质量管理规范》。它是指医疗机构在药品使用过程中，针对药事管理机构设置、人员素质制度职责、设施设备，药品的购进、验收、储存、养护和调剂使用，药品不良反应监测、信息反馈、合理用药等环节而制定的一整套管理标准和规程。

### 六、药物制剂生产与 GMP

GMP 是英文 good manufacturing practice 的缩写，即《药品生产质量管理规范》，是药品生产和质量管理的基本准则，是一套系统的、科学的管理制度，是适用于制药等行业的强制性标准。它不仅仅通过最终产品的检验来证明达到质量要求，而是在药品生产的全过程中实施科学的全面管理和严密的监控来获得预期质量。实施 GMP 可以防止生产过程中药品的污染、混药和错药。我国的医药行业从 1980 年开始推行 GMP 工作。1999 年，国家药品监督管理局审议通过《药品生产质量管理规范》（1998 年修订）和《药品生产质量管理规范附录》（1998 年修订），并自 1999 年 8 月 1 日起执行。

药品生产企业的 GMP 认证工作是由国家食品药品监督管理局药品认证中心承办的，对认证合格的企业（车间）颁发认证证书并予以公告。从 2004 年 6 月 30 日起，通过 GMP 认证并获得认证证书是药品生产企业从事原料药和制剂生产的必备条件之一。

GMP 的基本点是：要保证药品质量，必须做到防止生产中药品的混批、混杂、污染和交叉污染。

## 模块二　实践操作——熟悉药厂洁净室

### 一、洁净室的要求

1. 洁净室的整体要求

① 洁净室（区）的内表面应平整光滑、无裂缝、接口严密、无颗粒物脱落，并能耐受清洗和消毒，墙壁与地面的交界处应成弧形，以减少灰尘积聚和便于清洁。

② 生产区和储存区应有与生产规模相适应的面积和空间便于生产操作，存放物料、中间产品、待验品和成品，应最大限度地减少差错和交叉污染。

③ 自产品成型（包括成型）以后各工序其洁净度要求应与所包装的药品生产洁净度相同，据此要求，药包材生产洁净室（区）的空气洁净度划分为三个级别：灯检间、产品上料间 100000；产品出料间 10000 级；产品封装区 100 级。

2. 洁净室（区）的管理要求

① 洁净室（区）内的人员数量应严格控制。其工作人员（包括维修、辅助人员）应定期进行卫生和微生物学基础知识、洁净作业等方面的培训及考核；对进入洁净室（区）的临时外来人员应进行指导和监督。

② 洁净室（区）与非洁净室（区）之间必须设置缓冲设施，人、物流走向合理。

③ 洁净室（区）内各种管道、灯具、封口以及其他公用设施，在设计和安装时应考虑使用中避免出现不易清洁的部位。设备保温层表面应平整、光洁，不得有颗粒性物质脱落。

④ 洁净室（区）内应使用无脱落物、易清洗、易消毒的卫生工具，卫生工具要存放于对产品不造成污染的指定地点，并应限制使用区域。

⑤ 洁净室（区）应根据生产要求提供足够的照明。主要工作室的照度宜为 300lx；对照度有特殊要求的生产部位可设置局部照明。厂房应有应急照明设施。

⑥ 洁净室（区）的窗户、天棚及进入室内的管道、风口、灯具与墙壁或天棚的连接部位均应密封。空气洁净级别不同的相邻房间之间的静压差应大于 5Pa，洁净室（区）与室外大气的静压差应大于 10Pa，洁净室（区）与非洁净室（区）的静压差应大于 5Pa，并应有

指示静压差的装置。

⑦ 洁净室（区）的温度和相对湿度应与药包材生产工艺相适应。无特殊要求时，温度宜控制在 18～26℃，相对湿度控制在 45%～65%。

⑧ 洁净室（区）在静态条件下检测的尘埃粒子数、浮游菌数或沉降菌数必须符合规定，应定期监控动态条件下的洁净状况。适时监控换气次数、静压差等参数。所有监测结果均应记录存档。

⑨ 洁净室（区）内安装的水池、地漏不得对所生产的产品产生污染。100 级洁净室（区）内不得设置地漏，操作人员不应裸手操作，当不可避免时，手部应及时消毒。

⑩ 10000 级洁净室（区）使用的传输设备不得穿越较低级别区域；100000 级以上的洁净工作服应在洁净室（区）内洗涤、干燥、整理，必要时应按要求灭菌；空气净化系统应按规定清洁、维修、保养并做记录。

## 二、综合实训　参观药厂洁净室

<table>
<tr><td>实践目的<br>1. 通过实践能对洁净室有直观的概念。<br>2. 能根据洁净室不同洁净级别正确进入洁净室。<br>3. 能按照洁净室的要求进行简单操作。</td><td>学时：6</td></tr>
<tr><td colspan="2">工作任务描述<br>药厂对于不同的制剂，其洁净程度的要求也不相同。通过实践，能对洁净室有一个初步的了解，知道如何进入不同的洁净区间，如何在此区间里面进行一些基本的生产与卫生操作。为今后正确进入注射剂等有洁净度要求的车间打下基础。</td></tr>
<tr><td colspan="2">媒体条件<br>1. 校内生产基地。<br>2. 各种资料（GMP 相关资料等）、PPT、视频、影像资料、教材、相关图书、网上资源、网络课程等。</td></tr>
<tr><td colspan="2">具体任务内容<br>1. 根据工作任务获取学习信息，获得相关知识。<br>(1) 洁净室物料管理。<br>(2) 能按照洁净室人员管理要求正确进入洁净室。<br>(3) 能进行洁净室的卫生、清洁管理。<br>2. 根据学习资料制订工作计划，完成工作计划。<br>3. 按照工作计划，遵守相关规定，独立完成每一个工作步骤，并按要求进行记录、归档，和提交报告。</td></tr>
<tr><td colspan="2">对学生的要求<br>1. 积极沟通，广泛收集各种资料，不得随意损坏和丢失信息资料。<br>2. 遵守课堂纪律，上课认真做好计划和记录，服从指挥。<br>3. 积极主动、按时完成工作任务，配合组长与老师的工作。<br>4. 自学好问、仔细观察、认真分析、制作精细。<br>5. 检查评价认真、公平、全面。</td></tr>
</table>

## 考核标准

| 实践项目：参观药厂洁净室 | | | 学时：6 |
|---|---|---|---|
| 实践目的<br>1. 进一步熟悉洁净室岗位操作要求。<br>2. 能正确按照洁净室的要求进入洁净室。<br>3. 通过参观能掌握洁净室的物料管理、人员管理以及卫生、清洁管理相关内容。 | | | |
| 序号 | 考核内容 | 考核标准 | 参考分值 |
| 1 | 学习与工作态度 | 态度端正，学习方法多样，课堂认真，积极主动，责任心强，全部出勤。 | 10 |
| 2 | 团队协作 | 服从安排，积极与小组成员合作，共同制订工作计划，共同完成工作任务。 | 10 |
| 3 | 实训计划制订 | 有工作计划，计划内容完整，时间安排合理，工作步骤正确。 | 10 |
| 4 | 实训记录 | 实训记录单设计合理，完成及时，记录完整，结果分析正确。 | 10 |
| 5 | 洁净室的整体要求 | 熟练掌握洁净室的整体要求。 | 10 |
| 6 | 洁净室工作程序 | 严格按规程进入洁净室并进行操作。 | 20 |
| 7 | 任务训练单 | 对老师布置的训练单，能及时上交，正确率在90%以上。 | 5 |
| 8 | 方法能力 | 能利用各种资源快速查阅获取所需知识，问题提出明确，表达清晰，有独立分析问题和解决问题的能力。 | 10 |
| 9 | 问题思考 | 开动脑筋，积极思考，提出问题，并对工作任务完成过程中的问题进行分析和解决。 | 15 |
| 10 | 合计 | | 100 |

## 单元要点

一、常用术语及含义

1. 药品　是指用于预防、治疗、诊断人的疾病，有目的地调节人的生理机能并规定有适应证或者功能主治、用法和用量的物质，包括中药材、中药饮片、中成药、化学原料药及其制剂、抗生素、生化药品、放射性药品、血清、疫苗、血液制品和诊断药品等。

2. 药物制剂　根据药典或药政管理部门批准的标准，为适应治疗、诊断或预防的需要而制成的药物应用形式的具体品种，简称制剂。

3. 剂型　系指药物经过加工制成的应用于临床的适宜形式称为药物剂型，简称剂型。如片剂、注射剂、软膏剂等。

4. 制剂名称　我国制剂名称有三种：通用名（CADN）、商品名和国际非专利名

(INN)。

5. 批量　系指在一次或相同操作条件下，连续制成质量均一的制剂的量。

6. 药品生产批号　系指用来表示药品生产日期的一种编号，常以同一原料和辅料、同一批次生产的产品作为一个批号。

二、药事法规

1. GLP　是 good laboratory practice 的简称，即《药物非临床研究质量管理规范》。

2. GCP　是 good clinical practice 的简称，即《药物临床试验质量管理规范》。

3. GSP　是 good supply practice 的缩写，即《药品经营质量管理规范》。

4. GAP　是 good agricultural practice for chinese crude drugs 的缩写，即《中药材生产质量管理规范》。

5. GUP　是英文 good using practice 的缩写，即《药品使用质量管理规范》。

三、药品剂型

1. 按药品形态分类

(1) 液体剂型　如酊剂、乳剂、混悬剂、搽剂等。

(2) 固体剂型　如颗粒剂、片剂、栓剂、膜剂等。

(3) 半固体剂型　如软膏剂、糊剂等。

(4) 气体剂型　如气雾剂、吸入剂等。

2. 按分散系统分类

(1) 溶液型　是指药物以分子或离子状态（分散相质点小于 1nm）分散在分散介质中所组成的均匀的液态分散体系，也称为低分子溶液。

(2) 胶体溶液型　包括高分子溶液剂和溶胶剂（分散相质点在 1～100μm 间）。高分子溶液的质点分散在介质中形成均匀分散体系；溶胶剂系由固体药物的多分子聚集体分散形成的非均匀分散体系。

(3) 乳剂型　是指油相或水相的细小液滴（粒径大小在 0.1～100μm 间）分散在另一互不相溶的液相中所形成的非均匀分散体系。

(4) 混悬型　是指药物以固体微粒（粒径大小在 0.5～10μm 间）分散在液体介质中所形成的非均匀分散体系。

(5) 气体分散型　是指液体或固体药物以微粒状态分散在气体分散介质中所形成的分散体系。

(6) 微粒分散型　是指药物以一定大小微粒呈液体或固体状态分散。

(7) 固体分散型　此类事固体药物以分散或聚集体状态存在的分散体系。

3. 按给药途径分类

(1) 经胃肠道给药剂型　如片剂、散剂、液体药剂、浸出制剂等口服给药剂型；栓剂、灌肠剂等直肠给药剂型。

(2) 非经胃肠道给药的剂型

① 注射给药剂型：如注射剂，可根据需要作静脉注射、肌内注射、皮下注射、皮内注射、椎管注射和穴位注射等。

② 皮肤给药剂型：如洗剂、擦剂、软膏剂、糊剂等，用药后可在局部或经吸收发挥全身作用。

③ 黏膜给药剂型：如口含片、滴眼剂、滴鼻剂、舌下片剂等，可起全身作用或经黏膜吸收发挥全身作用。

④ 呼吸道给药剂型：如吸入剂、气雾剂等。

⑤ 腔道给药剂型：如栓剂、气雾剂等，用于直肠、尿道、阴道、鼻腔、耳道等，可起全身作用或经吸收后发挥全身作用。

四、处方药与非处方药

1. 处方药　必须凭执业医师或执业助理医师的处方才可调配、购买，并在医生指导下使用的药品。

2. 非处方药　不需凭执业医师或执业助理医师的处方，消费者可以自行判断购买和使用的药品。

五、药物制剂生产与GMP

GMP是英文good manufacturing practice的缩写，中文的意思是《药品生产质量管理规范》，是药品生产和质量管理的基本准则。

## 目标检测

一、填空题

1. 非处方药可分为（　　）、（　　）。

2. GMP中文含义是（　　）。

二、选择题

（一）单选题

1. 甲类非处方药是（　　）

A. 必须凭医师处方才能买到的药品

B. 其安全性高于乙类非处方药

C. 其标识是绿色的

D. 可以在除药店之外的在药监部门批准的宾馆、商店等商业企业中零售

E. 只能在药店买到

2.《药品经营质量管理规范》简称是（　　）

A. GLP　　B. GSP　　C. GAP

D. GUP　　E. GMP

3. 乳剂是（　　）

A. 油水不相容体系

B. 均匀分散体系

C. 分散相质点小于1nm

D. 是指药物以固体微粒（粒径大小在0.5～10μm间）分散在液体介质中所形成的非均匀分散体系

E. 包括高分子溶液剂和溶胶剂

4. 下列关于剂型的表述错误的是（　　）

A. 剂型系指为适应治疗或预防的需要而制备的不同给药形式

B. 同一种剂型可以有不同的药物

C. 同一药物也可制成多种剂型

D. 剂型系指某一药物的具体品种

E. 阿司匹林片、扑热息痛片、麦迪霉素片、尼莫地平片等均为片剂剂型

5. 关于剂型的分类，下列叙述错误的是（　　）

A. 溶胶剂为液体剂型
B. 软膏剂为半固体剂型
C. 栓剂为半固体剂型
D. 气雾剂为气体分散型
E. 气雾剂、吸入粉雾剂为经呼吸道给药剂型

（二）多选题

1. 药品剂型按药品形态分类可分为（　　）
A. 液体剂型
B. 固体剂型
C. 半固体剂型
D. 气体剂型
E. 以上都不对

2. 非经胃肠道给药的剂型有（　　）
A. 注射给药剂型
B. 皮肤给药剂型
C. 黏膜给药剂型
D. 呼吸道给药剂型
E. 腔道给药剂型

3. 我国制剂名称有（　　）
A. 通用名
B. 商品名
C. 国际非专利名
D. 商标名
E. 专有名

4. 药物剂型可按下列哪些方法的分类（　　）
A. 按给药途径分类　B. 按分散系统分类　C. 按制法分类
D. 按形态分类　E. 按药物种类分类

5. 下列关于非处方药叙述正确的是（　　）
A. 是必须凭执业医师或执业助理医师处方才可调配、购买并在医生指导下使用的药品
B. 是由专家遴选的、不需执业医师或执业助理医师处方并经过长期临床实践被认为患者可以自行判断、购买和使用并能保证安全的药品
C. 应针对医师等专业人员做适当的宣传介绍
D. 目前，OTC已成为全球通用的非处方药的俗称
E. 非处方药主要是用于治疗各种消费者容易自我诊断、自我治疗的常见轻微疾病，因此对其安全性可以忽视。

三、问答题

1. 按分散系统来分，药品剂型可分为哪几类？
2. 何为药物的制剂和剂型？

**答案：**

一、填空题

1. 甲类、乙类
2. 药品质量管理规范

二、选择题

（一）单选题

1. E　2. B　3. A　4. D　5. A

（二）多选题

1. ABCD　2. ABCDE　3. ABC　4. ABCD　5. BDE

三、问答题

略

# 学习单元二 口服固体制剂制备技术

## 项目一 口服固体制剂前处理工艺

**学习目标**

1. 粉碎、筛分、混合的含义、目的等常识性知识。
2. 粉碎、筛分、混合的常用技术、操作过程。
3. 粉体的性质、药筛的规格、粉末的分等。
4. 粉碎、筛分、混合设备的结构、工作原理。

**工作任务**

1. 根据物料的性质和制剂要求选择适宜的粉碎、筛分、混合方法。
2. 完成粉碎、过筛、混合操作。
3. 完成粉碎、过筛、混合常用设备标准操作，对所用设备在运行过程中出现的一般故障进行排除。

目前，在临床上片剂、胶囊剂、颗粒剂、散剂等口服固体制剂被大量采用，这些口服固体制剂的共同特点是：与液体药剂相比物理、化学稳定性好，生产制造成本较低，服用与携带方便。这些口服固体制剂生产制备过程中，保证药物均匀混合与剂量准确的前处理工艺经历相同的操作单元，且各剂型之间有着密切的联系。本项目重点介绍口服固体制剂的主要制备工艺流程中如粉碎、过筛、混合等前处理工艺。

### 模块一 必备知识——粉碎、筛分、混合

#### 一、粉碎操作技术

##### (一) 概述

粉碎是将大块物料破碎成适宜大小的颗粒或细粉的操作。

1. 粉碎操作对制剂过程的意义

① 有利于提高难溶性药物的溶出速度以及生物利用度。

② 有利于各成分的混合均匀。

③ 有利于提高固体药物在液体、半固体、气体中的分散度。

④ 有助于从天然药物中提取有效成分等。

显然，粉碎对药品质量的影响很大，但必须注意粉碎过程可能带来的不良作用，如晶型转变、热分解、黏附与团聚（agglomeration）性的增大、堆密度的减小、在粉末表面吸附的空气对润湿性的影响、粉尘飞扬、爆炸等。

2. 粉碎规则

① 应保持药物的组成和药理作用不变。

② 药物只粉碎至需要的粉碎度，不做过度的粉碎。

③ 较难粉碎的部分，如叶脉或纤维等不应随意丢弃，以免损失有效成分或使药粉的含

量相对增高。

④ 粉碎毒药或刺激性较强的药物时，应严格注意劳动防护与安全技术。

3. 固体药物的粉碎过程

一般是利用外加机械力，部分地破坏物质分子间的内聚力，使药物变成小颗粒或细粉，表面积增加，机械能转变成表面能。粉碎的难易，与药物的结构和性质有关。

① 极性的晶体物质如石膏、硼砂等具有相当的脆性，较易粉碎，方形晶体，由于晶粒间结合面均匀并且对称，故也较易于粉碎；非极性的晶体物质如樟脑、冰片等则缺乏相应的脆性，当对其施加一定的机械力时，易产生变形而阻碍了它们的粉碎，通常可加入少量挥发性液体，当液体分子渗入固体分子间的裂隙时，由于能降低其分子间的内聚力，致使晶体易从裂隙处分开。

② 非晶形药物如树脂、树胶等具有一定的弹性，粉碎时一部分机械能引起弹性变形或变为热能，降低了粉碎效果。一般可用降低温度（0℃左右）来增加非晶形药物的脆性，以利粉碎。

4. 注意事项

① 在粉碎时，应及时将已达到要求细度的粉末随时筛去，使粗粒有充分机会接受机械能，如可以在粉碎机内安装药筛或利用空气流将细粉吹出。

② 中药材常包含有多种组织和成分，粉碎时应依其具体情况和要求来进行。组织脆弱的，如叶、花、茎等易于粉碎，种子及木质较多的部分则难粉碎，角质结构药材，如马钱子、犀角等最难粉碎，富含脂、油的药材，如脂、油为非特效成分时可在脱脂后再粉碎，如麦角等。

③ 药物经粉碎后，表面积增加，已粉碎的粉末有重新结聚的倾向，使粉碎不易往下进行。当不同药物混合粉碎时，一种药物适度地掺入到另一种药物中间，可使分子间的内聚力减小，粉末表面能降低而减少药物粉末的再聚结，粉碎便能继续进行；黏性与粉性药物混合粉碎，也能缓解其黏性，有利于粉碎。

**（二）粉碎常用技术**（见表 2-1）。

**表 2-1 粉碎常用技术**

| 粉碎方法 | 定义 | 操作过程及注意事项 |
|---|---|---|
| 干法粉碎 | 干法粉碎是把药物经过适当干燥处理(一般温度不超过 80℃)，使药物中的水分含量降低至一定限度(一般应少于 5%)再粉碎的方法 | 由于含有一定量水分(一般约为 9%～16%)的中药材具有韧性，难以粉碎，因此在粉碎前应依其特性加以适当干燥，容易吸潮的药物应避免在空气中吸潮，容易风化的药物应避免在干燥空气中失水。这种粉碎是制剂生产中最常用的粉碎方法 |
| 湿法粉碎 | 湿法粉碎系指药料加适量水或其他液体再研磨的粉碎技术，又称加液研磨法 | 其目的是使药料借液相分子渗入颗粒裂隙，减少分子间引力而利于粉碎，同时对于某些刺激性较强或有毒药物，可避免粉尘飞扬。如：冰片、樟脑、薄荷等药物常采用加液研磨法进行粉碎，即将药物放在乳钵或电动研钵中，加入少量的乙醇或水，用杵棒以较轻之力进行研磨使药物被研碎 |
| 混合粉碎 | 两种以上的药物同时混合并粉碎的操作方法称为混合粉碎 | 含糖类较多的黏性药如熟地、桂圆肉、天冬、麦冬等的黏性大，吸湿性强，必须先将处方中其他干燥药物粉碎，然后取一部分粉末与此药物掺研，使成不规则的碎块和颗粒，在 60℃以下充分干燥后再粉碎(俗称串研法)。含脂肪油较多的药物，如杏仁、桃仁、苏子、大风子等需先捣成稠糊状，再与已粉碎的其他药物掺研粉碎(俗称串油法) |
| 低温粉碎 | 指利用物料在低温时脆性增加，韧性与延伸性降低的性质，将物料或粉碎机进行冷却的粉碎操作 | 特点：①在常温下粉碎困难的物料，如熔点低、软化点低及热可塑性物料，例如树脂、树胶、干浸膏等可以较好地粉碎；②含水、含油较少的物料也能进行粉碎；③可获得更细的粉末；④能保留物料中的香气及挥发性有效成分 |

另外，单独粉碎多用于贵重细料药及刺激性药物；为了减少损耗和便于劳动保护的粉

碎；为了安全、防止中毒和交叉污染而粉碎的毒性药材；易于引起爆炸的氧化性、还原性药物的粉碎；适宜单独处理的药物如滑石粉、石膏等；需特殊处理的药物（低温粉碎）如乳香、没药等。

流能粉碎是指利用高压气流使物料与物料之间、物料与器壁间相互碰撞而产生强烈的粉碎作用的操作。

**知识扩展**

超细粉碎技术是20世纪60年代末发展起来的一门高新技术，同时也是古老粉碎技术的新应用和新发展。超细粉体通常分为微米级、亚微米级以及纳米级粉体。粉体粒径为1～100nm的称为纳米粉体；粒径为0.1～1μm的称为亚微米粉体；粒径大于1μm的称为微米粉体。药物超细粉碎后可增加其利用效率，提高生物利用度，提高疗效，为剂型改革创造了有利的条件（例如超细粉碎后制成针剂使用）。

### （三）粉碎常用设备

粉碎设备，按粉碎作用力分类有：以研磨、撞击、截切、挤压等作用为主的粉碎机械；按产品粒度进行分类有：粗碎机械、中碎机械、细碎机械、超细碎机械；按设备构造分类有：研磨式粉碎机械、机械式粉碎机械、气流式粉碎机械、低温粉碎机械见表2-2。

**表2-2　粉碎常用设备**

| 名称 | 设备外观图(或结构示意图) | 结构与性能 | 适用范围 |
|---|---|---|---|
| 研钵 |  | 又称乳钵，常见的有瓷制、玻璃制、金属制及玛瑙制等。瓷制乳钵内壁有一定的粗糙面，以加强研磨的效能，但易镶入药物而不易清洗 | 不宜用于粉碎小量的药物，对于毒药或贵重药物的研磨与混合采用玻璃制乳钵较为适宜 |
| 球磨机 |  | 球磨机的主要部分为一个由壳体和研磨体组成的圆形球罐。壳体多为不锈钢或陶瓷罐，横卧在动力部分上，由电动机通过减速器带动旋转。研磨体多为锰钢球、陶瓷球装入壳体内。当球罐转动时，球体借离心力上升，至重力分力大于离心力时，球体在壳体内上升至一定高度呈抛物线下落而产生撞击作用，同时研磨体之间以及研磨体与罐壁之间的研磨作用，使物料得到高度粉碎 | 球磨机广泛应用于干法粉碎 |
| 万能粉碎机 |  | 万能粉碎机主要由带有钢齿的圆盘和环状筛构成。装在主轴上的回转圆盘钢齿较少，固定在密封盖上的圆盘钢齿较多，且是不转动的。当盖密封后，两盘钢齿在不同的半径上以同心圆排列方式互相处于交错位置，转盘上的钢齿能在其间做高速旋转运动 | 适用于多种中等硬度的干燥物料。对腐蚀性大、剧毒药、贵重药不宜使用。由于粉碎过程中会发热，故也不宜用于含有大量挥发性成分和软化点低、具有黏性的药物的粉碎 |
| 流能磨 |  | 系利用高速弹性流体(空气、蒸汽或惰性气体)使药物的颗粒之间以及颗粒与室壁之间发生碰撞而产生强烈的粉碎作用，流能磨在粉碎药物过程中，由于气流在膨胀时产生冷却效应，故被粉碎物料的温度不会升高 | 适用于抗生素、酶、低熔点或其他对热敏感的药物的粉碎。而且在粉碎的同时就进行了分级。只是操作时应注意加料速度一致，以免堵塞喷嘴 |

## 活动与探究

1. 查阅资料，为下列物料选择合适的粉碎方法。

物料：麝香、牛黄、雄黄、杏仁、珍珠、冰片、树脂、干浸膏、麦冬、刺五加、丹参、鹿茸、熟地黄、山茱萸。

2. 查阅资料，通过下表提供的各种粉碎机的性能比较，你能得到什么启示？

| 粉碎机类型 | 粉碎作用力 | 粉碎后粒度/μm | 适应物料 |
|---|---|---|---|
| 球磨机 | 磨碎、冲击 | 20～200 | 可研磨性物料 |
| 滚压机 | 压缩、剪切 | 20～200 | 软性粉体 |
| 冲击式粉碎机 | 冲击 | 4～325 | 大部分医药品 |
| 胶体磨 | 磨碎 | 20～200 | 软性纤维状 |
| 气流粉碎机 | 撞击研磨 | 1～30 | 中硬度物质 |

由上述探究可知，在制剂生产中根据被粉碎物料的性质、产品粒度的要求、物料多少等而采用不同的方法粉碎。

### 二、筛分操作技术

筛分是借助筛网孔径大小将物料进行分离的方法。筛分法操作简单、经济而且分级精度较高，因此是医药工业中应用最为广泛的分级操作之一。

药物过筛的目的：①根据医疗和药剂制备要求，分离得到细度适宜的物料。②不但能将粉碎好的颗粒或粉末按粒度大小加以分等，而且也能起混合作用，以保证组成的均一性，同时还能及时将合格药粉筛出以减少能量的消耗。③筛分出的不合要求的粗粉还可再粉碎，这对药品质量以及制剂生产的顺利进行都有重要的意义。如颗粒剂、散剂等制剂都有药典规定的粒度要求；在混合、制粒、压片等单元操作中对混合度、粒子的流动性、充填性、片重差异、片剂的硬度、裂片等具有显著影响。

#### 知识链接

药筛的孔径大小用筛号表示。筛子的孔径规格各国有自己的标准，我国有《中国药典》标准和工业标准。《中国药典》2010 年版规定把固体粉末分为六级，还规定了各个剂型所需要的粒度，请参考《中国药典》。我国工业用标准筛常用“目”数表示筛号，即以每一英寸（25.4mm）长度上的筛孔数目表示，孔径大小，常用微米表示。

常用筛分设备的操作要点是将欲分离的物料放在筛网面上，采用几种方法使粒子运动，并与筛网面接触，小于筛孔的粒子漏到筛下。过筛器械种类很多，应根据对粉末粗细的要求、粉末的性质和数量来适当选用。在药厂成批生产中常用粉碎、筛粉、空气离析、集尘联动装置，以提高粉碎与过筛效率，保证产品质量。在小批量生产及科学试验中亦常用手摇筛、旋振筛、悬挂式偏重筛粉机，见表 2-3。

制剂生产中常用的筛分设备有旋振筛、往复振动筛粉机和悬挂式偏重筛粉机。

### 三、混合操作技术

混合系指把两种或两种以上组分（固体粒子）均匀混合的操作。其目的是使药物各组分在制剂中均匀一致，以保证药物剂量准确，临床用药安全。混合过程是以细微粉体为主要对象，混匀时需要外加机械作用才能进行，但固体粒子形状、粒径、密度等各不相同，各成分间在混合的同时伴随着分离现象，这给混合操作带来一定难度。

表 2-3　筛分常用设备

| 名称 | 设备外观图(或结构示意图) | 性能及其适用范围 |
| --- | --- | --- |
| 药筛 |  | 药筛分为两种,冲眼筛和编织筛。冲眼筛系在金属板上冲出圆形的筛孔而成。其筛孔坚固,不易变形,多用于高速旋转粉碎机的筛板及药丸等粗颗粒的筛分。编织筛是具有一定机械强度的金属丝(如不锈钢、铜丝、铁丝等),或其他非金属丝(如丝、尼龙丝、绢丝等)编织而成。编织筛的优点是单位面积上的筛孔多、筛分效率高,可用于细粉的筛选 |
| 旋振筛 |  | 是利用在旋转轴上配置不平衡重锤或配置有棱角形状的凸轮使筛产生振动。<br>旋振筛的特点:<br>①连续生产、自动分级筛选;<br>②封闭结构、无粉灰溢散;<br>③噪声低、产量高、耗能低;<br>④体积小、操作和维修方便;<br>⑤更换丝网容易 |
| 振动筛粉机 |  | 是利用偏心轮对连杆所产生的往复振动来筛选粉末的装置。振动筛往复振动的幅度较大,故宜过筛无黏性的植物或化学药物、毒物、刺激性的药物等 |

在片剂、颗粒剂、散剂、胶囊剂、丸剂等制剂的生产工艺中，固体粉粒之间的混合是重要且是基本工序之一，意义非常重大，例如片剂生产中混合不均匀会出现斑点、崩解时限不合格等，从而影响外观质量和药物疗效。尤其是长期连续服用的药物、含量非常低的药物、有效血药浓度与中毒浓度接近的药物的剂型，主药含量不均匀会给生物利用度及治疗效果带来极大的影响，甚至带来危险。因此合理的混合操作是保证制剂产品质量的重要措施之一。

**(一) 混合常用技术**（见表 2-4）

表 2-4　混合常用技术

| 混合技术 | 方法比较 |
| --- | --- |
| 研磨混合 | 将处方中各药粉共置于研钵或电动研钵中研磨混合。此法适用于小量生产,尤其适用于结晶性药物的混合。不适于引湿性及爆炸性成分的混合 |
| 搅拌混合 | 将处方中各药粉共置于容器中,用适宜的器具搅拌使之混合。多作初步混合之用,大量生产时,常用混合机混合 |
| 过筛混合 | 将各组分药粉经初步混合后,再过一次或数次药筛使之混匀。但由于较细和较重的粉末先通过筛网,故在过筛后,仍需适当搅拌,才能混合均匀 |

**(二) 混合常用设备**

在大批量生产中混合方式多采用搅拌或容器旋转方式，使物料产生整体或局部的移动而达到均匀混合的目的。目前，固体的混合设备大致分为两大类，即容器旋转型（混合筒、三维运动混合机）和容器固定型（槽形混合机、双螺旋锥形混合机），见表 2-5。

表 2-5 混合常用设备

| 名称 | 设备外观图(或结构示意图) | 性能及其适用范围 |
| --- | --- | --- |
| 混合筒 | 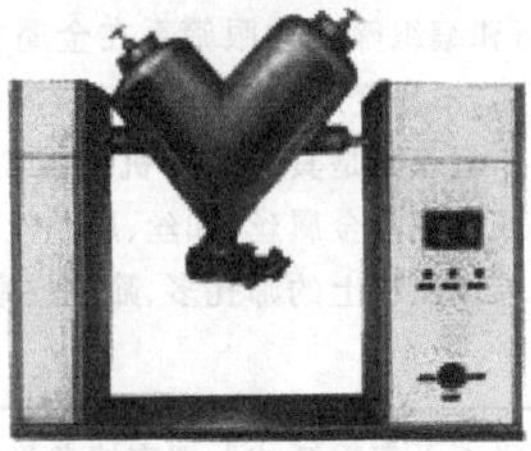 | 混合筒由一定几何形状的筒构成，一般装在水平轴上，由传动装置带动绕水平轴旋转。混合筒以V形者效率最高，在旋转混合时，药物被分成两部分，然后再使两部分药物混合在一起，集中在底部，如此反复循环，在较短时间内经多次分开、掺和而达到混合均匀 |
| 三维运动混合机 |  | 三维运动混合机由混合容器和机身两部分组成。混合容器是两端锥形的圆筒，筒深被两个带有万向节的轴连接，其中一个轴为主动轴，另一个轴为从动轴。混合容器在空间既有公转又有自转和翻转，做复杂的空间运动，因此物料在容器内除被抛落、平移外还做翻倒运动，进行着有效的对流混合、剪切混合和扩散混合，使物料在没有离心力作用下进行 |
| 槽形混合机 |  | 槽形混合机主要由混合筒、“S”形搅拌桨等组成。轴的两端有密封轴承，槽上有盖，可防止细粉飞扬和灰尘、异物等侵入。<br>槽形混合机的特点：搅拌效率较低，混合时间较长；搅拌轴两端的密封件容易漏粉，影响产品质量和成品率；操作简便，易于维修，在对一般产品均匀度要求不高的药物中得到广泛应用 |
| 双螺旋锥形混合机 | 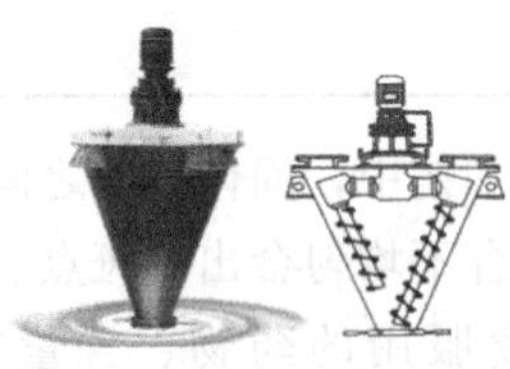 | 由锥形容器和内装的1～2个螺旋推进器组成。螺旋推进器的轴线与容器锥体的母线平行，螺旋推进器在容器内既有自转又有公转，在混合过程中物料在推进器的作用下自底部上升，又在公转的作用下在全容器内产生涡旋和上下循环运动。<br>双螺旋锥形混合机可适用于干燥的、润湿的、黏性的固体药物粉末混合 |

粉碎、筛分、混合的设备很多，那么根据具体的药物剂型我们应该如何选择合适的设备进行药品生产？

## 模块二 粉碎、筛分、混合操作实践

### 一、粉碎、筛分、混合常用设备标准操作

1. 万能粉碎机（20B）标准操作规程

（1）标准操作

① 先启动除尘机，确定工作正常。

② 按主机启动开关，待主机运转正常平稳后方可加料粉碎。

③ 每次向料斗加入物料时应缓慢均匀。

④ 停机时必须先停止加料，待10min后或不再出料后再停机。

（2）操作注意事项

① 开机前必须确认机器各紧固螺栓紧合良好，粉碎室门关好锁紧。

② 粉碎机开动后，待其转速稳定时再行加药。

③ 物料中严禁混有金属物，以免卡塞，引起电机发热或烧坏。

④ 严禁主轴反转，如发现主轴反堵不能转动时立即停机。

⑤ 机器必须可靠接地。

⑥ 确认设备的密封胶垫完好无损，如有损坏、漏粉时应及时更换。

⑦ 定期为机器加润滑油。

⑧ 每次使用完毕，必须关掉电源，方可进行清洁。

2. 旋振筛（S365）标准操作规程

（1）标准操作

① 检查设备是否清洁，无异物。

② 开机空载运转正常，应无异常声音。

③ 将相应规格的筛网安装好，将洁净的盛料桶接于出料口处。

④ 打开电源，将物料均匀加入。

⑤ 生产结束，关闭电源，做好设备的清场工作。

（2）操作注意事项

① 本机应装设电气保护装置。

② 本机运行初期，每天至少检查地脚螺栓一次，防止松动。

③ 当电机旋转方向不符合要求时，调整电源相序即可。

④ 电机应保证润滑良好，每运行二周左右补充锂基润滑脂（ZL-3）一次，加油时，通过油杯加入适量锂基润滑脂。当采用密封轴承时，电机没有安装油杯。

⑤ 本机累计运行 1500h 后，应检查轴承，若有严重损伤时应立即更换。

⑥ 本机停置较长时间后再次使用时，应测量绝缘电阻，用于500V兆欧表测量，应大于0.5MΩ。

3. 三维运动混合机（GH-2000）标准操作规程

（1）标准操作

① 根据物料的混合要求，设定好时间继电器的混合时间。

② 确定调速电机控制器的旋钮调到零位，并将其电源开关接通。

③ 合好电源开关，按绿色的启动电源钮，启动电机、开始旋转，此时设备并没有运动，慢慢调节转差离合器控制装置的调速旋钮，使设备的物料桶开始转动，直到达到要求的转速。

④ 设备运行达到了预定的时间，设备自动停止工作，此时请将控制装置的调速开关关闭，将调速旋钮调回到零位。

⑤ 开机调整调速旋钮，慢慢使混合桶的加料口调至适当位置，停机、关闭电源，打开加料口加料或出料。

（2）操作注意事项

① 开机前，都要检查控制器调速开关是否处在关闭状态，调速旋钮是否指在零位，如不是请归零位后再开机。

② 混合桶最大装载量为料桶容积的 80%，盖紧顶盖，防止松动。

③ 在操作过程中，如发现异常现象，应立即停车检查。

④ 工作结束后请做好清洁保修工作，以免粉尘进入机器中或渗入轴承之中。

⑤ 在电机启动后及在混合过程中，不宜靠近混合桶，以免发生撞击危险，最好根据混合桶运动范围设隔离装置，以防其他人进入运动区内，伤害身体。

⑥ 新设备在使用 1 个月后要重新更换减速机机油。

⑦ 在使用一段时间后，经常检查是否有些紧固件松动，进行紧固。

⑧ 轴承及链条要经常加润滑油。

⑨ 进出料口要求经常清理，密封件保持良好、不变形，如变形进行更换。

## 二、综合实训 粉碎、筛分、混合岗位操作

<table>
<tr><td>实践目的<br>1. 进一步熟悉粉碎、筛分、混合岗位操作。<br>2. 能正确使用粉碎、筛分、混合设备。<br>3. 能掌握粉碎、筛分、混合过程中的质量控制。</td><td>学时：20</td></tr>
<tr><td colspan="2">工作任务描述<br>粉碎、筛分、混合是制剂生产的基本操作，几乎所有的固体制剂生产都涉及。通过生产实践操作，能对所用设备在运行过程中出现的一般故障进行排除，对影响质量的工艺关键点进行控制，为今后在散剂、颗粒剂、胶囊剂、片剂等制剂的粉碎、筛分、混合工艺岗位工作打下良好基础。</td></tr>
<tr><td colspan="2">媒体条件<br>1. 药物制剂实训室、校内生产基地。<br>2. 多媒体设备、20B 型万能粉碎机、S365 旋振筛、三维运动混合机、不锈钢盆、托盘、天平等。<br>3. 各种资料（常用药物制剂设备使用说明等）、PPT、视频、影像资料、教材、相关图书、网上资源、网络课程等。<br>4. 实践材料：需粉碎、筛分的药物，需混合的物料（如淀粉、蔗糖、糊精等）。</td></tr>
<tr><td colspan="2">具体任务内容<br>1. 根据工作任务获取学习信息，获得相关知识。<br>(1) 20B 型万能粉碎机的操作（见正文）。<br>(2) 三维运动混合机标准操作（见正文）。<br>(3) S365 旋振筛标准操作（见正文）。<br>2. 根据学习资料制订工作计划，完成工作计划。<br>3. 按照工作计划，遵守相关规定，独立完成每一个工作步骤，并进行记录、归档和提交报告。</td></tr>
<tr><td colspan="2">对学生的要求<br>1. 积极沟通，广泛收集各种资料，不得随意损坏和丢失信息资料。<br>2. 遵守课堂纪律，上课认真做好计划和记录，服从指挥。<br>3. 积极主动、按时完成工作任务，配合组长与老师的工作。<br>4. 自学好问、仔细观察、认真分析、制作精细。<br>5. 检查评价认真、公平、全面。</td></tr>
</table>

**考核标准**

<table>
<tr><td colspan="3">实践项目：粉碎、筛分、混合岗位操作</td><td>学时：20</td></tr>
<tr><td colspan="4">实践目的<br>1. 进一步熟悉粉碎、筛分、混合岗位操作。<br>2. 能正确使用粉碎、筛分、混合设备。<br>3. 能掌握粉碎、筛分、混合过程中的质量控制。</td></tr>
<tr><td>序号</td><td>考核内容</td><td>考核标准</td><td>参考分值</td></tr>
<tr><td>1</td><td>学习与工作态度</td><td>态度端正，学习方法多样，课堂认真，积极主动，责任心强，全部出勤。</td><td>5</td></tr>
<tr><td>2</td><td>团队协作</td><td>服从安排，积极与小组成员合作，共同制订工作计划，共同完成工作任务。</td><td>5</td></tr>
<tr><td>3</td><td>实训计划制订</td><td>有工作计划，计划内容完整，时间安排合理，工作步骤正确。</td><td>5</td></tr>
<tr><td>4</td><td>实训记录</td><td>实训记录单设计合理，完成及时，记录完整，结果分析正确。</td><td>5</td></tr>
<tr><td>5</td><td>能以标准操作规程进行粉碎操作</td><td>严格按操作规程进行各工序操作，粉碎完毕后按要求清场。</td><td>20</td></tr>
<tr><td>6</td><td>能以标准操作规程进行筛分操作</td><td>严格按操作规程进行各工序操作，筛分完毕后按要求清场。</td><td>20</td></tr>
<tr><td>7</td><td>能以标准操作规程进行混合操作</td><td>严格按操作规程进行各工序操作，混合完毕后按要求清场。</td><td>20</td></tr>
<tr><td>8</td><td>设备的使用与维护</td><td>熟练使用和清洗粉碎机、旋振筛、三维运动混合机，对出现的小故障可进行简单的维修。</td><td>5</td></tr>
<tr><td>9</td><td>排除设备运行过程中出现的一般故障</td><td>能排除生产所用设备运行过程中出现的故障，处理方法正确。</td><td>5</td></tr>
<tr><td>10</td><td>任务训练单</td><td>对老师布置的训练单，能及时上交，正确率在90%以上。</td><td>2</td></tr>
<tr><td>11</td><td>方法能力</td><td>能利用各种资源快速查阅获取所需知识，问题提出明确，表达清晰，有独立分析问题和解决问题的能力。</td><td>5</td></tr>
<tr><td>12</td><td>问题思考</td><td>开动脑筋，积极思考，提出问题，并对工作任务完成过程中的问题进行分析和解决。</td><td>3</td></tr>
<tr><td>13</td><td colspan="2">合计</td><td>100</td></tr>
</table>

## 活动与探究

结合已学知识，并通过图书馆、网络等查阅资料，了解粉碎、筛分、混合岗位要求？

固体制剂岗位操作室要求必须保持干燥，室内呈负压，需有捕尘装置。温度 18～26℃、相对湿度 45%～65%，洁净度达 30 万级。

| 岗位要求 | 粉碎 | 筛分 | 混合 |
|---|---|---|---|
| 岗位职责 | | | |
| 生产工艺管理要点 | | | |
| 质量控制点 | | | |

## 项目要点

一、粉碎

1. 粉碎是借助机械力将大块物料破碎成适宜大小颗粒或细粉的操作。
2. 粉碎的目的是减小粒径，增加物料的表面积，便于各成分的混合均匀。
3. 粉碎的常用技术有干法粉碎、湿法粉碎、单独粉碎、低温粉碎、流能粉碎等。
4. 常用设备有冲击式粉碎机、研钵、球磨机、流能磨等。

二、筛分

1. 筛分是借助网孔工具将粗细物料进行分离的操作。
2. 筛分的目的是对粉碎后的物料进行粉末分等，并有混合作用。
3. 常用设备有旋振筛、往复振动筛选机、悬挂式偏重筛粉机。

三、混合

1. 混合是指将两种或两种以上物料均匀混合的操作。
2. 混合的目的是使处方组成成分均匀地混合，色泽一致，以保证剂量准确，用药安全。
3. 混合的常用技术有研磨混合、搅拌混合、过筛混合。
4. 常用设备有混合筒、槽式混合机、运动混合机等。

## 目标检测

一、填空题

1. 常用于混悬剂与乳剂等分散系的粉碎的机械为（　　）。
2. 万能粉碎机的特点是（　　　　　　　　　　　　　　）。
3. 蟾酥采用（　　　　）粉碎。
4. 含糖类较多的黏性药物宜采用（　　　　　）方法粉碎。

二、选择题

（一）单选题

1. 下列关于药材粉碎原则的叙述，错误的是（　　）

A. 不同质地药材选用不同粉碎方法，即施予不同机械力

B. 粉碎过程若有不易粉碎部位且不含有效部位可以弃去

C. 只需粉碎到需要的粉碎度

D. 适宜粉碎，不时筛分，提高粉碎效率

2. 球磨机的粉碎原理为(　　)

A. 不锈钢齿的撞击

B. 高速转动的撞击作用

C. 研磨介质做高频振动产生冲击力与摩擦力

D. 圆球的撞击与研磨作用

3.《中国药典》2010 版规定制药工业筛筛孔目数是要求(　　)

A. 每厘米长度上筛孔数目　　B. 每分米上筛孔数目

C. 每英寸长度上筛孔数目　　D. 每英尺长度上筛孔数目

4. 常用于混悬剂与乳剂等分散系的粉碎的机械为(　)

A. 球磨机　　B. 胶体磨

C. 气流粉碎机　　D. 冲击柱式粉碎机

5. 密度不同的药物在制备散剂时，采用何种方法最佳(　　)

A. 将轻者加在重者之上　　B. 多次过筛

C. 搅拌　　D. 将重者加在轻者之上

(二) 多选题

1. 粉碎的目的是(　　)

A. 利于药材中的有效成分的浸出　　B. 为制备药物剂型奠定基础

C. 便于调剂　　D. 便于服用

E. 有利于药物溶解与吸收

2. 下列药物适宜采用混合粉碎的是(　　)

A. 熟地　　B. 麝香　　C. 山萸肉

D. 乳香　　E. 蟾蜍

3. 下列哪种方法可以节约机械能(　　)

A. 水飞法　　B. 加液研磨法　　C. 混合粉碎

D. 低温粉碎　　E. 自由粉碎

4. 过筛的目的是(　　)

A. 将粉碎好的颗粒或粉末分成不同等级

B. 可以同时起混合作用

C. 供制备各种剂型的需要

D. 制备散剂时可以除去药材中一些较粗不易粉碎的纤维类成分

E. 便于浸提药材成分

5. 下列药材粉碎原则中不正确的是(　　)

A. 粉碎时应根据药料特性选择适宜的机械

B. 粉碎时有些不易粉碎的药材叶脉部分可以过筛除去

C. 药材粉碎前应尽量干燥

D. 粉碎毒性和刺激性强的药物应防止中毒

E. 粉碎过程中应及时过筛

三、问答题

1. 三维运动混合机如何操作?

2. 万能粉碎机操作的注意事项有哪些?

3. 旋振筛机械有何特点?

**答案：**

一、填空题

1. 胶体磨
2. 粉碎能力大，效率高，细粉率高
3. 球磨机
4. 单独粉碎

二、选择题

（一）单选题

1. B 2. D 3. C 4. B 5. D

（二）多选题

1. ABCDE 2. AC 3. ABCDE 4. ABC 5. BC

三、问答题

略

# 项目二 口服固体制剂制备技术

**学习目标**

1. 散剂、颗粒剂、胶囊剂、丸剂、中药丸剂、片剂的概念、分类和特点。
2. 散剂、颗粒剂、胶囊剂、丸剂、中药丸剂、片剂的常用制备方法。
3. 散剂、颗粒剂、胶囊剂、丸剂、中药丸剂、片剂的常用设备及其结构和工作原理。
4. 散剂、颗粒剂、胶囊剂、丸剂、中药丸剂、片剂的质量评价。

**工作任务**

1. 根据物料的性质和制剂要求选择适宜的制备方法。
2. 完成散剂、颗粒剂、胶囊剂、丸剂、中药丸剂、片剂的生产操作。
3. 完成散剂、颗粒剂、胶囊剂、丸剂、中药丸剂、片剂常用设备标准操作，对所用设备在运行过程中出现的一般故障进行排除。

## 模块一 必备知识——散剂、颗粒剂、胶囊剂、丸剂、中药丸剂、片剂

### 一、散剂

散剂系指药材与适宜的辅料经粉碎、均匀混合制成的干燥粉末状制剂。《中国药典》一部分为内服和外用散剂，二部分为口服散剂和局部用散剂。

**知识扩展**

口服散剂一般溶于或分散于水或其他液体中服用，也可以直接用水送服。局部用散剂可供皮肤、口腔、咽喉、腔道等处应用；专攻治疗、预防和润滑皮肤的散剂也可称为撒布剂或散粉。除另有规定外，口服散剂应为细粉，局部用散剂应为最细粉。

散剂的主要优点是：①制备工艺简单，剂量容易控制；②比表面积大，容易分散、起效

快，便于小儿服用；③对外伤可起到保护、吸收分泌物、促进凝血和愈合的作用；④比液体储存、运输、携带方便。

散剂的主要缺点是：药物粉碎后表面积增大，臭味、刺激性、吸湿性等相应增大，挥发性成分容易散失，所以一些腐蚀性较强及遇光、湿、热容易变色的药物一般不宜制成散剂；剂量较大时不如片剂、胶囊剂、丸剂等容易服用。

**（一）散剂的质量要求**

《中国药典》现行版规定，散剂在生产和储存期间均应符合下列有关规定。

① 供制散剂的成分均应制成细粉。除另有规定外，口服散剂应为细粉，局部用散剂应为最细粉。

② 散剂应干燥、疏松、混合均匀、色泽一致。制备含毒性药、贵重药或药物剂量小的散剂时，应采用配研法混匀并过筛。

③ 用于烧伤或严重创伤的外用散剂应无菌，须在清洁避菌环境下配制。

④ 散剂可单剂量包装也可多剂量包（分）装，多剂量包装散剂应附分剂量的用具。含有毒性药的内服散剂应单剂量包装。

⑤ 散剂中可含有或不含辅料，根据需要可加入矫味剂、芳香剂和着色剂等。

⑥ 散剂应密闭储存，含挥发性成分的药物或吸潮药物的散剂应密封储存。

**（二）散剂的制备**

散剂制备的一般工艺流程见图 2-1。

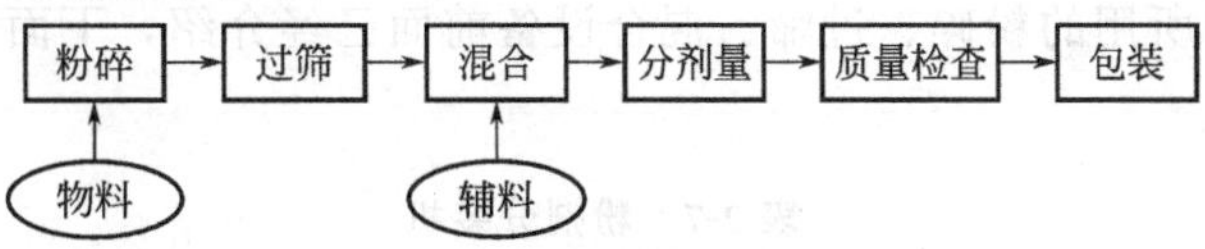


图 2-1 散剂的制备工艺流程

1. 物料的准备

将符合质量要求的原辅料根据处方要求进行预处理，使符合加工要求。如中药应根据处方中各个药材的性状进行清洗、干燥、浸出等；如为化学药品，应充分干燥，以满足粉碎要求。

2. 粉碎与过筛

制备散剂的药物均应粉碎，药物粉碎的粒度应视药物的性质、作用及给药途径而定。在口服散剂中，对于易溶于水的药物不必粉碎得太细，在胃中不稳定的药物、有不良臭味的药物及刺激性强的药物也不必粉碎得太细；对难溶性药物，为加速其溶解和吸收，应粉碎成极细粉或微粉；对用于治疗胃溃疡的不溶性药物，必须粉碎成最细粉，以利于发挥其保护作用及药效。用于皮肤或伤口的局部用散剂，一般要求粉碎成最细粉，以减轻对组织或黏膜的机械刺激。

粉碎时视药物的性质和质量要求选择合适的粉碎机械和筛网，并严格遵守开关机顺序和控制下料速度，及时过筛，保证产品的细度和均匀性。

3. 混合

称取处方中各组分，置合适的混合设备中进行混合。混合是制备散剂的重要工艺过程之一．其目的是使散剂、特别是复方散剂中各组分分散均匀，色泽一致，以保证剂量准确，用药安全有效。

混合时要注意设备能力、加料顺序、混合时间等，保证混合效率。

一般在混合后进行粒度、外观均匀度、鉴别、含量、干燥失重等检查，合格后进行分剂量包装。

4. 分剂量

将混合均匀的散剂按需要的剂量分成等重分数的过程叫做分剂量。分剂量后装入合适的内包装材料中。常用分剂量的方法见表2-6。

表 2-6 散剂分剂量方法

| 分剂量方法 | 方法比较 |
| --- | --- |
| 容量法 | 系用固定容量的容器进行分剂量的方法。是目前药厂生产和药房大量配制散剂常用的方法。此法效率较高,但分剂量准确性不如重量法,在操作过程中,散剂的粒度和流动性是分剂量是否准确的关键因素 |
| 重量法 | 系用衡器逐份称量的方法。此法分剂量准确,但操作麻烦,效率低,难以机械化。主要用于含毒性药物和贵重药物的散剂 |
| 目测法 | 系将一定重量的散剂用目测分成若干等份的方法。此法操作简便,但准确性差,医疗机构药房临时调配少量一般药物散剂和中药调配可用此法 |

5. 包装

散剂包装的重点在于防潮，因为散剂的分散度大，吸湿性和风化性都比较显著。若由于包装不当而吸湿，则极易出现潮解、结块、变色、分解、霉变等一系列不稳定现象，严重影响散剂的质量及用药的安全性。因此，散剂的吸湿特性及防止吸湿措施成为控制散剂质量的重要内容。包装时应根据药物性质选择相应包装材料和包装方法。

**（三）散剂常用设备**

散剂制备过程中所用的粉碎、过筛、混合设备前面已经介绍，下面重点介绍一下散剂的分装设备，见表2-7。

表 2-7 粉剂分装机

| 名　　称 | 设备外观图(或结构示意图) | 性能及其适用范围 |
| --- | --- | --- |
| 粉剂分装机 |  | 自动完成计量、制袋、充填、封合、打印批号、切断及计数等全部工作;自动完成粉末类物料的包装 |

**（四）散剂的质量评定**

按照《中国药典》或药品标准规定的方法测定粒度、外观均匀度、干燥失重或水分、装量差异、无菌、微生物限度。

**（五）散剂的储藏**

散剂在储存过程中，空气、温度、湿度、光线及微生物等对其质量都有一定的影响。其中以湿度影响最大，因为散剂的分散度比一般原料药大得多，其吸湿性也比较显著。吸潮后散剂可发生湿润、失去流动性、结块等物理变化，或发生变色、变质、效价降低等化学变化，或发生微生物污染等生物变化，因此在散剂的储存保管中要实施以下措施。控制好防潮这一关键环节。

① 一般散剂均应密闭在干燥处储存。

② 含挥发性药物或吸湿性药物的散剂应密封储存。

③ 含有不稳定成分的散剂，遇光易氧化、分解、变色、变质，如含磺胺类药物的散剂遇光线照射后逐渐变色失效，故应密封避光，在干燥处储存。

④ 含糖粉散剂、中草药散剂或生化药品散剂，吸潮受热易发生虫蛀、生霉现象，应特别注意防热，应密封置干燥阴凉处储存。

⑤ 此外在散剂的储存过程中应避免重压、撞击，以防包装破裂，造成漏粉。

**活动与探究**

1. 请同学们想想如何将含小剂量的药物制备成散剂？

2. 复方散剂中药物很容易分层，造成含量不均匀，同学们想想如何防止它的分层？

## 二、颗粒剂

颗粒剂系指药物与适宜的辅料制成具有一定粒度的干燥颗粒状制剂。颗粒剂可分为可溶颗粒（通称颗粒）、混悬颗粒、泡腾颗粒、肠溶颗粒、缓释颗粒和控释颗粒等。供口服用。

**知识扩展**

混悬颗粒系指难溶性固体药物与适宜辅料制成一定粒度的干燥颗粒剂。临用前加水或其他适宜的液体振摇即可分散成混悬液供口服。

肠溶颗粒系指采用肠溶材料包裹颗粒或其他适宜方法制成的颗粒剂。

缓释颗粒系指在水或规定的释放介质中缓慢地非恒速释放药物的颗粒剂。

控释颗粒系指在水或规定的释放介质中缓慢地恒速或接近于恒速释放药物的颗粒剂。

颗粒剂的优点为：①利于吸收，奏效快，携带、储存方便，既保持了汤剂的特点，又克服了汤剂服用、携带、储存不方便的特点；②可掩盖某些药物的不良臭味。颗粒剂可包衣或加入矫味剂等，起到掩味的作用；③可制成缓控释制剂。

颗粒剂的缺点是：包装不严密时，易潮解、结块。

### （一）颗粒剂的质量要求

《中国药典》现行版规定，颗粒剂在生产和储存期间均应符合下列有关规定。

① 药物与辅料应均匀混合；凡属挥发性药物或遇热不稳定的药物在制备过程中应注意控制适宜的温度条件，凡遇光不稳定的药物应遮光操作。挥发油应均匀喷入干燥颗粒中，密闭至规定时间或用β-环糊精包合后加入。

② 颗粒剂应干燥、色泽一致，无吸潮、结块、潮解等现象。

③ 根据需要可加入适宜的矫味剂、芳香剂、着色剂、分散剂和防腐剂等添加剂。

④ 颗粒剂的溶出度、释放度、含量均匀度、微生物限度等应符合要求。必要时，包衣颗粒剂应检查残留溶剂。

⑤ 除另有规定外，颗粒剂应密封，置干燥处储存，防止受潮。

⑥ 对化学药品，单剂量包装的颗粒剂在标签上要标明每个袋（瓶）中活性成分的名称及含量。多剂量包装的颗粒剂除应有确切的分剂量方法外，在标签上要标明颗粒中活性成分的名称和重量。

⑦ 除另有规定外，饮片应按各品种项下规定的方法进行提取、纯化、浓缩至规定密度的清膏，采用适宜的方法干燥，并制成细粉，加适量辅料或饮片细粉，混匀并制成颗粒；也

可将清膏加适量辅料或饮片细粉，混匀并制成颗粒。应控制辅料用量，一般前者不超过干膏量的 2 倍，后者不超过清膏量的 5 倍。

**（二）颗粒剂的制备**

颗粒剂制备的一般工艺流程见图 2-2。

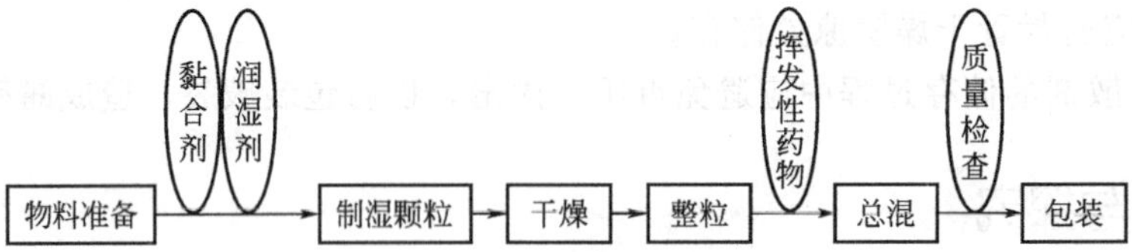


图 2-2 颗粒剂的制备工艺流程

1. 物料准备

将药物进行粉碎、过筛、混合，一般取用 80～100 目的粉末。中药材利用一定溶剂和方法浸出其有效成分。

2. 制软材

将药物或药材提取物与适宜的辅料（稀释剂如淀粉、乳糖、蔗糖等，崩解剂如淀粉、纤维素衍生物等）或药材细粉充分混匀，加入适量的润湿剂（水或乙醇）或黏合剂（淀粉浆等）制成松紧适宜的软材。大生产用槽型混合机进行混合。

3. 制湿颗粒

通常采用挤出制粒法制粒，传统的制粒设备为摇摆式颗粒机。近年来一些新的制粒方法已用于生产实践中，如流化喷雾制粒法、快速搅拌制粒法、滚转制粒法等，其中最典型的是流化喷雾制粒法，此法将混合、制粒、干燥操作在同一设备内完成，故又称“一步制粒法”或“沸腾制粒法”。

4. 干燥

干燥除“一步制粒法”制得的颗粒已被干燥外，其他方法制得的颗粒必须再用适宜的方法加以干燥，除去水分，防止颗粒结块或受压变形。常用的方法有箱式干燥法、流化床（沸腾）干燥法等。

5. 整粒

除去过细或过粗颗粒的过程称整粒。一般采用过筛或挤压的方法。因为干颗粒可能会有结块、粘连，可用一定数目的筛网筛分或用摇摆颗粒机挤压颗粒，筛网可用 14～20 目，若细粉太多，可用五号药筛除去过细颗粒，以使颗粒均匀。筛出的细粉可用于下批生产中。

6. 质量检查及分装和包装

将制成的颗粒进行质量检查和含量测定，合格后按装量装入适宜的袋中。由于颗粒剂易吸潮，一般选用复合膜袋包装。包装后进行微生物限度检查，合格后成品入库，可销售。

1. 请同学们分析一下颗粒剂颗粒色泽深浅不均等现象的原因及解决办法。

2. 颗粒剂很容易出现吸潮、结块现象，我们在生产中可以采取哪些措施来预防？

3. 试分析湿法制粒所制的颗粒过粗、过细、头粉多、颗粒一次得率低的现象产生的原因及解决办法。

## （三）颗粒剂常用设备

颗粒剂制备过程中所用的设备比较多，下面重点介绍制粒、干燥、颗粒分装等设备，见表 2-8。

表 2-8　颗粒剂常用设备

| 名　称 | 设备外观图(或结构示意图) | 性能及其适用范围 |
|---|---|---|
| 摇摆式颗粒机 |  | 本机采用不锈钢制作,是药厂非常实用的制粒设备。将物料加入料斗内,通过刮粉器往复转动,将物料从网孔挤出,制成所需的颗粒。本机结构紧凑,造型美观,体积小,效率高,运转平稳 |
| 湿法混合制粒机 |  | 本机是一次完成混合、加湿、制成颗粒等多种工序的快速设备,符合 GMP 药品生产标准。生产效率高,颗粒均匀,非常适用于片剂生产选用 |
| 一步制粒机 |  | 本机广泛用于压片、装胶囊及其他颗粒产品使用。主要工作原理是通过热空气经负压风机将物料充分沸腾、混合。通过制粒用专制喷枪、喷液,使物料凝聚成颗粒,并同时干燥,即混合-制粒-干燥一步完成。符合 GMP 药品生产要求 |
| 真空干燥烘箱 |  | 适用于高温下易分解、聚合或变质的热敏性物料的干燥,干燥过程中无任何不纯气体与粉尘进入。该干燥箱属于静态真空干燥箱,干燥物料的形体不会损坏。真空干燥,就是将被干燥物料处于真空条件下,进行加热干燥,在制药、食品等行业广泛应用 |
| 沸腾干燥机 |  | 本机采用优质不锈钢材料制作,密闭操作,机器内部无死角、无污染,符合 GMP 要求。工作时由风机产生的负压及搅拌桨的转动使物料沸腾,从而使物料中的水分快速蒸发。料斗随车架可移动翻倾,可快速方便卸料或清洗。该干燥机广泛用于制药、食品等生产行业的颗粒物料的干燥 |
| 颗粒分装机 |  | 自动颗粒包装机采用一系列性能优良的电器控制元件,可自动完成制袋、计量、充填、封合、分切、计数、热压批号等功能,适合各种颗粒、粉剂、洗衣粉等物料的自动包装适用于不易流动的粉类物料的小袋包装 |

**（四）颗粒剂的质量评定**

按照《中国药典》或药品标准规定的方法测定粒度、干燥失重或水分、溶化性、装量差异、装量、微生物限度。

**（五）颗粒剂的储藏**

颗粒剂的储存与散剂基本相同，关键是防潮，尤其是泡腾颗粒；还应注意防止发生分层现象。除另有规定外，颗粒剂宜密封，在干燥处储存，防止受潮变质。

**活动与探究**

1. 查阅资料，在制备颗粒剂时，你认为影响颗粒软硬的因素有哪些？

2. 中药颗粒剂生产制备过程中，浸膏本身往往起到黏合剂的作用。若浸膏量大则物料易聚结成较大的团块，使制粒困难，制粒时筛网上会出现“疙瘩”，并且制得的颗粒容易产生花斑，以上现象可以选用哪些途径来解决？

## 三、胶囊剂

胶囊剂系指药物或加有辅料充填于空心胶囊或密封于软质囊材中的固体制剂。胶囊剂主要供口服用。目前胶囊剂已经成为使用广泛的口服剂型之一，是除片剂、注射剂外的第三大剂型。

**知识扩展**

胶囊剂按硬度可分为硬胶囊与软胶囊，按溶解与释放特性可分为肠溶胶囊、缓释胶囊与控释胶囊。

（1）硬胶囊　如头孢拉定胶囊、地奥心血康胶囊等。随着制药技术的提高和设备的改进，近年来已有将油状液体、混悬液和糊状物充填于空胶囊中的胶囊剂。

（2）软胶囊　又称胶丸，系将一定量的液体药物直接包封，或将固体药物溶解或分散在适宜的赋形剂中制备成溶液、混悬液、乳状液或半固体，密封于球形或椭圆形的软质囊材中的胶囊剂。如维生素E胶丸、藿香正气软胶囊等。

（3）肠溶胶囊　系指硬胶囊或软胶囊用适宜的肠溶材料制备而得，或用经肠溶材料包衣的颗粒或小丸充填胶囊而制成的胶囊剂。肠溶胶囊不溶于胃液，但能在肠液中崩解进而释放活性成分。

（4）缓释胶囊、控释胶囊　缓释胶囊系指在水或规定的释放介质中缓慢地非恒速释放药物的胶囊剂。控释胶囊系指在水或规定的介质中缓慢地恒速或接近于恒速释放药物的胶囊剂。

胶囊剂的优点有：①可掩盖药物的不良臭味，提高药物的稳定性；②药物吸收快，生物利用度较高；③可延缓药物的释放和实现定位释放，利用制剂新技术将难溶性药物制成固体分散体发挥缓效作用，可制成缓释、控释、肠溶胶囊；④将液体制剂固体化，硬胶囊剂还能实现在胶囊体上印刷品名和商标，使服用者感到安全；⑤生产工艺简单，服用方便，携带方便，色泽鲜艳。

胶囊剂的缺点，由于胶囊囊材的主要材料是水溶性明胶，以下情况不宜制成胶囊剂：①药物的水溶液或乙醇溶液，因能使囊壁溶解；②易溶性药物如氯化物、溴化物、碘化物等以及小剂量的刺激性药物，在胃中溶解后，局部浓度过高而刺激胃黏膜；③易吸湿的药物可使囊壁干燥、变脆，但采取适当措施，加入少量惰性油混合后，装入胶囊，可延缓变脆；④易风化的药物可使囊壁变软。此外，小儿用药不宜制成胶囊剂。

**(一) 胶囊剂的质量要求**

《中国药典》2010 版规定，胶囊剂在生产与储存期间均应符合下列有关规定。

① 胶囊剂的内容物，不论其活性成分或辅料，均不应造成胶囊壳的变质。

② 小剂量药物，应先用适宜的稀释剂稀释，并混合均匀。

③ 胶囊剂应整洁，不得有黏结、变形、渗漏或囊壳破裂现象，并应无异臭。

④ 胶囊剂的溶出度、释放度、含量均匀度、微生物限度等应符合要求。必要时，内容物包衣的胶囊剂应检查残留溶剂。

⑤ 除另有规定外，胶囊剂应密封储存，其存放环境温度不高于 30℃，湿度应适宜，防止受潮、发霉、变质。

**(二) 胶囊剂的制备**

1. 硬胶囊剂的制备

硬胶囊剂制备的一般工艺流程见图 2-3。

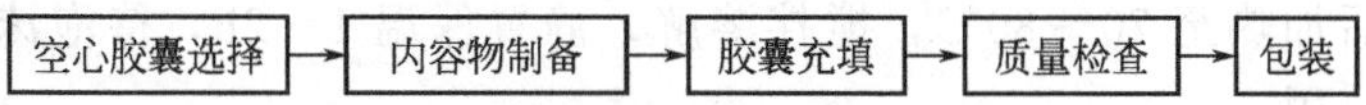


图 2-3　硬胶囊剂的制备工艺流程

(1) 空心胶囊的选择　胶囊由具弹性并能互相紧密套合的上下两节圆筒组成，分别称为囊体和囊帽，其制备的主要原料为明胶。明胶具脆碎性，弹性较差，为了增加空心胶囊的坚韧性与可塑性，提高其质量，可适当加入羧甲基纤维素钠、山梨醇、甘油等作增塑剂；加入蔗糖或蜂蜜增加硬度和矫味；加入色素增加美观和便于识别；加入羟苯酯类以防腐等。

空胶囊的规格用号码表示。市售硬胶囊有八种规格，即 000 号、00 号、0 号、1 号、2 号、3 号、4 号、5 号，其中 000 号最大，5 号最小，较常用的是 0 号、1 号和 2 号。由于药物填充多用容积控制，而各种药物的相对密度、晶型、细度以及剂量不同，所占的体积也不同，故必须选用适宜大小的空胶囊。一般凭经验或试装来决定。

(2) 内容物的制备　可根据药物性质和临床需要制备成不同形式的内容物，如粉末、颗粒、小丸或者半固体、液体形态，也可利用制剂新技术制备成固体分散体等。

① 粉末。经粉碎、过筛、混合等得均匀粉末，是最常见的胶囊内容物。

② 颗粒。粒度一般要比颗粒剂细，多为小于 40 目的颗粒，也是较常见的胶囊内容物。

③ 其他。制成微丸、药片、固体分散体、包合物、微囊、微球等新型的胶囊剂。

(3) 胶囊充填　胶囊应在温度为 25℃左右、相对湿度为 35%～45%的环境中进行充填，以保持胶囊壳不致有硬度、韧性、脆性的太大变化。

小量试制可用胶囊充填板填充药物，操作时先将囊体摆在胶囊充填板上，调节充填板使囊体上口与板面平齐，将内容物均匀推入囊体，待装满后扣上囊帽，再从充填板上取下胶囊，用食指和拇指分别轻压囊体和囊帽至听到轻微响声，为完全封合。

大量生产时已普遍采用全自动胶囊填充机充填药物。空心胶囊和内容物分别从各自的加料口进入相应的轨道，充填枪从料槽中取料后填入囊体，再自动扣合，由出料口出料。

现用的空心胶囊囊体和囊帽的套合方式多为锁口式，不必封口。若充填液体状态的内容物，则需用阿拉伯胶浆等封口。

填充好的胶囊可用洁净的纱布包起，轻轻搓滚，以拭去胶囊外面黏附的药粉。如在纱布上喷少量液状石蜡，滚搓后可使胶囊光亮。生产上可使用胶囊抛光机，连接吸尘器进行抛光。抛光机上毛刷刷掉黏附在胶囊外壁上的细粉，由吸尘器吸走，使胶囊光洁。

充填完毕，取样进行性状、鉴别、崩解、含量等一般项目的检查，合格后包装。

请同学们分析哪些药物不适合制成胶囊？

2. 软胶囊剂的制备

(1) 对囊材及内容物等的要求

① 囊材。软胶囊的囊壳也是由明胶、增塑剂、着色剂、防腐剂等组成，要求明胶、增塑剂、水三者比例适宜，保证软胶囊具有可塑性强、弹性大的特点。增塑剂常用甘油，甘油用量与软胶囊成品的软硬度有关，甘油比例大，则成品较柔软；反之就会变得坚硬，一般明胶∶水∶甘油＝1∶1.2∶(0.5～0.7)。配制时，将按比例称好的囊材置适当容器中，让明胶充分溶胀，混匀后加热至70～80℃，搅拌溶解，静置保温1～2h，待泡沫上浮后，除去气泡，滤过、保温待用。

② 内容物。将药物及附加剂制成非水溶液，使其具有较好的生物利用度及稳定性；难溶性的固体药物过80目筛混悬在植物油或聚乙二醇（PEG）中。

③ 冷却液。冷却液用于使囊材凝固成球形，因囊材为水溶性明胶，故冷却液一般用液状石蜡。

(2) 制备方法

① 滴制法。滴制法制备软胶囊剂的设备系由储槽、定量控制器、喷头、冷却箱等部分组成，见图2-4。制备时，将明胶液与油状药液（如鱼肝油）分别置于两储液槽内，经定量控制器将定量的胶液和油液通过双层喷头（外层通入胶液，内层通入油液），并使两相按不同的速度滴出，使胶液将油液包裹，滴入液状石蜡的冷却液中，胶液遇冷由于表面张力的作用收缩成球状并逐渐凝固而成胶丸，收集胶丸，用纱布拭去附着的液状石蜡，再用石油醚、乙醇先后各洗涤两次以除净液状石蜡，于25～35℃烘干即可。

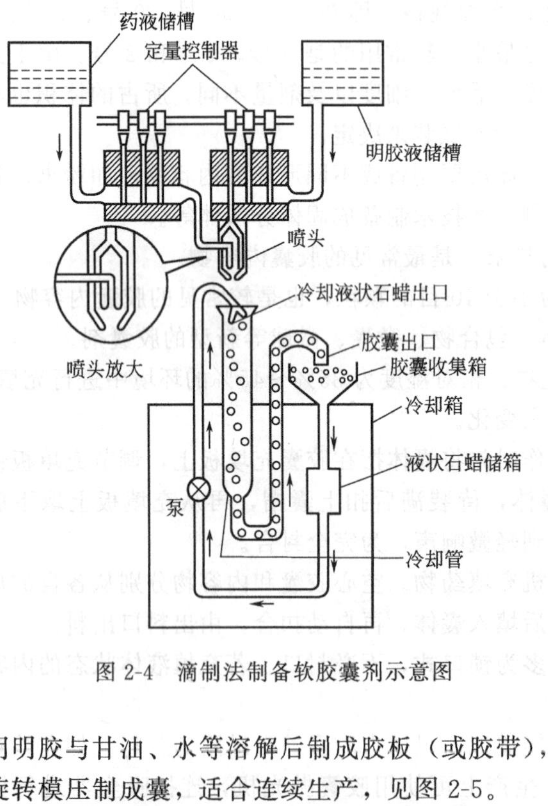


图2-4 滴制法制备软胶囊剂示意图

影响软胶囊质量的因素有：胶液的黏度、胶液储槽的温度、喷头的温度以及冷却液的温度等。一般胶液与药液温度应保持60℃，喷头处温度应为75～80℃，冷却液应为13～17℃，胶囊剂干燥温度为25～35℃，且有通风设施。

② 压制法。压制法制备软胶囊剂，系用明胶与甘油、水等溶解后制成胶板（或胶带），再将药物置于两块胶板之间，用钢板模或旋转模压制成囊，适合连续生产，见图2-5。

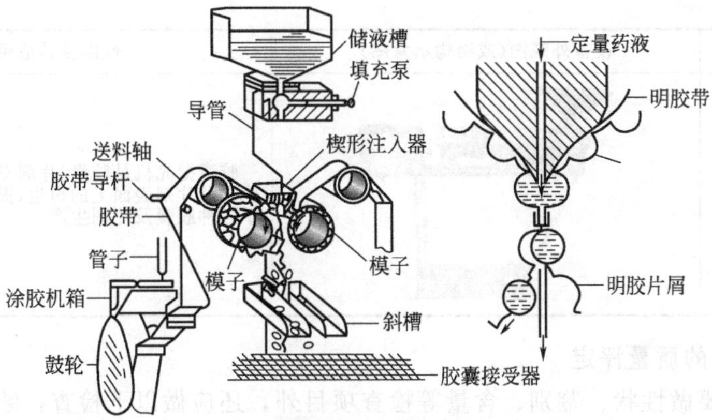


图 2-5　压制法制备软胶囊剂示意图

3. 肠溶胶囊剂的制备

制备肠溶胶囊剂可将空心胶囊用适宜的肠溶材料包衣，或将内容物用肠溶材料包衣后充填。常用的肠溶包衣材料有邻苯二甲酸醋酸纤维素（CAP）、丙烯酸树脂Ⅱ号等。

**（三）胶囊剂常用设备**

根据胶囊灌装生产工序，胶囊生产操作可分为手工操作、半自动操作、全自动间隙操作和全自动连续操作。除手工操作以外，机械灌装胶囊可分为以下几个工序，即胶壳排列、校准方向、胶壳分离、药物填充、胶壳闭合和送出等。胶囊剂常用设备介绍见表 2-9。

**表 2-9　胶囊剂常用设备**

| 名　　称 | 设备外观图(或结构示意图) | 性能及其适用范围 |
|---|---|---|
| 手工胶囊灌装板 | 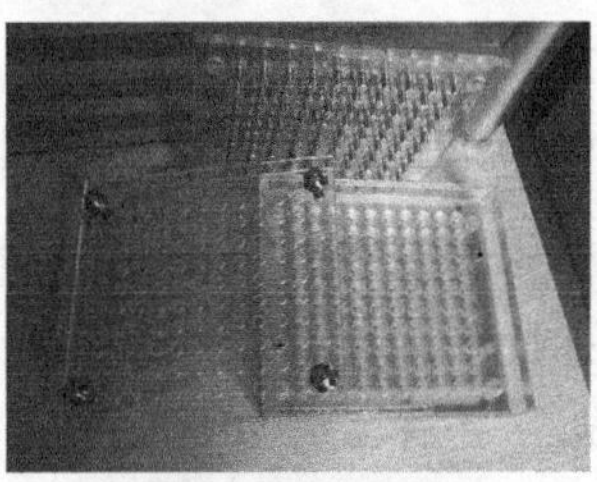 | 胶囊板由底板、盖板、排放导向板、盖合导向板、压实板等 5 部分组成。底板排放胶囊底壳（填料端）并完成胶囊的填充；盖板排放胶囊帽并与底板配合完成胶囊的盖合；排放导向板可起到快速排放的作用；盖合导向板起配合盖合的作用；压实板可以在粉状填充物一次填充后不紧密的情况下进行压实后再次补充粉末填充量，使制作好的胶囊达到应有的装填克重 |
| 半自动胶囊填充机 |  | 该机适用于充填各种国产和进口胶囊，是集电、气为一体的新型半自动胶囊充填机，采用电器、气动联合控制，配备电子自动计数装置，变频调速，能分别自动完成胶囊的就位、分离、充填、锁紧等动作在本机上一次完成。适用于空心胶囊充填粉状、颗粒状药品及保健品 |
| 全自动胶囊填充机 |  | 该机结合药品的特性和 GMP 的要求进行了优化设计，具有结构紧凑、机型小、噪声低、充填剂量准确、功能齐全、运行平稳等优点，能同时完成播囊、分囊、充填、剔废、锁紧、成品出料等动作，能满足企业大批量生产的需要，大大节约了财力、人力的投入，是药品、保健品等生产企业最理想的硬胶囊充填设备 |

续表

| 名　　称 | 设备外观图(或结构示意图) | 性能及其适用范围 |
| --- | --- | --- |
| 胶囊抛光机 |  | 胶囊抛光机是胶囊、片剂专用抛光设备，能除去胶囊及片剂表面上的粉尘，提高表面光洁度，适合于各种胶囊及片剂生产 |

**(四) 胶囊剂的质量评定**

胶囊剂除了要做性状、鉴别、含量等检查项目外，还应做以下检查：装量差异、崩解时限、水分或干燥失重、水分、微生物限度，应符合规定。

**(五) 胶囊剂的储藏**

除另有规定外，胶囊剂应密封储存，其存放环境温度应不高于 30℃，湿度应适宜，防止受潮、发霉、变质等。

**活动与探究**

1. 试分析造成胶囊剂装量差异大的原因都有哪些？
2. 根据我们所学到的胶囊剂的知识，请同学们总结胶囊与软胶囊的区别。

## 四、丸剂

丸剂系指药物与适宜辅料以适当方法制成的球状或类球状固体制剂。丸剂包括滴丸、糖丸、小丸等。本节主要介绍滴丸。

滴丸系指固体或液体药物与适宜的基质加热熔融后溶解、乳化或混悬于基质中，再滴入不相混溶、互不作用的冷凝液中，由于表面张力的作用使液滴收缩成球状而制成的制剂。

**知识扩展**

糖丸系指以适宜大小的糖粒或基丸为核心，用糖粉和其他辅料的混合物作为撒粉材料，选用适宜的黏合剂或润湿剂制丸，并将主药以适宜的方法分次包裹在糖丸中而制成的制剂。

小丸系指将药物与适宜辅料均匀混合，选用适宜的黏合剂或润湿剂以适当方法制成球状或类球状固体制剂。小丸粒径应为 0.5～3.5mm。

**(一) 滴丸剂的特点**

① 用固体分散技术制备的滴丸吸收迅速、生物利用度高、疗效迅速。如复方丹参滴丸，口服后 20min 之内血药浓度即可达到最高峰，对主动脉舒张作用迅速，起效时间比片剂快 6 倍。

② 工艺条件易于控制，受热时间短，质量稳定。

③ 设备简单，工艺周期短，生产率较高。

④ 操作方便、无粉尘，有利于对劳动者的保护。

⑤ 应用范围广，除内服，还可采用外用、缓释、控释、局部治疗等多种类型。如滴丸剂可加溶剂溶解成溶液用于滴眼，克服了滴眼剂不易保存的缺点。

⑥ 液体药物可制成固体滴丸，便于携带和服用。如芸香油滴丸。但是受滴丸基质包裹

药物能力的限制，滴丸剂只适合于剂量较小的药物；受工艺条件的限制。通常只能制备重量在 20～80mg 之间的滴丸。

**（二）滴丸剂的制备**

1. 基质

滴丸剂中除主药和附加剂以外的辅料称为基质。常分为水溶性基质和非水溶性基质两类。

（1）水溶性基质　聚乙二醇类（PEG）、聚氧乙烯单硬脂酸酯（S-40）、硬脂酸钠、甘油明胶、尿素、泊洛沙姆等。其中 PEG 具有加热（60～100℃）融化，遇冷凝固迅速；不与主药发生作用；对人体无害；无紫外吸收，不影响药物的测定等优点，故应用广泛。

（2）非水溶性基质　硬脂酸、单甘油酯、虫蜡、氢化植物油、十八醇（硬脂醇）、十六醇（鲸蜡醇）等。

2. 冷凝液

用以冷却滴出的液滴，使之凝成固体丸剂的液体称为冷凝液。冷凝液也分为水溶性和非水溶性两类。

水溶性冷凝液可以是水或不同浓度的乙醇，适用于非水溶性基质的滴丸冷凝；非水溶性冷凝液有液状石蜡、二甲基硅油、植物油、汽油或它们的混合物等，适用于水溶性基质滴丸的冷凝。

3. 制备方法

滴丸剂是采用滴丸机以滴制法制备。滴制法是指将药物均匀分散在熔融的基质中，再滴入不相混溶的冷凝液里，冷凝收缩成丸的方法。

滴制法的一般工艺流程见图 2-6。

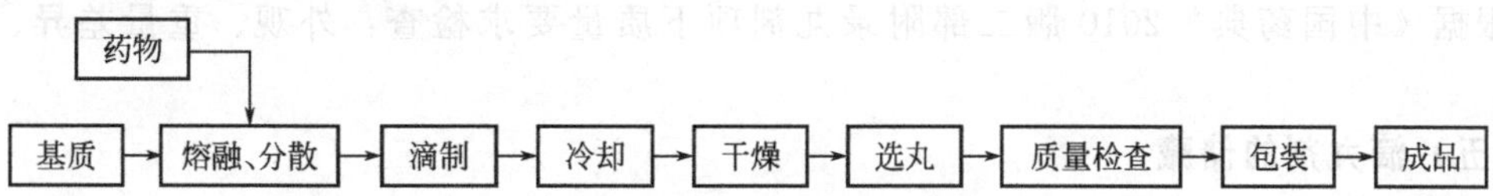


图 2-6　滴制法一般工艺流程图

滴制法操作程序及注意事项：

① 将主药溶解、混悬或乳化在适宜的基质中制成药液；

② 将药液移入储液槽，保温（80～90℃）；

③ 选择合适的冷凝液，加入滴丸机的冷凝柱中；

④ 将保温箱调至适宜温度（80～90℃），打开滴管旋塞，药液滴入冷凝液中冷凝，收集；

⑤ 取出丸粒，用纱布或滤纸清除附着的冷凝液，剔除不合格产品；

⑥ 干燥、包装即得。根据药物的性质与使用、储藏的要求，滴丸亦可包糖衣或薄膜衣。

滴丸方式有下沉式和上浮式，冷凝方式有静态冷凝与动态冷凝两种，熔化后可在滴丸剂中或在熔料锅中进行，可根据生产的实际情况选择。

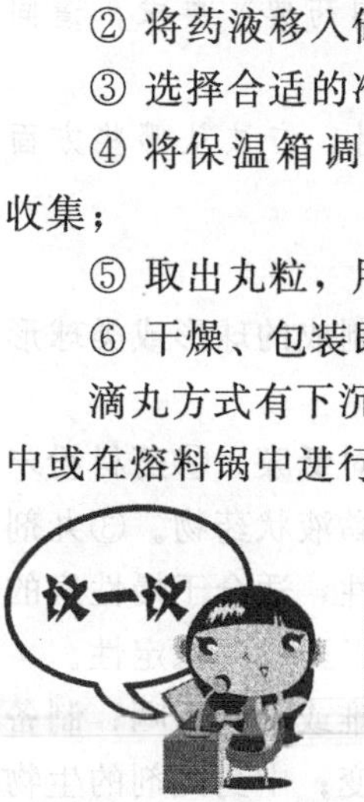


在滴丸的制备和储存过程中，常会遇到哪些问题，去查查资料吧！

### (三) 滴丸剂常用设备

我国的滴丸机生产发展经历了一个由生产企业自制到专门厂家生产的由低到高、由单机到成套设备、由机械化到机电一体化的历程。发展到今天，滴丸机的生产设备已经基本定型。以下简要介绍两种制备滴丸剂常用的设备，见表2-10。

**表2-10 滴丸剂常用设备**

| 名　称 | 设备外观图(或结构示意图) | 性能及其适用范围 |
| --- | --- | --- |
| 产业化滴丸机 |  | 该机操作可靠，成型圆滑，丸重差异符合药典要求。该机与集丸离心机、筛选干燥机或一体式自动化连线离心干燥筛选机配套使用，是大规模生产滴丸的最佳选择 |
| 实验滴丸机 |  | 该机体积小，手动操作，操作方便，工作直观，独立制冷机组，功率大，制冷效果好，配有精密滴定装置，大小丸都能滴。适合大中专院校教学演示和新药研发使用 |

### (四) 滴丸剂的质量评定

根据《中国药典》2010版二部附录丸剂项下质量要求检查：外观、重量差异、溶散时限。

### (五) 滴丸剂的储藏

除另有规定外，滴丸剂宜密封储存，防止受潮、发霉、变质。

### 活动与探究

1. 在滴丸剂的生产制备过程中，经常会出现丸重差异不符合《中国药典》要求，请同学们分析一下问题出在哪里，又如何去解决呢？

2. 当我们生产出来的滴丸，其溶散时限不符合《中国药典》要求时，应该从哪些方面找原因并加以改进？

## 五、中药丸剂

中药丸剂系指将药材细粉或药材提取物加适宜的黏合剂或其他辅料制成的球形或类球形制剂。主要供内服，丸剂俗称药丸。

中药丸剂具有以下优点：①生产技术和设备比较简单，制造成本相对低廉。②药材粉末可以直接与黏合剂挤压成丸，单位重量下能较多地容纳固体、半固体或黏液状药物。③丸剂服用后在胃肠道中溶解缓慢，药物逐渐释放，可减少药物的毒性和刺激性，适合于慢性病的治疗和调理。④丸剂成丸后可以通过包衣掩盖药物的不良臭味，并提高了药物的稳定性。

丸剂也有一些缺点，如有的丸剂服用剂量大，儿童和昏迷者吞服困难或无法吞咽；制备丸剂的药粉由原药材直接粉碎加工而成，容易受微生物的污染而发生霉变；中药丸剂的生物利用度偏低。

**知识扩展**

不同类型的丸剂形状大小明显不同。丸剂的粒径一般大于3mm。直径小于3.5mm的丸型药剂称小丸，俗称微丸。某些丸剂的大小是按重量来分的，比如大蜜丸、水蜜丸。

丸剂的服用剂量有两种表示方法，即按丸服用和按重量服用。因此，丸剂的规格也有不同的表示方法，例如，保和丸（水丸）的规格为：每20丸重1g；乌鸡白凤丸（水丸）的规格为：每克12丸；六味地黄丸（水蜜薄膜衣丸）的规格为：6.3g/袋；消痔丸（大蜜丸）的规格为：每丸重9g。

**（一）中药丸剂的分类**

丸剂按照辅料和制法不同一般可分为蜜丸、水蜜丸、水丸、糊丸、蜡丸和浓缩丸等类型。

（1）蜜丸　系指药材细粉以蜂蜜为黏合剂制成的丸剂。其中每丸重量在0.5g（含0.5g）以上的称大蜜丸，每丸重量在0.5g以下的称小蜜丸。

（2）水蜜丸　系指药材细粉以蜂蜜和水为黏合剂制成的丸剂。

（3）水丸　系指药材细粉以水（或根据制法用黄酒、醋、稀药汁、糖液等）为黏合剂制成的丸剂。

（4）糊丸　系指药材细粉以米粉、米糊或面糊等为黏合剂制成的丸剂。

（5）蜡丸　系指药材细粉以蜂蜡为黏合剂制成的丸剂。

（6）浓缩丸　系指药材或部分药材提取浓缩后，与适宜的辅料或其余药材细粉，以水、蜂蜜或蜂蜜和水为黏合剂制成的丸剂。根据所用黏合剂的不同，分为浓缩水丸、浓缩蜜丸和浓缩水蜜丸。

**（二）中药丸剂的制备**

中药丸剂是由药材粉末加适量辅料制成的球形药剂。丸剂的辅料主要有润湿剂、黏合剂或吸收剂等。

1. 辅料

（1）润湿剂　药材粉末本身具有黏性，故仅需加润湿剂诱发其黏性，便于制备成丸。常用的润湿剂有水、酒、醋、水蜜、药汁等。

水是泛丸中应用最广、最主要的赋形剂。水本身虽无黏性，但能润湿溶解药物中的黏液质、糖、淀粉、胶质等，润湿后产生黏性，即可泛制成丸。为了保证成品的质量，减少微生物的污染，应选用纯化水。凡临床治疗上对赋形剂无特殊要求的，药物遇水不变质者，皆可用水泛丸，泛成后应立即干燥。

水蜜一般以炼蜜1份加水3份稀释而成，兼具润湿与黏合作用。

（2）黏合剂　一些含纤维、油脂较多的药材细粉，需加适当的黏合剂才能成型。常用的黏合剂有：蜂蜜、米糊或面糊、药材清（浸）膏、糖浆等。

蜂蜜具有较好的黏合作用，并兼有润肺止咳、润肠通便、解毒调味的功效。由于常含有杂质、酶及较高的含水量，故在应用前需加热炼制。炼制的目的是除去杂质、破坏酶类、杀死微生物、降低水分含量和增加黏合力。

炼制的蜂蜜有三种规格：嫩蜜、中蜜及老蜜。①嫩蜜：是将蜂蜜加热至105～115℃所得制品，含水量18%～20%，相对密度约1.34，用于黏性较强的药物。②中蜜（炼蜜）：是将蜂蜜加热至116～118℃所得制品，含水量10%～13%，相对密度约1.37，用于黏性适中的药物。③老蜜：是将蜂蜜加热至119～122℃所得制品，含水量10%以下，相对密度约1.4，用于黏性较差的药物。蜂蜜炼制后具有很强的黏合力，而且与药粉混合后使丸块表面不易硬化，又有较大的可塑性。用炼蜜制成的丸粒圆整、光洁、滋润，含水量少，崩解缓慢，作用持久。

1. 哪些病患适宜服用药丸？
2. 想一想，如何将蜂蜜炼制成嫩蜜、中蜜和老蜜？

2. 制备方法

中药丸剂的制备方法主要包括搓丸法（塑制法）和泛丸法。

搓丸法系将药材粉末与适宜的辅料（主要是润湿剂或黏合剂）混合制成可塑性的丸块，再经搓条、分割及搓圆制成丸剂的方法。搓丸法主要用于蜜丸、糊丸等的制备。

搓丸法工艺流程见图2-7。

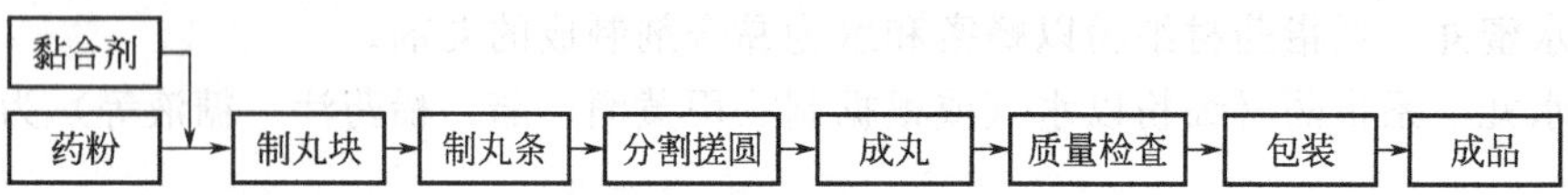


图2-7 搓丸法的工艺流程

搓丸法操作程序及注意事项。

（1）配料

① 将药材粉碎为细粉或最细粉，混匀。

② 蜂蜜炼制成适宜程度。

③ 配制润滑剂。为防止粘连并使表面光滑，需要涂用适当的润滑剂，机器操作时多用药用乙醇，手工操作时用麻油与蜂蜡（7∶3）经加热制成的融合物（半固体状）。

（2）制丸块 又称合药、合坨。取混匀的药物细粉，加入适量黏合剂，搓捏使形成不粘手、不松散、不黏附器壁、湿度适宜的可塑性丸块，放置。合药是搓丸法的关键工序，其软硬程度及黏稠度影响丸粒成型与贮存中是否变形。制丸块的生产设备是槽型搅拌混合机，由金属槽和两组强力的S形桨叶构成。

（3）制丸条、分粒与搓圆 通常采用中药自动制丸机，将制条、分粒及搓圆一次完成。

泛丸法系指在转动的适宜容器或机械中将药材细粉与赋形剂（润湿剂）交替润湿、撒布、不断翻滚、逐渐增大的一种制丸方法。泛制法主要用于水丸、水蜜丸、糊丸、浓缩丸等的制备。生产设备为包衣锅。

泛丸法的工艺流程见图2-8。

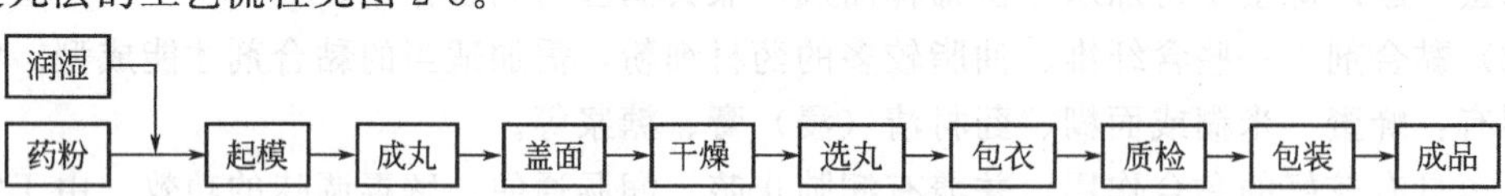


图2-8 泛丸法的工艺流程

泛丸法操作程序及注意事项。

（1）原料的准备 药材粉碎、过五号筛或六号筛，混合均匀。

（2）起模 系指制备丸粒基本母核的操作。将部分混匀的药物细粉置包衣锅内，旋转包衣锅的同时用喷雾器将水（或其他润湿剂）喷入，继续转动使药粉形成坚实致密的小粒，再喷水并加药粉，使小粒逐步增大到适宜大小，过筛分等，即得丸模（俗称模子或母子）。

（3）成丸　将已经筛选均匀的球形丸模，逐渐加大至接近成品的操作。其方法与起模相同，将模子置包衣锅内，反复加水润湿和加药粉，丸模体积逐步增大，加水量与药粉量也随丸粒的增大而增大，直到丸粒达到规定大小。喷水后应立即加药粉以避免水分渗入丸内。

（4）盖面　是使丸粒表面致密、光洁、色泽一致、形状圆整的操作。将成丸的丸粒经过筛选，剔除过大和过小的丸粒，加入预留出的药粉（最细粉）或清水或清浆（药粉或废丸粒加水制成），在锅中继续滚动、撞击，使丸粒光圆、紧密，直到符合要求。

（5）干燥　泛制丸因水分含量大，易发霉，制成的小丸须及时干燥。一般干燥温度为80℃，含芳香挥发性成分或热敏成分等应不超过60℃。

（6）选丸　主要用过筛法挑选出大小均匀、圆整的丸粒，以确保剂量准确。

（7）包衣　如果需要上衣，可将小丸置转动的包衣锅内，喷入适宜黏合剂，撒入包衣物料，如朱砂、滑石等的极细粉末，待全部细粉均匀黏附在丸面上，即得。

1. 你能说说大蜜丸的制备全过程吗？
2. 在制备丸剂的过程中，你认为影响丸块质量的因素有哪些？

## （三）丸剂常用设备

制丸机是为生产小蜜丸、水丸、浓缩丸等不同丸剂而研制成的新一代制丸设备。其性能稳定，操作、清洗、维修方便，可生产不同规格大小的药丸，见表2-11。

**表2-11　丸剂常用设备**

| 名　称 | 设备外观图(或结构示意图) | 性能及其适用范围 |
| --- | --- | --- |
| 手摇式中药制丸机 |  | 手摇式中药制丸机是切制法三步制丸(压饼、切条、制丸)，适合制作适当黏度的丸剂，包括蜜丸、部分水蜜丸、部分水丸；在安全的药品黏合剂配合下，本机可以完成几乎所有丸药的制作，为实验室到小量加工的首选实用型机械 |
| 离心式制丸机 |  | 制丸原理：将制备成的软体材料经挤出装置根据不同丸径制备成不同直径的丝条，然后将丝条置于滚圆装置的圆盘内。搓圆齿面盘进行旋转，在离心力和速度差产生的剪切力作用下，将丝条剪切成均匀的小圆柱体，利用搓圆齿面盘在旋转过程中与小圆柱体之间的速度差，使被剪切成小圆柱体的物料进行不规则的圆周运动，在运动中使其最终成为粒径均匀、规则的球形体(丸)。由于颗粒的不规则运动而产生的滚压，颗粒(丸)内部的水分经挤压均匀地渗出表面，使加工出的颗粒(丸)更加圆润、富有光泽 |
| 中药自动制丸机 |  | 操作时，将已混匀的丸块投入料斗中，药料经螺旋推进器挤压推出均匀的丸条，在导轮控制下，丸条进入制丸刀轮中，由于刀轮的径向和轴向运动，将丸条切割并搓圆制成大小均匀的药丸，制丸过程中由喷头喷洒乙醇进行润滑 |

**（四）中药丸剂的质量评定**

根据《中国药典》2010 版一部附录丸剂项下检查。质量检查项目主要包括有：外观、水分、重量差异、装量差异、溶散时限及微生物限度检查。

**（五）中药丸剂的储藏**

丸剂储存时应防止吸潮、微生物污染和挥发性成分损失而使药效降低。除另有规定外，丸剂应密封储存。蜡丸应密封并置阴凉干燥处储藏。

## 活动与探究

1. 我们在生产过程中经常发现制备出的蜜丸表面有些粗糙，请分析这是由哪些原因引起的，同时请给出解决的方案？

2. 生产中浓缩丸、水丸及水蜜丸往往存在溶散时限不合格问题，请查阅资料指出克服的措施有哪些？

**六、片剂**

片剂系指药物与适宜辅料混匀压制而成的圆片状或异形片状的固体制剂。是现代药物制剂和临床应用中应用最为广泛的剂型之一。

片剂与其他剂型相比有如下优点：分剂量准确，含量均匀；质量稳定、便于运输、储存；片剂体积小，服用便利，携带方便；药片上可以压上主药名和含量的标记，也可以将片剂着上不同颜色，便于识别；片剂生产的机械化、自动化程度较高，可大量生产，卫生易控制，包装成本低。

但也存在缺点：幼儿及昏迷患者不易吞服；压片时加入的辅料，有时影响药物的溶出和生物利用度；制备储存不当时会逐渐变质，以致在胃肠道内不易崩解或不易溶出。

**（一）片剂的分类**

片剂以口服普通片为主，另有含片、舌下片、口腔贴片、咀嚼片、分散片、可溶片、泡腾片、阴道片、缓释片、控释片、肠溶片等。

（1）含片　系指含于口腔中，药物缓慢溶解产生持久局部作用的片剂。

（2）舌下片　系指置于舌下能迅速溶化，药物经舌下黏膜吸收发挥全身作用的片剂。

（3）口腔贴片　系指粘贴于口腔，经黏膜吸收后起局部或全身作用的片剂。

（4）咀嚼片　系指于口腔中咀嚼或吮服使片剂溶化后吞服，在胃肠道中发挥作用或经胃肠道吸收发挥全身作用的片剂。

（5）分散片　系指在水中能迅速崩解并均匀分散的片剂。

（6）可溶片　系指临用前能溶解于水的非包衣片或薄膜包衣片剂。

（7）泡腾片　系指含有碳酸氢钠和有机酸，遇水可产生气体而呈泡腾状的片剂。

（8）阴道片与阴道泡腾片　系指置于阴道内应用的片剂。

（9）缓释片　系指在水中或规定的释放介质中缓慢地非恒速释放药物的片剂。

（10）控释片　系指在水中或规定的释放介质中缓慢地恒速或接近恒速释放药物的片剂。

（11）肠溶片　系指用肠溶性包衣材料进行包衣的片剂。

**（二）片剂的质量要求**

《中国药典》2010 版规定，片剂在生产和储存期间均应符合下列有关规定。

① 原料药与辅料混合均匀。含药量小或含毒、剧药物的片剂，应采用适宜方法使药物分散均匀。

② 凡属挥发性或对光、热不稳定的药物，在制片过程中应遮光、避热，以避免成分损

失或失效。

③ 压片前的物料或颗粒应控制水分，以适应制片工艺的需要，防止片剂在储存期间发霉、变质。

④ 含片、口腔贴片、咀嚼片、分散片、泡腾片等根据需要可加入矫味剂、芳香剂和着色剂等附加剂。

⑤ 为增加稳定性、掩盖药物不良臭味、改善片剂外观等，可对片剂进行包衣。

⑥ 片剂外观应完整光洁，色泽均匀，有适宜的硬度和耐磨性，除另有规定外，对于非包衣片，应符合片剂脆碎度检查法的要求，防止包装、运输过程中发生磨损或破碎。

⑦ 片剂的溶出度、释放度、含量均匀度、微生物限度等应符合要求。必要时，薄膜包衣片剂应检查残留溶剂。

⑧ 除另有规定外，片剂应密封储存。

**（三）片剂的辅料**

1. 辅料的作用

片剂由药物和辅料组成。片剂辅料亦称赋形剂，其作用主要包括：填充作用、黏合作用、崩解作用和润滑作用等；根据需要还可加入着色剂、矫味剂等，以提高患者的适应性。制片所用的辅料应无生理活性；其性质应稳定而不与药物发生反应；应不影响药物的含量测定。

2. 辅料的分类和常用辅料

(1) 填充剂　填充剂一般又称为稀释剂，是指用来增加片剂的重量和体积，以利于片剂成型或分剂量的辅料。为了应用和生产方便，要求片剂的直径一般不小于 6mm，每片重量一般不小于 100mg。所以当药物的剂量小于 100mg 时，常需加入填充剂。加入填充剂可保证有一定的体积，且可改善药物的可压性和减少主药的剂量偏差等。常用的填充剂见表 2-12。

**表 2-12　常用的填充剂**

| 名　称 | 主　要　特　点 | 应　用 |
|---|---|---|
| 淀粉 | 稳定、吸水膨胀、不溶于水、可压缩性差、色泽好、美观 | 最常用的辅料，常与糖粉、糊精等合用 |
| 预胶化淀粉 | 流动性、可压性、崩解性均好，并有自身润滑性和干黏合性 | 常用于粉末直接压片 |
| 糖粉 | 有矫味和黏合作用。但用量不能超过 20%，否则引湿性大，使制粒压片都发生困难 | 较适于口含片，也用于口服溶液片。常与淀粉、糊精等合用 |
| 糊精 | 为淀粉不完全水解的产物，本品使用不当，常影响药物的溶出度 | 作填充剂，亦常作干黏合剂 |
| 甘露醇 | 稳定无吸湿性，易溶于水，所制片剂光滑美观。溶解时吸热，口感好 | 多用于咀嚼片 |
| 硫酸钙 | 稳定，制片外观好，硬度和崩解度均较理想 | 会干扰四环素类药物的吸收 |
| 乳糖 | 可溶于水，性质稳定，无吸湿性，压缩成型性和流动性较好，压成的片剂表面光亮美观，片剂硬度较大，药物的溶出度较好 | 价贵，国内应用不多，但国外应用较广泛。既用于湿法制粒，也可用于粉末直接压片 |
| 微晶纤维素(MCC) | 可压性好，有较强的结合力，压成的片剂有较大的硬度，崩解性好 | 用于粉末直接压片 |

(2) 润湿剂　是指本身无黏性，但能诱发待制粒物料的黏性，以利于制粒的液体。常用润湿剂见表 2-13。

表 2-13 常用润湿剂

| 名称 | 主要特点 | 应用 |
| --- | --- | --- |
| 纯化水 | 易被物料吸收，不宜单独使用，应注意制粒的湿度均匀性以免结块，导致颗粒松紧不匀，在压片时易出现花斑和水印等现象 | 常与淀粉(淀粉浆)及乙醇合用 |
| 乙醇 | 干燥温度低、速度快，制粒时宜迅速搅拌，立即制粒，以减少乙醇的挥发损失 | 适用于不耐湿热，可以诱发黏性的物料。常用30%～70%的乙醇 |

(3) 黏合剂　是指本身具有黏性，可增强无黏性或黏性不足物料的黏性，从而使物料聚集成粒的辅料。干燥黏合剂则是以固体状态直接应用。常用黏合剂见表 2-14。

表 2-14 常用黏合剂

| 名称 | 主要特点 | 应用 |
| --- | --- | --- |
| 淀粉浆 | 具有润湿和黏合作用，制成的片剂崩解性能好 | 适用于对湿热稳定的药物制粒，常用浓度为8%～15% |
| 糖粉和糖浆 | 黏性较强，可增加片剂硬度和片面光洁度 | 适用于质地疏松、纤维较多的中药材和易失去结晶水的药物制粒。常用糖浆浓度为50%～70%(g/g) |
| 胶浆 | 黏性较强 | 适于质地疏松又不宜用淀粉浆作黏合剂的药物及含片的制粒，常用10%～25%的阿拉伯胶浆、10%～20%明胶胶浆等 |
| 糊精 | 常作干燥黏合剂，但黏性较糖粉弱 | 常与淀粉浆混合作黏合剂用 |
| 微晶纤维素(MCC) | 干燥黏合剂，有良好的流动性和可压性 | 适用于粉末直接压片 |
| 羟丙基甲基纤维素(HPMC) | 稳定性好、水中易溶胀，崩解快，溶出速度快 | 常用浓度为2%～5%，可作粉末直接压片的干黏合剂 |
| 聚维酮(PVP) | 吸湿性强，改善了药物的润湿性而有利于药物溶出 | 常用其3%～15%的醇溶液，常用于对水敏感的药物，也较适用于疏水性药物；制成的颗粒可压性好，且是一步制粒机制粒的良好黏合剂 |

淀粉浆是片剂生产中常用的黏合剂，你知道药品生产中是如何制备淀粉浆的么？

(4) 崩解剂　崩解剂系指能促进片剂在胃肠液中快速崩解成细小粒子的辅料。因为片剂的崩解是药物溶出的第一步，所以崩解时限为片剂质量控制的主要指标之一。除了缓控释片、口含片、咀嚼片、舌下片、植入片等有特殊要求的片剂外，一般均需加入崩解剂。常用崩解剂见表 2-15。

表 2-15 常用崩解剂

| 名称 | 主要特点 | 应用 |
| --- | --- | --- |
| 干淀粉 | 经典崩解剂，吸水性较强，吸水膨胀率约为186% | 适用于水不溶性或微溶性药物，对易溶性药物的崩解作用较差 |
| 羧甲基淀粉钠(CMS-Na) | 吸水膨胀作用非常显著，其吸水后膨胀率为原体积的300倍 | 适用于湿法制粒，常用量为片重的1%～6% |
| 低取代羟丙基纤维素(L-HPC) | 表面积和孔隙率大，吸水速度和吸水量大，吸水膨胀率为500%～700% | 近年国内应用较多。作崩解剂用量为2%～5% |
| 交联羧甲基纤维素钠(CCNa) | 水中溶胀不溶解，有较好崩解性与流动性，引湿性较大 | 优良的崩解剂，常用量为5% |

续表

| 名称 | 主要特点 | 应用 |
|---|---|---|
| 交联聚维酮(PVPP) | 水中迅速溶胀,不溶解,无黏性。崩解效果好,但引湿性很强 | 比较新型的优良崩解剂,其崩解性能十分优越 |
| 泡腾崩解剂 | 遇水产生气体,使片剂迅速崩解。生产与储存过程中严格防水 | 最常用的是由碳酸氢钠与枸橼酸组成的混合物,泡腾片专用 |
| 表面活性剂 | 靠润湿作用使毛细管渗透作用加强 | 常与淀粉合用于疏水性药物 |

**知识扩展**

### 崩解剂的加入方法

(1) 内加法　崩解剂在制粒前加入，与黏合剂共存于颗粒中，崩解虽较迟缓，但一经崩解，便成粉粒，有利于溶出。

(2) 外加法　崩解剂加入经整粒后的干颗粒中，崩解剂存在于颗粒之外、各颗粒之间，因而易于透入，崩解迅速，但颗粒内因无崩解剂，不易崩解成粉粒，故溶出稍差。

(3) 内外加入法　一般将崩解剂分成两份，一份按内加法加入，另一份按外加法加入，内加50%～75%，外加50%～25%，内外加入法集中了前两种加入法的优点。

在相同用量下，就崩解速度而言，外加法＞内外加入法＞内加法；就溶出速率而言，内外加入法＞内加法＞外加法。

表面活性剂作辅助崩解剂的加入方法也有三种：① 溶于黏合剂内；② 与崩解剂混合加入干颗粒中；③ 制成醇溶液，喷入干颗粒中，此种方法崩解时限最短。

(5) 润滑剂　润滑剂的作用：①助流作用，降低颗粒之间的摩擦力，从而改善粉体流动性，减少重量差异。②抗黏附作用，防止压片时物料黏着于冲头与冲模表面，以保证压片操作的顺利进行，以使片剂表面光洁。③润滑作用，降低压片和推出片时药片与冲模壁之间的摩擦力，以减少冲模的磨损和使片剂容易脱离冲模，有利于出片。

常用的润滑剂见表2-16。

**表2-16　常用润滑剂**

| 名称 | 主要特点 | 应用 |
|---|---|---|
| 硬脂酸镁 | 疏水性润滑剂,附着性好,但助流性较差,用量大时片剂不易崩解或裂片 | 广泛应用,常用量为0.1%～1% |
| 滑石粉 | 与多数药物不起作用,价廉,助流,抗黏作用好 | 助流,抗黏,常用量为0.1%～3% |
| 液体石蜡 | 单独使用时不易分布均匀,需与滑石粉合用 | 常用量为0.5%～1% |
| 微粉硅胶 | 流动性好,亲水性强,对药物有吸附作用 | 作助流剂时常用量为0.1%～3% |

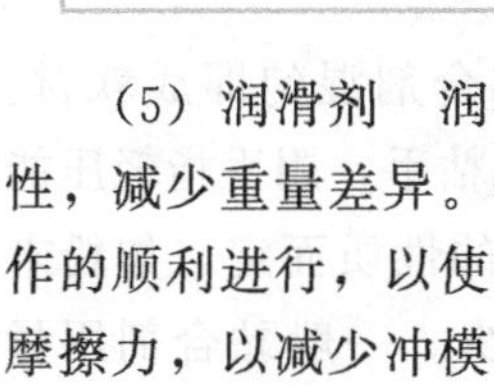


根据润滑剂的作用，我们可以看出，润滑剂越好地覆盖在物料表面，其润滑效果越好。在实际生产中，我们对润滑剂的使用有哪些方面需要注意呢？

### （四）片剂的制备

片剂的制备方法主要有制粒压片法和直接压片法。前者分为湿法制粒压片法和干法制粒压片法；后者分为直接粉末（结晶）压片法和空白颗粒压片法。

1. 湿法制粒压片法

是将药物和辅料粉末混合均匀后加入液体黏合剂制备颗粒再压片的方法。湿法制粒压片适用于对湿热稳定的药物。

湿法制粒压片工艺流程见图 2-9。

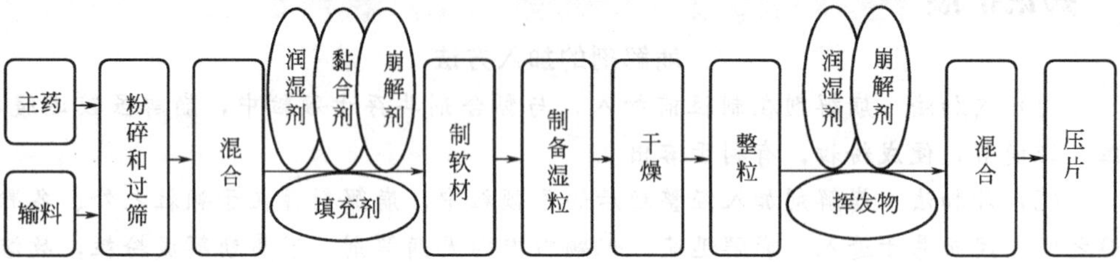


图 2-9　湿法制粒压片工艺流程图

（1）原辅料粉碎与过筛　检验合格的原辅料经粉碎、过筛后其细度以通过 80～100 目筛比较适宜，以利于混合均匀，并利于难溶性药物的溶出。对于溶解度很小的药料，必要时经微粉化处理使粒径减小（如$<5\mu m$）以提高溶出度；有时也可将药物与辅料共同研磨以提高粉碎效率。处方中各组分用量差异大时，应采用等量递加法或溶剂分散法以保证混合均匀。

（2）制颗粒

① 制软材。将原、辅料细粉置于混合机中，加入适量润湿剂或黏合剂混匀即成软材。软材的干湿程度应适宜，生产中多凭经验掌握，以用手紧握能成团而不粘手，用手指轻压能裂开为度，即“握之成团、触之即散”。润湿剂或黏合剂的用量视物料的性质而定，如粉末细、质地疏松、干燥和黏性较差的粉末，应酌量多加；反之用量应减少。一般黏合剂用量多、混合时的强度大、时间长，所制得颗粒的硬度则大。

② 制湿颗粒。将软材通过筛网即制成湿颗粒。大量生产时均使用颗粒机制粒，常用的制粒机有挤出式、高速搅拌式及流化床式三种。

一般软材通过筛网一次制成湿颗粒。但对有色的或黏性较强的以及润湿剂或黏合剂用量不当有条状物产生时，一次过筛不能得到色泽均匀或粗细松紧适宜的颗粒，可采用多次制粒。先用较粗（8～10 目）筛网，通过 1～2 次，再用较细的筛网（12～14 目）制粒一次，这样可使颗粒的质量更好。

湿粒的粗细和松紧需视具体品种而异。如磺胺嘧啶片片形大，颗粒应粗大些；维生素 $B_2$ 片形小，颗粒应细小；吸水性强的药物如水杨酸钠，颗粒宜粗大而紧密。凡在干颗粒中需加细粉压片的品种，其湿颗粒也宜紧密，如复方阿司匹林片，因在干颗粒中加阿司匹林细粉，故湿颗粒宜大而紧密。凡用糖粉、糊精为辅料的产品，其湿粒宜较松细。总之，要求湿颗粒置于手掌颠动应有沉重感，以细粉少、湿粒大小整齐、色泽均匀、无长条者为宜。目前尚无科学方法检查湿粒质量，通常在手掌上簸动数次，观察颗粒是否有粉碎情况。

**知识扩展**

用摇摆颗粒机制粒时影响颗粒性状的因素

| 颗粒性状 | 黏合剂 | | 软材搅拌时间 | 过筛条件 | | | 颗粒中细分状态 |
|---|---|---|---|---|---|---|---|
| | 黏性 | 用量 | | 筛网装置松紧 | 加料量 | 压力 | |
| 坚实完整 | 黏性强 | 多 | 稍长，软材结成许多团块 | 较松 | 多 | 大 | 颗粒黏性紧，细粉少 |
| 完整 | 适当 | 适量 | 搅拌均匀，软材翻滚成浪 | 适中 | 适当 | 中等 | 相互黏结 |
| 松细 | 黏性弱 | 少 | 短，软材中尚有干粉 | 紧 | 少 | 小 | 尚未完全黏合 |

③ 湿粒的干燥。制成的湿颗粒应立即干燥，以免受压变形或结块。干燥的温度应根据原料性质而定，一般为 50～60℃。对湿热稳定的药物，干燥温度可适当增高到 80～100℃。

含结晶水的药物，干燥的时间不宜过长，温度不宜过高，否则因失去过多的结晶水使颗粒松脆而影响压片及崩解。干燥时的温度要逐渐升高，以免颗粒表面干燥后结一层硬膜而影响内部水分的蒸发。颗粒的干燥程度应适当，颗粒应有适当的含水量，含水量太多，易发生黏冲，含水量少也不利于压片。

(3) 压片

① 干颗粒的预处理。

整粒：部分湿颗粒在干燥过程中会粘连结块，因此需整粒，使颗粒均匀，便于压片。润滑剂常在整粒后用细筛筛入到干颗粒中混匀。崩解剂应先干燥过筛，再加入到干颗粒中（外加法）充分混匀，也可将崩解剂和润滑剂与干颗粒同时加入到混合器中，一起进行混合。

挥发油可加在润滑剂与颗粒混合后筛出的部分细粒中，或加入直接从干颗粒中筛出的部分细粉，再与全部干颗粒混匀。若挥发性药物为固体（如薄荷脑）或量较少时，可用适量乙醇溶解，或与其他成分混合研磨共熔后喷入干颗粒中，混匀后，密闭数小时，使挥发性药物渗入颗粒。

② 压片机工作原理。目前常用的压片机有撞击式单冲压片机和旋转式多冲压片机。此外还有二步（三步）压制压片机、多层片压片机和压制包衣机等。其压片过程基本相同：填料、压片、出片。旋转式多冲压片机是目前生产上常用的压片机，主要由动力部分、传动部分和工作部分组成，其饲粉方式合理，片重差异小；由上、下两方向加压，压力分布均匀；生产效率较高。

a. 冲模。压片机的冲模由上冲、下冲和模圈构成。压片机的冲头端面通常都是圆形的，但有各种凹形弧度。另外尚有三角形、方形、椭圆形、条形和环形等异型。冲头的直径有多种规格（5.5～12mm），供不同片重的片剂压片时选用。冲头凹面上也可刻有片剂名称、重量以及等分、四分线条等，便于识别和分剂量。不同弧度的冲头见图 2-10。

b. 工作部分。工作部分有绕轴而旋转的机台，机台分为三层，机台的上部装着上冲转盘，在中间为固定冲模的模盘，下部是下冲转盘；另有固定位置的上下压轮、片重调节器、压力调节器、饲粉器、刮粉器、推片调节器以及附属的吸尘器和防护装置。机台转动，则上冲与下冲随转盘沿着固定的轨道有规律地上、下运动；当上、下冲经过上、下压轮时，被压轮推动使上冲向下、下冲向上运动，并对模孔中的颗粒加压；颗粒由固定位置的饲粉器中不

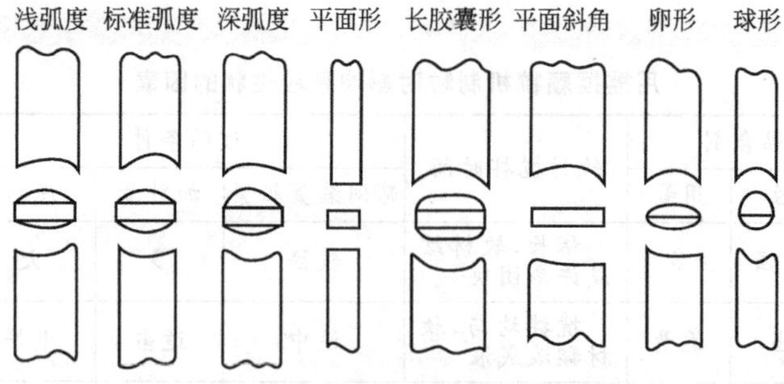


图 2-10 不同弧度的冲头

断地流入刮粉器中并由此流入模孔。压力调节器位于下压轮的下方，调节压缩时下冲升起的高度，上下冲间距离越近，压力越大。片重调节器装于下冲轨道上，用于调节下冲升降以改变模孔的容积，控制片重，见图 2-11。

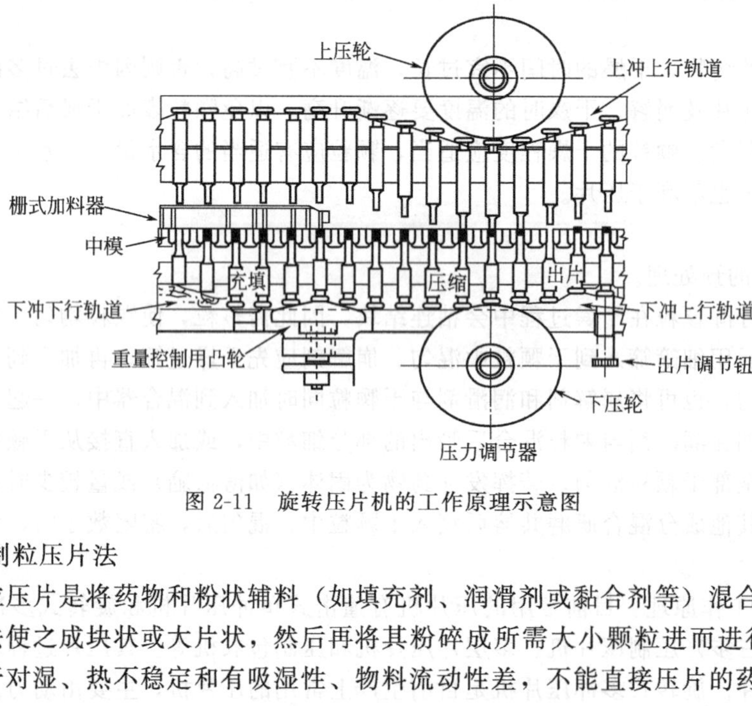


图 2-11 旋转压片机的工作原理示意图

2. 干法制粒压片法

干法制粒压片是将药物和粉状辅料（如填充剂、润滑剂或黏合剂等）混合均匀，采用滚压法或重压法使之成块状或大片状，然后再将其粉碎成所需大小颗粒进而进行压片的方法。本方法适用于对湿、热不稳定和有吸湿性、物料流动性差，不能直接压片的药物。其工艺流程见图 2-12。

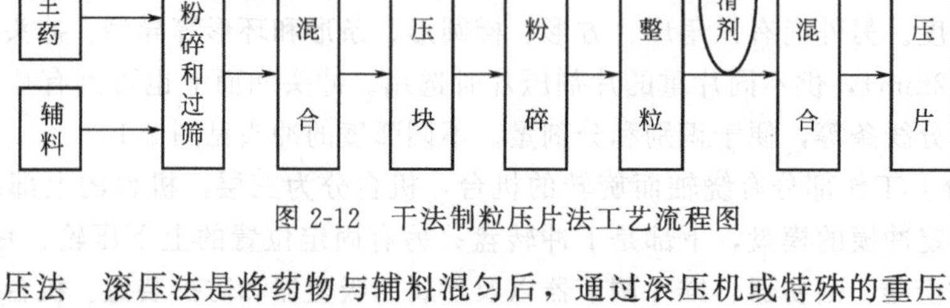


图 2-12 干法制粒压片法工艺流程图

(1) 滚压法 滚压法是将药物与辅料混匀后，通过滚压机或特殊的重压设备将其压成硬度适宜的薄片，再碾碎、整粒，加入润滑剂混合后即可压片。目前国内已有滚压、碾碎、整粒的整体设备可供选用。

（2）重压法　重压法又称大片法，系利用重型压片机将物料粉末压制成直径约为20～25mm的胚片，然后破碎成一定大小颗粒再压片的方法。本法设备操作简单，工序少，但生产效率低，冲模等因压力较大易导致机械的损耗。

3. 直接压片法

（1）粉末（结晶）直接压片　粉末（结晶）直接压片是将药物的细粉（结晶）与适宜的辅料混匀后，不制粒而直接压制成片的方法。

本法工艺简单，有利于片剂生产的连续化和自动化，具有生产工序少、设备简单、辅料用量少、产品崩解或溶出较快等优点。适用于对湿热不稳定的药物。粉末直接压片法工艺流程见图2-13。

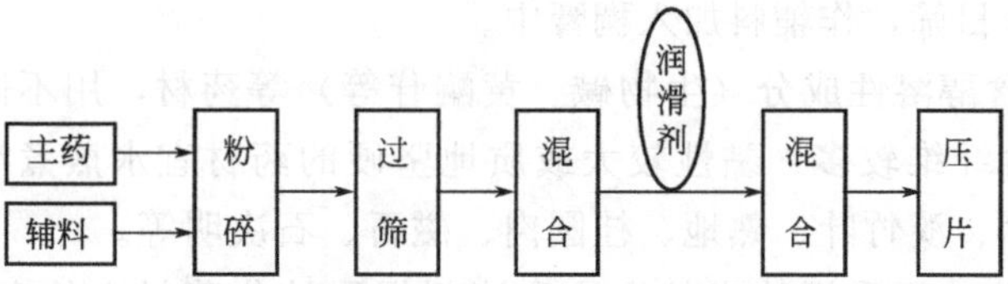


图2-13　粉末直接压片法工艺流程图

粉末压片的辅料应符合下列基本条件：①具有良好的流动性和可压性；②可与多种药物配伍使用而不发生化学变化；③有较大的“容纳量”（即能与较高百分比药物配合而不影响压片性能），且不影响主药的生物利用度；④粒度与大多数药物相近等。与制粒压片主要不同的是，需加入：糖粉、微晶纤维素和羧甲基纤维素钠等干燥黏合剂；微粉硅胶和氢氧化铝凝胶干粉等助流剂，微粉硅胶具较强的亲水性，故兼有崩解作用。

某些结晶性或颗粒性药物，具有适宜的流动性和可压性，只需经粉碎、过筛选用适宜大小的颗粒，再加入适量干燥黏合剂、崩解剂和润滑剂混合均匀，即可直接压片。如氯化钾、溴化钾、硫酸亚铁等无机盐和维生素C等有机药物，均可直接压片。

多数药物粉末或辅料不具备良好的流动性和可压性，所以在一定程度上限制了粉末直接压片法的应用。

（2）空白颗粒压片法　是将药物粉末和预先制好的辅料颗粒（空白颗粒）混合进行压片的方法。其工艺流程见图2-14。

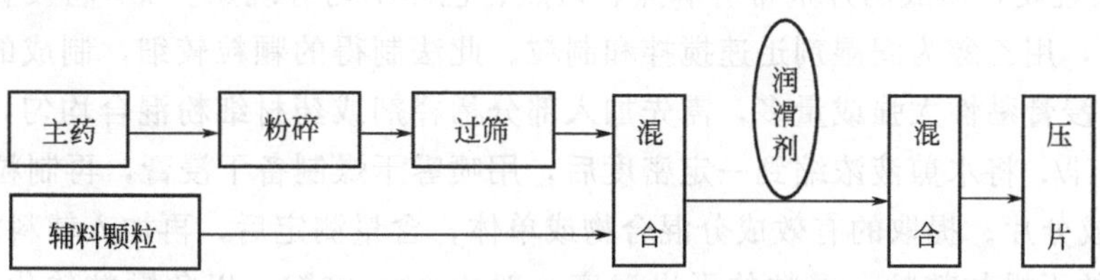


图2-14　空白颗粒压片法工艺流程图

该法适合于对湿热敏感不宜制粒且压缩成型性差的药物，也可用于含药较少物料。这类药物可借助辅料的优良压缩特性而制成片剂。

我们都知道泡腾片是一种特殊片剂，那么在制备工艺方法上有什么特殊之处呢？

4. 中药片剂的制备

中药片剂系指将药材细粉或药材提取物加药材细粉或辅料压制而成的片状中药制剂，可分为药材全粉末片、浸膏片、半浸膏片和有效成分片等。中药中除有效成分外，还含有纤维素、淀粉、糖类、树脂、树胶等大量的无效成分。因此，中药片剂的制备方法有一定的特殊性。为了确保疗效，减少服用剂量，一般均需经过提取、精制等过程。

（1）原材料处理的一般原则

① 粉碎成细粉。将含淀粉较多的药材（如淮山药、天花粉等），用量极少的贵重药、毒药（如牛黄、麝香、雄黄等），少量芳香挥发性药材（如冰片、木香、砂仁等）、矿物药（如石膏等）粉碎过 100 目筛，作辅料加入稠膏中。

② 制备稠膏。含醇溶性成分（生物碱、黄酮苷等）等药材，用不同浓度的乙醇溶液提取浓缩制成稠膏。含纤维较多、黏性较大或质地坚硬的药材宜水煎煮浓缩成稠膏，如大腹皮、丝瓜络、夏枯草、淡竹叶、熟地、桂圆肉、磁石、石决明等。

③ 提纯已知成分。可采用特定的方法和溶剂提取纯化药材中的有效成分，如黄芩苷、小檗碱、绿原酸等。含挥发性成分较多的药材（如荆芥、薄荷、紫苏叶、连翘等），用水蒸气蒸馏法提取挥发性成分，残渣在必要时再加水煎煮，制成稠膏。

（2）制备方法

① 制颗粒。中药片剂一般均采用湿法制粒，由于中药片剂种类不同，则制粒方法也有所差异。

a. 全粉末片。将全部中药材细粉，混合均匀，加适量的黏合剂或润湿剂制成适宜的软材，再通过适宜的筛网，制粒。

b. 半浸膏片。将部分药材制成浸膏，部分药材粉碎成细粉，两者混合制粒。其中浸膏可作为黏合剂，细粉可作为填充剂、崩解剂等。一般稠膏与粉末的比例以（1∶3.5）～(1∶4）为宜。

c. 全浸膏片。全部药材制浸膏，再制粒。常见的制备方法有：ⅰ. 如制得的干浸膏有一定黏性，可粉碎成 20～40 目大小的颗粒，必要时加入挥发油或其他辅料即可压片。此法所制的颗粒较粗且硬，压成的片剂常有麻点、斑点、色泽不匀等现象。ⅱ. 将浸膏粉碎成细粉（80～100 目），用乙醇为润湿剂迅速搅拌和制粒。此法制得的颗粒较细，制成的片剂外表也美观。ⅲ. 如浸膏黏性太强或量多，需先加入部分稀释剂或药材细粉混合均匀，烘干后直接粉碎成颗粒。ⅳ. 将水煎液浓缩到一定密度后，用喷雾干燥制备干浸膏，再制粒压片。

d. 有效成分片。提取的有效成分混合物或单体，含量测定后，再加入辅料混合制粒。

② 颗粒的干燥与整粒。湿粒的干燥温度一般为 60～80℃，以免颗粒软化而黏结成块，同时能防止淀粉受到湿热的作用而糊化，失去崩解作用；含有芳香性、挥发性以及含有苷类成分的湿粒干燥温度要控制在 60℃以下，以免有效成分的散失。干粒中的含水量宜控制在 3%～5%之间。

中药材干颗粒一般选用 14～22 目筛整粒，但全浸膏片中的颗粒较硬，可用 40 目筛整粒。

③ 压片。中药片剂的压片方法与一般片剂相同，但压力要求更大些，否则易出现松片、裂片现象。并且在增加压力的同时，还需选择适宜的黏合剂、崩解剂和润滑剂等。

5. 片剂制备过程中可能出现的问题和解决方法（见表 2-17）

表 2-17　片剂制备过程中可能出现的问题和解决方法

| 问题 | 产生原因分析 | 解决方法 |
| --- | --- | --- |
| 裂片 | 裂片是指片剂受到振动或在储藏过程中从腰间裂开的现象。从片剂顶部或底部剥落一层的现象称顶裂。产生裂片的原因很多，如黏合剂选择不当或用量不足、细粉过多、压力过大、冲头与模圈不符等 | 选用弹性小、塑性大的辅料；选用适宜制粒方法；选用适宜压片机和操作参数等，整体上提高物料的压缩成型性，降低弹性复原率 |
| 松片 | 片剂硬度不够，受振动易出现松散破碎的现象。主要原因是药物弹性回复大，可压性差 | 通过选用黏性强的黏合剂、增大压片机的压力等方法来解决 |
| 黏冲 | 指冲头或冲模上黏着细粉，造成片面粗糙不平或有凹痕的现象。主要原因有：颗粒含水量过多、润滑剂使用不当、冲头表面粗糙和工作场所湿度太高等 | 应根据实际情况查找原因予以解决 |
| 崩解超时限 | 指片剂不能在药典规定的时限内完全崩解或溶解。其原因有：崩解剂用量不足、黏合剂黏性太强或用量过多 | 压片时压力过大、疏水性润滑剂用量过多等。应根据实际情况查找原因予以解决 |
| 片重差异超限 | 是指片重差异超过药典规定的限度。其主要原因是：颗粒大小不均或流动性差、下冲升降不灵活、加料斗装量时多时少等 | 需及时处理解决 |
| 变色与色斑 | 指片剂表面的颜色发生改变或出现色泽不一的斑点现象，导致外观不符合要求。其主要原因有：颗粒过硬、混料不匀、接触金属离子、压片机污染油污等 | 需针对原因逐一处理解决 |
| 麻点 | 是指片剂表面产生许多小凹点的现象。主要原因有：润滑剂和黏合剂选用不当、颗粒大小不均匀或引湿受潮、粗粒或细粉量过多、冲头表面粗糙等 | 需针对原因处理 |
| 迭片 | 迭片是指两个药片迭压在一起的现象。其主要原因有：出片调节器调节不当、上冲黏片及加料斗故障等 | 针对原因分别处理 |

我们知道中药片剂在制备方法上有一定的特殊性，请同学们试分析中药片剂压片中存在的问题及解决办法？

### （五）片剂的包衣

片剂包衣是指在片剂（片芯、素片）的表面包裹上适宜材料构成衣层的工艺操作。包有衣料的片剂又称包衣片。根据包衣材料的不同，包衣片剂通常可分为糖衣片、薄膜衣片、肠溶衣片三类。

1. 片剂包衣的目的

① 防潮、避光、隔绝空气以增加药物稳定性。

② 遮盖药物的不良气味，增加患者的顺应性。

③ 隔离配伍禁忌或采用不同颜色包衣，增加药物的识别能力，提高用药的安全性。

④ 包衣后表面光洁，提高美观度。

⑤ 改善药物释放的位置及速度，如胃溶、肠溶、缓控释等。

2. 包衣的质量要求

① 包衣应均匀牢固，层层干燥，衣料不同药物起作用。

② 片剂的崩解时限等项检查应符合要求，片芯崩解度好，硬度大，而且片芯外形应具有适宜的弧度，以利于边缘部位覆盖衣层和保持衣层完整；片芯的脆性要小，以免因碰撞碎裂。

③ 贮藏过程中包衣仍能保持光洁、美观、色泽一致，并无裂片变色，不影响片剂的崩解及药物的释放。

3. 包衣方法

常用的包衣方法有：滚转包衣法、流化包衣法及压制包衣法（干压包衣法）等。

(1) 滚转包衣法（锅包衣法） 滚转包衣法是经典且广泛使用的包衣方法，可用于包糖衣、包薄膜衣以及包肠溶衣等，包括普通滚转包衣法和埋管包衣法等。

① 普通滚转包衣法。主要采用倾斜包衣锅，其基本结构见图2-15，一般为不锈钢材质，有良好的导热性。包衣锅有莲蓬形和荸荠形等；包衣锅的轴与水平的夹角为30°～45°，以使片剂在包衣过程中既能随锅的转动方向滚动，又能沿轴的方向运动，使混合作用更好。包衣锅的转动速度一般控制在20～40r/min，以能使片剂在锅中能随着锅的转动而上升到一定高度，随后做弧线运动而落下为度，使包衣材料能在片剂表面均匀地分布，片与片之间又有适宜的摩擦力。近年多采用可无级调速的包衣锅。

包衣锅用电炉或煤气加热锅壁，并通入干热空气以加速包衣液中溶剂的蒸发。装有排风装置和吸粉罩等，加速水蒸气的排除和吸去粉尘，既加速干燥，又利于劳动防护等。

包衣操作方法：将片芯置于转动的包衣锅中，加入包衣材料溶液，使均匀分散并黏附在各片芯的表面，然后加热、通风使干燥。此过程反复进行，直至达到规定的要求为止。

② 高效水平包衣法。主要是加入锅内的片剂随转筒运动被带动上升到一定高度后，由于重力作用在物料层斜面上边旋转边滑下。

高效水平包衣锅（见图2-16），为改善传统的倾斜包衣锅干燥能力差的缺点而开发的新型包衣锅，其干燥速度快，包衣效果好，已成为包衣装置的主流。

在转动锅壁上装有带动颗粒向上运动的挡板，喷雾器安装于颗粒层斜面上部，向物料层表面喷包衣溶液，干燥空气从转锅前面的空气入口进入，透过颗粒层从锅的夹层排出。这种装置适合于包薄膜衣和包糖衣。

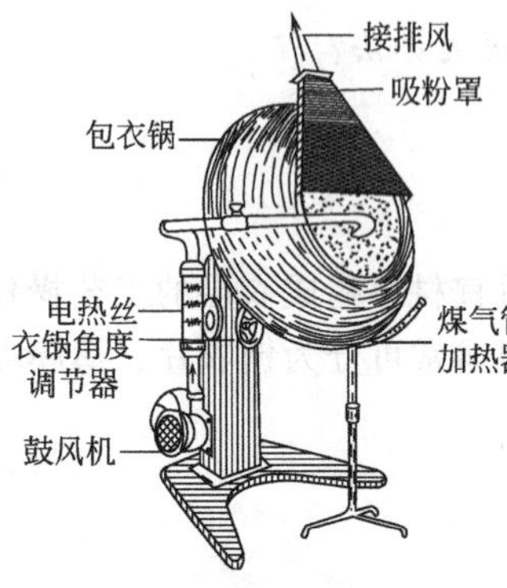


图2-15 倾斜包衣锅示意图

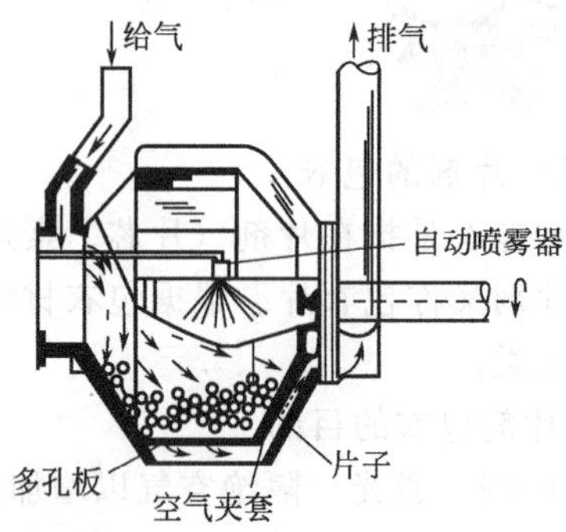


图2-16 高效水平包衣锅结构图

(2) 流化包衣法 流化包衣与流化制粒原理基本相似，是将片芯置于流化床中，通入气流，借急速上升的气流的动力使片芯悬浮于包衣室内，上下翻动处于流化（沸腾）状态；然后将包衣材料的溶液或混悬液以雾化状态喷入流化床，使片芯表面均匀分布一层包衣材料，并通入热空气使之干燥，如此反复包衣，直至达到规定要求。

流化包衣的药片运动主要依靠热气流推动，干燥能力强，包衣时间短，装置密闭，安全卫生。但大药片运动较难，小药片包衣易粘连。

4. 包衣材料与包衣过程

(1) 糖衣片 糖衣片是指以蔗糖为主要包衣材料制成的包衣片，其生产工艺见图2-17。

① 包隔离层。是指在片芯外包起隔离作用的衣层。其作用是将片芯与其他包衣材料隔离，以防发生相互作用，防止包衣溶液中的水分渗入片芯，致使片芯膨胀或变软。

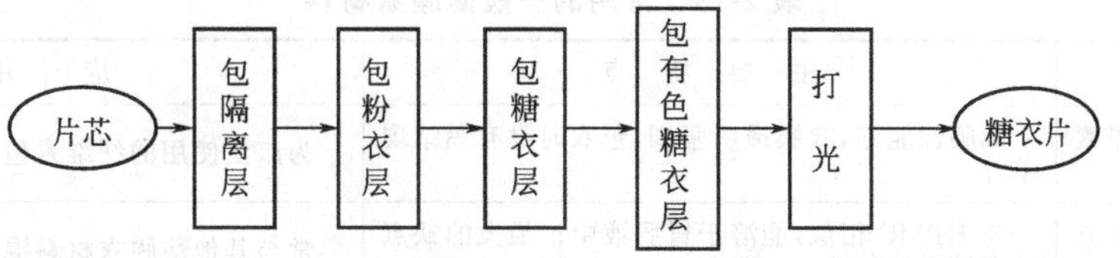


图 2-17　糖衣片生产工艺流程图

用于隔离层的材料有10%的玉米朊乙醇溶液、15%～20%虫胶乙醇溶液、10%邻苯二酸醋酸纤维素（CAP）乙醇溶液以及10%～15%明胶浆。其中最常用的是玉米朊的隔离层。因为包隔离层使用有机溶剂，所以应注意防爆防火，采用低温干燥（40～50℃），每层干燥时间约为30min，一般包3～5层。对于一般片剂，大多数不需要包隔离层。

② 包粉衣层。为消除片剂的棱角，在隔离层外边包上较厚的粉衣层，主要材料为糖浆、滑石粉。常用糖浆浓度为65%（g/g）或85%（g/ml），滑石粉为过100目筛的细粉。操作时喷一次浆、撒一次粉，然后热风干燥20～30min（40～55℃），重复以上操作15～18次，直到片芯棱角消失。为了增加糖浆的黏度，也可在糖浆中加入10%的明胶或阿拉伯胶。

③ 包糖衣层。是在粉衣层外包蔗糖衣，使其表面光滑、细腻。常用适宜浓度的蔗糖水溶液。糖衣层一般包10～15层。

④ 包有色糖衣层。在糖衣层表面用加入适宜色素的蔗糖溶液包有色糖衣层，以增加美观，便于识别。应选用食用色素，一般包8～15层。

⑤ 打光。是指在糖衣外涂上极薄的蜡层，使药片更光滑、美观，兼有防潮作用。一般用川蜡。

包衣过程注意事项：每次加入液体或粉衣料均应充分使其分布均匀；每次加入液体并分布均匀后，应待彻底干燥后，才能再一次加溶液或粉衣料。溶液黏度不宜太大，否则不易分布均匀。生产中包粉衣层等经常采用混浆法，即将粉衣料混悬于黏合剂溶液，加入转动的片剂中，此法可以减少粉尘和简化工序。

（2）薄膜衣片　薄膜衣片是指在片芯之外包上极薄的高分子聚合物衣料，形成薄膜。与包糖衣片比较其优点为：①操作简便，节约材料、劳力等，成本较低；②片重仅增加2%～4%，节约包装材料等；③利于制成胃溶、肠溶或长效缓释制剂；④压在片芯上的标志，在包薄膜衣后仍清晰可见；⑤便于生产工艺的自动化。薄膜衣片的生产工艺流程见图2-18。

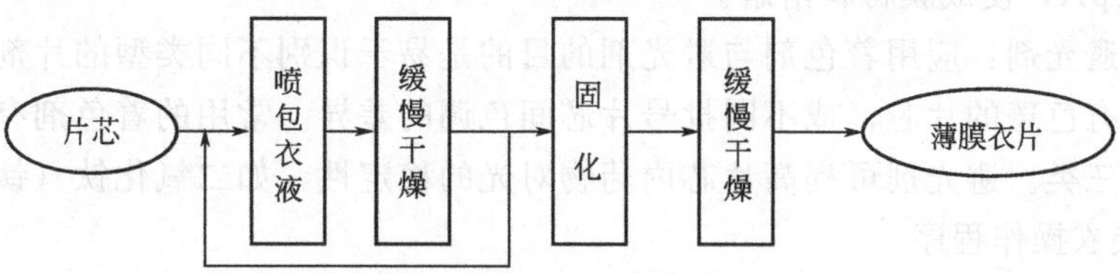


图 2-18　薄膜衣片生产工艺流程

① 薄膜衣材料。常用有成膜材料、增塑剂、溶剂及其他材料；其要求为应有良好的成膜性，有良好的机械强度，防潮性好，而透气性要差等。成膜材料又分为胃溶性和肠溶性两类。

胃溶性成膜材料（一般薄膜衣材料）：指在水或胃液中可以溶解的材料，见表2-18。

肠溶性成膜材料：是指在胃液中不溶，但可在pH较高的水中及肠液中溶解的成膜材料。常见肠溶性成膜材料见表2-19。

表 2-18 常用的一般薄膜衣材料

| 名 称 | 主要特点 | 应 用 |
|---|---|---|
| 羟丙基甲基纤维素(HPMC) | 成膜性能好,衣膜透明坚韧,包衣时没有黏结现象等 | 为广泛使用的纤维素包衣材料 |
| 羟丙基纤维素(HPC) | 与HPMC相似,能溶于胃肠液中。最大的缺点是有较强的黏性 | 常与其他薄膜衣材料混合使用 |
| 乙基纤维素(EC) | 有良好的成膜性,可避免包衣时有机溶剂的损害 | 现广泛使用的为乙基纤维素水分散体 |
| 聚乙二醇 | 可溶于水及胃肠液,相对分子质量在4000～6000者可成膜,形成的衣层对热敏感,温度高时易熔融 | 常与其他薄膜衣材料如CAP等混合使用 |
| 聚维酮(PVP) | 性质稳定,防潮性能也好,形成的膜比较坚固,久存也不影响崩解性能 | 可用作胃溶性薄膜衣材料 |
| 聚丙烯酸树脂 | 是一种安全、无毒的药用高分子材料 | 分胃溶性和肠溶性树脂 |

表 2-19 常见肠溶性成膜材料

| 名 称 | 主要特点 | 应 用 |
|---|---|---|
| 虫胶 | 不溶于胃液中,在pH6.4以上的体液中能迅速溶解 | 目前虫胶包肠溶衣已少用 |
| 邻苯二甲酸醋酸纤维素(CAP) | 有吸湿性,成膜性能好,包衣后不溶于酸性溶液,pH6以上能溶,且胰酶能促进其消化,保证片剂在肠内能崩解 | 包衣时一般用8%～12%的乙醇丙酮混合液 |
| 聚丙烯酸树脂 | 作为肠溶衣时渗透性较小,且在肠中溶解性能好 | 肠溶衣材料 |
| 羟丙基甲基纤维素邻苯二甲酸酯(HPMCP) | 不溶于水.也不溶于酸性缓冲液,其薄膜衣在pH5～6间能溶解 | 是一种能在十二指肠上端开始溶解的肠溶衣材料 |

增塑剂：系指能增加成膜材料可塑性的材料。加入增塑剂的衣层柔韧性增加。常用的水溶性增塑剂有甘油、聚乙二醇、丙二醇；水不溶性增塑剂有蓖麻油、乙酰化甘油酸酯、邻苯二甲酸酯类、硅油等。

溶剂：系溶解成膜材料及增塑剂，挥发后使成膜材料均匀分布在片剂表面成膜。溶液的黏度和溶剂的蒸发速度能影响衣层质量。

常用的溶剂有水、乙醇、异丙醇、甲醇、丙酮等；对肠溶性材料可以考虑用纯化水为溶剂并用氨水调 pH，使成膜材料溶解。

着色剂与避光剂：应用着色剂与避光剂的目的是易于识别不同类型的片剂，改善片剂外观，并可遮盖有色斑的片芯，或不同批号片芯间色调的差异。常用的着色剂有水溶性、水不溶性和色淀等三类。避光剂可提高片芯内药物对光的稳定性，如二氧化钛（钛白粉）。

② 包薄膜衣操作程序

准备：在包衣锅内装入适当形状的挡板，以利于片芯的转动与翻动。

喷包衣液：将片芯放入锅内，喷入一定量的薄膜衣材料溶液，使片芯表面均匀湿润。

缓慢干燥：吹入缓和的热风使溶剂蒸发（温度最好不超过 40℃，以免干燥过快，出现“皱皮”或“起泡”现象；也不能干燥过慢，否则会出现“粘连”或“剥落”现象）。如此重复上述操作若干次，直至达到一定的厚度为止。

固化：大多数的薄膜衣需要一个固化期，一般是在室温或略高于室温下自然放置 6～8h 使之固化完全。

缓慢干燥：使残余的有机溶剂完全除尽，一般还要在 50℃以下干燥 12～24h。

5. 包衣过程中可能出现的问题和解决办法

(1) 包糖衣过程中可能出现的问题和解决办法（见表 2-20）

表 2-20　包糖衣过程中可能出现的问题和解决办法

| 问　题 | 产生原因分析 | 解 决 方 法 |
|---|---|---|
| 糖浆不粘锅 | 若锅壁上蜡未除尽，可出现粉浆不粘锅 | 应洗净锅壁或再涂一层热糖浆，撒一层滑石粉 |
| 粘锅 | 可能由于加糖浆过多，黏性大，搅拌不均匀 | 保持糖浆含量恒定，一次用量不宜过多，锅温不宜过低 |
| 片面不平 | 由于撒粉太多、温度过高、衣层未干又包第二层 | 应改进操作方法，做到低温干燥、勤加料、多搅拌 |
| 色泽不匀 | 片面粗糙、有色糖浆用量过少且未搅匀、温度过高、干燥太快、糖浆在片面上析出过快、衣层未干就加蜡打光 | 采用浅色糖浆，增加所包层数，“勤加少上”控制温度，情况严重时洗去衣层，重新包衣 |
| 龟裂与爆裂 | 可能由于糖浆与滑石粉用量不当、片芯太松、温度太高、干燥太快、析出粗结晶体，使片面留有裂缝 | 进行包衣操作时应控制糖浆和滑石粉用量，注意干燥温度和速度，更换片芯 |
| 露边与麻面 | 衣料用量不当、温度过高或吹风过早 | 注意糖浆和粉料的用量，糖浆以均匀润湿片芯为度，粉料以能在片面均匀黏附一层为宜；片面不见水分和产生光亮时再吹风 |
| 膨胀磨片或剥落 | 片芯层与糖衣层未充分干燥、崩解剂用量过多 | 包衣时注意干燥，控制胶浆或糖浆的用量 |

(2) 包薄膜衣过程中可能出现的问题和解决办法

① 起泡。因固化条件不当，干燥速度过快。应控制成膜条件，降低干燥温度和速度。

② 皱皮。因选择衣料不当，干燥条件不当。应更换衣料，改变成膜温度。

③ 剥落。因选择衣料不当，两次包衣间隔时间太短。应更换衣料，延长包衣间隔时间，调节干燥温度和适当降低包衣溶液的浓度。

④ 花斑。因增塑剂、色素等选择不当，干燥时溶剂将可溶性成分带到衣膜表面。操作时应改变包衣处方，调节空气温度和流量，减慢干燥速度。

⑤ 肠溶衣不能安全通过胃部。可能由于衣料选择不当，衣层太薄，衣层机械强度不够。应注意选择适宜的衣料，重新调整包衣处方。

⑥ 肠溶衣片肠内不溶解。如选择衣料不当，衣层太厚，储存变质。应查找原因，合理解决。

**(六) 片剂常用设备**

下面了解一下片剂生产的常用设备（见图 2-21）。

表 2-21　片剂常用设备

| 名　称 | 设备外观图(或结构示意图) | 性能及其适用范围 |
|---|---|---|
| 单冲压片机 |  | 单冲式压片机将各种颗粒状原料压制成圆片，适用于实验室试制或小批量生产各种药片、糖衣片、异形片等。是一种小型台式电动(手动)连续压片机器，机上装一付冲模，物料的充填深度，压片厚度均可调节。可根据客户要求提供各种形状的模具 |

续表

| 名　称 | 设备外观图(或结构示意图) | 性能及其适用范围 |
|---|---|---|
| 旋转压片机 |  | 旋转式压片机有多种型号，按冲数分，有16冲、19冲、27冲、33冲、55冲、75冲等；按流程来说，有单流程和双流程两种。单流程是仅有一套压轮(上、下压轮各一个)，双流程者有两套压轮，另外饲粉器、刮粉器、片重调节器和压力调节器等各两套并均装于对称位置，模盘每转动一圈，每付冲压成两个药片。双流程压片机的生产效率高，而且压片时其载荷分布好，电机及转动机构处于更稳定的工作状态。本机是系列化产品，能广泛用于制药、食品、化工、电子等行业压制各种规格的圆形或异形片剂 |
| 高速旋转式压片机 |  | 高速旋转式压片机用以将各种颗粒原料压制成圆片及异形片，是适合批量生产的基本设备。其结构为双压式，有两套加料装置和两套轮。转盘上可装37付冲模，旋转一周即可压制74片。压片时转盘的速度、物料的充填深度、压片厚度可调节。机上的机械缓冲装置可避免因过载而引起机件损坏。机内配有吸粉箱，通过吸嘴可吸取机器转动时所产生的粉尘，避免黏结堵塞，并可回收原料重新使用 |
| 高效包衣机 |  | 该系列高效包衣机是中西医片剂、丸剂、水丸、圆颗粒等包制有机薄膜衣的一种新型高效、节能、安全、洁净、符合GMP要求的机电一体化设备，通过药品包衣，保证了药品质量与使用有效期 |
| 荸荠式糖衣机 | 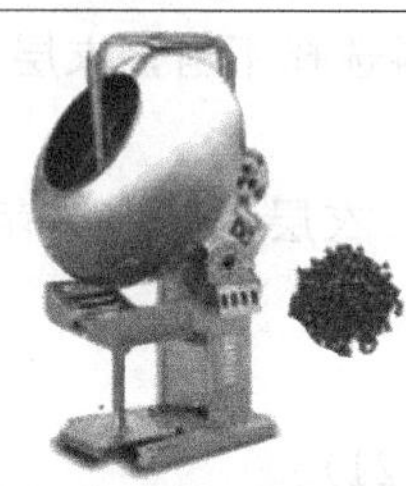 | 本机采用不锈钢制作，由机体、蜗轮箱体、糖衣锅、加热装置、风机、电气等主要部分组成。结构简单，操作方便，主要适用于制药工业中药丸、药片的糖衣生产，也可用于食品、化工、轻工行业中球形或颗粒物料的滚制和打光 |

## 活动与探究

1. 查阅资料，通过下表总结压片中常出现的问题及其解决方法?

| 常出现的问题 | 产生原因及解决方法 | | |
|---|---|---|---|
| | 药物方面 | 颗粒方面 | 机械方面 |
| 裂片 | | | |
| 松片 | | | |
| 黏冲 | | | |
| 片重差异超限 | | | |
| 崩解迟缓 | | | |
| 变色与花斑 | | | |
| 叠片 | | | |

2. 干淀粉是一种经典的崩解剂，查阅资料，看看药品生产中是如何制备干淀粉的？

3. 干颗粒的含水量对压片有很大影响，含水量太多，易发生黏冲，含水量少不利于压片。你知道生产中工人是如何掌握干颗粒含水量的么？

## 模块二　散剂、颗粒剂、丸剂、片剂操作实践

### 一、散剂、颗粒剂、丸剂、片剂标准操作

1. K-160 摇摆式颗粒机标准操作规程

(1) 开机前的准备工作

① 将清洁干燥的刮粉轴装入机器，装上刮粉轴前端固定压盖，拧紧螺母。

② 将卷网轴装到机器上，筛网的两端插入卷网轴的长槽内。

③ 转动卷网轴的手轮，将筛网包在刮粉轴的外圆上。

④ 检查机器润滑油，油位不应低于前侧油位视板的红线，油位过低应补充同型号的齿轮油。

(2) 开机

① 接通电源，打开控制开关，观察机器的运转情况，无异常声音，刮粉轴转动平稳，机器则可投入正常使用。

② 将物料均匀倒入料斗内，根据物料性质控制加料速度，物料在料斗中应保持一定的高度。

(3) 停机

① 制颗粒完成后，清理颗粒机和筛网上的余料，并注意余料中有无异物，经适当处理后加入颗粒中。

② 对设备进行清洁保养。

2. 沸腾干燥机标准操作规程

(1) 开机前的准备工作

① 将捕集袋套在袋架上，一并放入清洁的上气室内，松开定位手柄后摇动手柄使吊杆放下，然后用环螺母将袋架固定在吊杆上，摇动手柄升高到尽头，将袋口边缘四周翻出密封槽外侧，勒紧绳索，打结。

② 将物料加入沸腾器内，检查密封圈内空气是否排空，排空后可将沸腾器慢慢推入上下气室间，此时沸腾器上的定位头与机身上的定位块应吻合（如不吻合，注意沸腾器与机身上牙嵌式离合器的牙子方向是否相嵌），就位后沸腾器应与密封槽基本同心。注意：加料量上限为沸腾器容量的 2/3。

③ 接通压缩空气气源及电加热气源，开启电气箱的空气开关，此时电器箱面板上的电源指示灯亮。

④ 机身内的总进气减压阀调到 0.5MPa 左右，气封减压阀调到 0.1MPa，后者可根据充气密封圈的密封情况做适当调整，但空气压力不得超过 0.15MPa，否则密封圈容易爆裂。

⑤ 预设相应的进风温度和出风温度（出风温度通常为进风温度的一半），然后将切换开关复位，此时温度调节仪显示实际进风温度。

⑥ 选择“自动/手动”设置。

(2) 开机

① 合上“气封”开关，等指示灯亮后观察充气密封圈的鼓胀密封情况，密封后方可进行下一步。

② 启动风机，根据观察窗内物料的沸腾情况，转动机顶的气阀调节手柄，控制出风量，以物料似煮饭水开时冒气泡的沸腾情况为适中，如物料沸腾过于剧烈，应将风量调小，风量过大令颗粒易碎，细粉多，且热量损失大，干燥效率降低；反之，如物料湿度、黏度大，难沸腾，可增大出风量。

③ 开动电加热器约半分钟后，开动“搅拌”，确保搅拌器不致物料未疏松而超负载损坏，在物料接近干燥时，应关闭“搅拌”，否则搅拌桨易破坏物料颗粒。

④ 检查物料的干燥程度，可在取样口取样确定，以物料放在手上搓捏后仍可流动、不粘手为干燥，不取样时，取样棒的盛料槽向下。

⑤ 干燥结束关闭加热器，关闭“搅拌”。

⑥ 待出风口温度与室温相近时，关闭风机。

⑦ 约 1min 后，按“振动”按钮点动（约 8～10 次），使捕集袋内的物料掉入沸腾器内。

⑧关闭“气封”，待密封圈完全回复后，拉出沸腾器卸料。

（3）停机

① 拉出沸腾器，放下捕集袋架，取下过滤袋，关闭风门。

② 用有一定压力的饮用水冲洗残留于主机各部分的物料，特别对原料容器内气流分布板上的缝隙要彻底清洗干净，然后开启机座下端的放水阀，放出清洗液，不能冲洗的部位可用毛刷或布擦拭。

③ 捕集袋应及时清洗干净，烘干备用。

④ 关闭风机后，必须等约 1min，再按“振动”，确保捕集袋不致在排气未尽的情况下振动而破损。

⑤ 关闭“气封”后，必须等密封圈完全回复后（即圈内空气排尽），方可拉出沸腾器，否则易损坏密封圈。

3. ZP37 旋转式压片机标准操作规程

（1）开机前的准备工作

① 冲模的安装

a. 中模安装。将转台圆周中模紧固螺丝旋出部分（勿使中模转入与螺丝头部相碰）放平中模，用中模打棒（随机工具）由上孔穿入，用锤轻轻打入（注意：中模进入模孔，不可高出转台工作面）将螺丝紧固。

b. 上冲安装。将上导轨盘缺口处嵌舌掀起，将上冲插入模圈内，用大拇指和食指旋转冲杆，检验头部进入中模后转动是否灵活，上下升降无硬摩擦为合格，全部装妥后，将嵌舌扳下。

c. 下冲安装。取下主体平面上的圆孔盖板，通过圆孔将下冲杆装好，检验方法如上冲杆，装妥后将圆孔盖好。

② 装刮粉器。刮粉器装于模圈转盘平面上，用螺丝固定。安装时应注意它与模圈转盘的松紧，太松易漏粉，太紧易与转盘产生摩擦出现颗粒内有黑色的金属屑，造成片剂污染。

③ 装加料斗。加料斗高低会影响颗粒流速，安装时注意高度适宜，控制颗粒流出量与填充的速度相同为宜。

④ 全套装毕，将拆下的零件按原位安装好。检查储油罐液位是否适中，上下压轮是否已加黄油。

⑤ 检查机器零件安装是否妥当，机器上有无工具及其他物品，所有防护、保护装置是

否安装好。

⑥ 用手转动手轮，使转台旋转1～2圈，观察上、下冲进入模圈孔及在导轨上的运行情况，应灵活，无碰撞干涉现象。

(2) 开机

① 旋转电器柜左侧电源主开关，给机器送电；按“吸尘开关”启动吸尘机，按压片机“启动”开关，使空车运转2～3min平稳正常方可投入生产。

② 将少量空白淀粉颗粒加入料斗，调至低转速、低压力，启动机器使转台运转数圈，清洗冲头和冲模上黏附的油渍，将压片机上剩余物料清理干净。

③ 试压前，将片厚调节至较大位置，填充量调节至较小位置，将颗粒加入料斗内，点动2～3周，试压时先调节填充量，调至符合工艺要求的片重，然后调节压力至产品工艺要求的硬度。

④ 根据物料情况和冲模规格选择合适转速，并保持料斗颗粒存量一半以上。

⑤ 机器运转中必须关闭所有玻璃窗，不得用手触摸运转件。

⑥ 换状态标志，挂上“正在运行”状态标志。

⑦ 运行时，注意机器是否正常，不得开机离岗。

(3) 停机

① 卸掉液压压力，轮压力。

② 压片完成后，清理压片机内外粉尘。

③ 关闭洗尘器。

④ 关闭主电机电源、总电源、真空泵开关。

4. DXD-K80Z型颗粒自动包装机的标准操作规程

(1) 开机前的准备工作

① 检查DXD-K80Z型颗粒自动包装机清洁情况。

② 检查所装容杯、制袋器规格与产品工艺规程的要求是否一致。

③ 用手拨动主电机皮带，检查机器是否运行灵活，确认无异常可通电开机。

④ 安装包装材料。将包装材料装在两挡纸轮间，架在机器的架纸臂板的槽中，使包装材料与制袋器对正，然后将挡套上的旋钮旋紧，并保证印刷面朝前或复合面朝后。开机后根据送纸情况调整包装材料在架纸轮上的轴向位置，保证供纸正常。将包装材料从两滚筒间穿过，绕过控制杆通过倒向轴，从制袋器穿过，至制袋器下方的两滚轮之间，点动仪表板“输纸”开关，滚轮转动向下拉动包装材料至切口处。

(2) 开机

① 接通总电源开关，压下离合器手柄，使计量机构与主传动分离，按下启动按钮，机器空运行。

② 空袋调整

a. 设定温度。根据所用包装材料，通过仪表板上的纵封、横封温控仪设定纵封、横封所需温度。

b. 袋长调整。根据需要，通过袋长控制仪表的按键调整至需要的袋长数值（cm）对有光标的包装材料应按光标间隔数值设定制袋长度。使用有光标包装材料时，应接通光电开关；使用无光标包装材料时，应关闭光电开关。

c. 确定切刀位置。袋长确定后，调整切刀位置，使刀口对准横封封道中间并与走纸方向垂直，使两切刀间有一定的压力，使其能切断包装材料，最后紧固切刀。

使用有光标包装材料时，调整光电补偿机构：接通电源开关，按下光电开关，把带有光标的包装材料插入光电头倒纸板中，调整好光电开关（电眼）横向位置，使光点能照射到光标位置后紧固；点动输纸开关，将包装材料任一光标对正横封器中间位置，调整光电开关（电眼）上下位置，使其光点位于另一任意光标上方位置，紧固定位螺丝。若发现袋长控制器显示数值与实际设定数值不符，将设定值重新设定。若发现切刀切在光标下方，可向下调整光电开关（电眼）位置；反之向上调整，直至切刀切在光标中间。

d. 热封压力调整。调整热封器上的调整螺钉和紧固螺母使热封压力适宜，机器声音平缓、无激烈撞击声；包装袋平整、无变形，热封纹路清晰、均匀。

e. 制袋调整。包装袋在热封后出现错边时，应移动制袋器，使之向错边多的一侧移动；横封起皱，应把制袋器向起皱一方下压或将另一方上提，使包装袋平整、美观。

③ 充料调整

a. 空袋调整完毕后，可向料斗中加入待包装物料。

b. 落料时机调整。提起离合器手柄开始充料运行，调整落料时机，使热封器刚合拢时，下料门应刚刚打开，避免落料时机的超前或滞后造成横封夹料。

c. 计量调整。当包装物料重量小于或大于要求重量时，按顺时针或逆时针调整计量器，达到要求的重量。

d. 堆料调整。应注意观察计量盘的堆料情况，若堆料太多而溢出刮板或堆料不足以充满容杯时，可调整出料门，使出料门下移或上移，减少或增加出料量，防止因堆料太多或不足而影响计量精度。

e. 包装速度调整。调整机箱右侧的调速手钮，顺时针加快，逆时针减慢。

f. 充料运行无异常后，机器可正常工作，接通记数开关，进行颗粒物料包装。

g. 随时向料斗中填加物料，并检查装量情况及热封质量。

（3）停机

① 颗粒物料包装完成后，断开 DXD-K80Z 型颗粒自动包装机“记数”开关及“启动”按钮。

② 对物料进行处理，转入下道工序。

③ 对 DXD-K80Z 型颗粒自动包装机进行清洁。

5. BG-D 高效包衣机标准操作规程

（1）开机前的准备工作

① 检查整机各部件是否完整、干净，开启总电源，检查主机及各系统能否正常运转。

② 按设备清洁规程进行消毒。

③ 安装蠕动泵管

a. 先将 3 个白色旋钮松开，把活动夹钳取出，再把 017×013 的天然橡胶管（亦称食品管）或硅胶管塞入滚轮下，边旋转滚轮盘，边塞入胶管，使滚轮压缩管子，不能过紧，也不能过松（管壁间有缝隙），松紧程度可通过移动泵座的前后位置来调整，调好后用扳手紧固六角螺母。

b. 将泵座两侧的活动夹钳放下，使管子在夹钳中，拧紧白色旋钮，一只手将橡胶管稍处于拉伸状态，另一只手拧白色旋钮，以防止橡胶管在工作过程中移动，注意橡胶管不能拉得过紧，否则泵工作时会把橡胶管拉断，还要注意管子安装要平整，不能扭曲。

c. 将橡胶管的一端（短端）套在吸浆不锈钢管上，将硅橡胶管的另一端（长端）穿入包衣主机旋转臂长孔内，与喷浆管连接。

④ 片芯预热。将筛净粉尘的片芯加入包衣滚筒内，关闭进料门。开启包衣滚筒，使转速为1～3r/min，启动风机，向主机送风，然后设定较高加热温度，启动加热。

⑤ 安装调整喷嘴（包薄膜衣）

a. 将喷浆管安装在旋转长臂上，调整喷嘴位置使其位于片芯流动时片床的上1/3处，喷雾方向尽量平行于进风风向，并垂直于流动片床，喷枪与片床距离大约为20～25cm。

b. 将旋转臂连同喷雾管移出滚筒外面进行试喷。

c. 打开喷雾空气管道上的球阀，压力调至0.3～0.4MPa。开启喷浆、蠕动泵，调整蠕动泵转速及喷枪顶端的调整螺钉，使喷雾达到理想要求，然后关闭喷浆及蠕动泵。

⑥ 安装滴管（包糖衣）。将滴管安装在旋转长臂上，调整滴管位置使其位于片芯流动时片床的上1/3处（即片床流速最大处），使滴管嘴垂直于片床，滴管与片床距离大约为20～30cm。

⑦“出风温度”升至工艺要求值时，降低“进风温度”，待“出风温度”稳定至规定值时开始包衣。

(2) 开机包衣

① 按“喷浆”键，开启蠕动泵，开始包衣，将转速缓慢升至工艺要求值。

② 按工艺要求进行包衣，在包衣过程中根据情况调节各包衣参数。

③ 开机过程中随时注意设备运行声音、情况。

(3) 停机

① 将输液管从包衣液容器中取出，关闭“喷浆”。

② 降低转速，待药片完全干燥后依次关闭热风，排风和匀浆。

③ 打开进料口门，将旋转臂转出。装上卸料斗，按“点动”键，滚筒转动，药片从卸料斗卸出。

6. NJP-1200全自动胶囊填充机标准操作规程

(1) 开机前的准备工作

① 检查电源连接正确。

② 检查润滑部位，加注润滑油（脂）。

③ 检查机器各部件是否有松动或错位现象，若有加以校正并紧固。

④ 将吸尘器软管插入填充机吸尘管内。

⑤ 打开真空泵水源阀门。

(2) 点动运行操作步骤

① 合上主电源开关，总电源指示灯亮。

② 旋动电源开关，接通主机电源。

③ 启动真空泵开关，真空泵指示灯亮，泵工作。

④ 启动吸尘器进行吸尘。

⑤ 按点动键，运行方式为点动运行，试机正常后，进入正常运行。

⑥ 按启动键，主电机指示灯亮，机器开始运行，调节变频调速器，频率显示为零。

(3) 自动装药操作步骤

① 将空心胶囊装进胶囊料斗。

② 按加料键，供料电机工作，当料位达到一定高度时供料电机自动停止。

③ 调节变频调速器，至所需的运行速度。

④ 需要停机时，按一下停止按钮，再关掉真空泵和总电源。

⑤ 紧急情况下按下急停开关停机。

(4) 更换或安装模具　胶囊规格改变时，必须更换计量盘、上下模块、顺序叉、拨叉、导槽等物件，每次换完物件在开机前都必须用手扳动主电机手轮运转 1～2 个循环，如果感到异常阻力就不能再继续转动，需对更换部分进行检查，并排除故障。

(5) 上下模块的更换和安装

① 松开上下模具的紧固螺钉取下上下模块。

② 下模块由两个圆柱销定位，装完下模块后再把螺钉拧紧。

③ 装下模块时，先将调试杆分别插入到两个外侧载囊孔中使上下模块孔对准，再把螺钉上紧，定位好后两个模块调试杆应能灵活转动。

④ 更换模块时用手扳动主电机手轮旋转盘，注意旋转时必须取出模块调试杆。

(6) 胶囊分送部件的更换和安装

① 拧下两个紧固螺钉取下胶囊料斗。

② 用手扳主电机手轮使顺序叉运行到最高位。

③ 拧下两个固定顺序叉部件的螺钉，将顺序叉部件拔离两个定位销。

④ 拧下固定胶囊导槽的两个紧固螺钉，取下胶囊导槽部件。

⑤ 拧下拨叉上的一个紧固螺钉，取下拨叉。

⑥ 将更换的胶囊分送部件按相反顺序装上。

(7) 计量盘及充填杆的更换和安装

① 提起药粉料斗并将其转向外侧。

② 转动主电机手轮使上模架处于最高位。

③ 拧松螺栓把夹持器从模架上取下。

④ 松开夹持器上的锁紧螺钉把下压板拉开，装上充填杆。

⑤ 取下模架和药粉输送器。

⑥ 用专用扳手拧下固定计量盘的螺栓，装上计量盘和盛粉环。

⑦ 装上药粉输送器并拧紧，用转动调节螺栓的方法调好刮粉器底与计量盘之间的间隙。

⑧ 装上模架并固紧，适当转动计量盘，把调试杆顺利插入每个孔中。

⑨ 装上充填杆和夹持器。

(8) 结束操作　进行清洗，同时悬挂“待清洁”、“已清洁”标识牌，并认真填写记录。

## 二、综合实训

### 实训一　制粒、干燥、压片、包衣岗位操作

<table>
<tr><td>实践目的<br>1. 进一步熟悉制粒、干燥、压片、包衣岗位操作。<br>2. 能正确使用制粒、干燥、压片、包衣设备。<br>3. 能掌握制粒、干燥、压片、包衣过程中的质量控制。</td><td>学时：4</td></tr>
<tr><td colspan="2">工作任务描述<br>制粒、干燥、压片、包衣是片剂生产中的基本操作，同时制粒、干燥、压片、包衣又是固体制剂生产中的基本操作。通过实践，能对所用设备在运行过程中出现的一般故障进行排除，对影响质量的工艺关键点进行控制，为在固体制剂的岗位工作打下良好基础。</td></tr>
</table>

续表

| 媒体条件 |
|---|
| 1. 药物制剂实训室、校内生产基地。<br>2. 多媒体设备、摇摆颗粒机、沸腾干燥机、压片机、包衣锅、不锈钢桶、电子秤、天平等。<br>3. 各种资料(常用药物制剂设备使用说明等)、PPT、视频、影像资料、教材、相关图书、网上资源、网络课程等。<br>4. 实践材料:药物、纯化水、药用辅料等。 |
| **具体任务内容**<br>1. 根据工作任务获取学习信息,获得相关知识。<br>(1)摇摆颗粒机的标准操作。<br>(2)沸腾干燥机的标准操作。<br>(3)压片机的标准操作。<br>(4)包衣锅的标准操作。<br>2. 根据学习资料制订工作计划,完成工作计划。<br>3. 按照工作计划,遵守相关规定,独立完成每一个工作步骤,并进行记录、归档和提交报告。 |
| **对学生的要求**<br>1. 积极沟通,广泛收集各种资料,不得随意损坏和丢失信息资料。<br>2. 遵守课堂纪律,上课认真做好计划和记录,服从指挥。<br>3. 积极主动、按时完成工作任务,配合组长与老师的工作。<br>4. 自学好问、仔细观察、认真分析、制作精细。<br>5. 检查评价认真、公平、全面。 |

**考核标准**

| 实践项目:制粒、干燥、压片、包衣岗位操作 | | | 学时:4 |
|---|---|---|---|
| 实践目的<br>1. 进一步熟悉制粒、干燥、压片、包衣岗位操作。<br>2. 能正确使用制粒、干燥、压片、包衣设备。<br>3. 能掌握制粒、干燥、压片、包衣过程中的质量控制。 | | | |
| 序号 | 考核内容 | 考核标准 | 参考分值 |
| 1 | 学习与工作态度 | 态度端正,学习方法多样,课堂认真,积极主动,责任心强,全部出勤。 | 5 |
| 2 | 团队协作 | 服从安排,积极与小组成员合作,共同制订工作计划,共同完成工作任务。 | 5 |

续表

| 序号 | 考核内容 | 考核标准 | 参考分值 |
|---|---|---|---|
| 3 | 实训计划制订 | 有工作计划，计划内容完整，时间安排合理，工作步骤正确。 | 5 |
| 4 | 实训记录 | 实训记录单设计合理，完成及时，记录完整，结果分析正确。 | 5 |
| 5 | 能以标准操作规程进行各设备的操作 | 严格按操作规程进行各设备操作，生产完毕后按要求进行设备清洁。 | 20 |
| 6 | 能以标准操作规程进行各工序的操作 | 严格按操作规程进行各工序操作，生产完毕后按要求清场。 | 30 |
| 7 | 能正确地掌握各岗位生产过程中的质量要求 | 能掌握制粒、干燥、压片、包衣过程中的质量控制。 | 15 |
| 8 | 任务训练单 | 对老师布置的训练单，能及时上交，正确率在90%以上。 | 5 |
| 9 | 方法能力 | 能利用各种资源快速查阅获取所需知识，问题提出明确，表达清晰，有独立分析问题和解决问题的能力。 | 5 |
| 10 | 问题思考 | 开动脑筋，积极思考，提出问题，并对工作任务完成过程中的问题进行分析和解决。 | 5 |
| 11 | 合计 | | 100 |

## 实训二　乙酰螺旋霉素片的制备

| 实践目的 | |
|---|---|
| 1. 能完成片剂的一般生产操作。<br>2. 能对片剂生产所用设备进行清洁与维护。<br>3. 能对片剂生产过程中出现的不合格品进行判断，并能找出原因同时提出解决方法。<br>4. 能对生产所用设备在运行过程中出现的一般故障进行排除。 | 学时：6 |
| **工作任务描述**<br>片剂是药物制剂中的主要剂型之一，通过对乙酰螺旋霉素片的制备，达到对片剂生产线进行全面掌握的目的，能够熟悉生产岗位和生产设备，为今后生产工作打下基础。 | |

续表

| 媒体条件<br>1. 药物制剂实训室、校内生产基地。<br>2. 多媒体设备、粉碎机、振荡筛、摇摆颗粒机、沸腾干燥机、压片机、包衣锅标准操作规程、高压灭菌柜的操作等。<br>3. 各种资料(常用药物制剂设备使用说明等)、PPT、视频、影像资料、教材、相关图书、网上资源、网络课程等。<br>4. 实践材料:乙酰螺旋霉素、淀粉、蔗糖、滑石粉、羧甲基淀粉钠、纯化水、吐温-80、硬脂酸镁等。 |
|---|
| 具体任务内容<br>1. 根据工作任务获取学习信息,获得相关知识。<br>【处方】 乙酰螺旋霉素 77g,淀粉 130g,羟丙基纤维素 10g,滑石粉 8g,蔗糖粉 3g,吐温-80 0.3g,羧甲基淀粉钠 6g,硬脂酸镁 3g,5%淀粉糊 100g。<br>【制法】 将滑石粉、蔗糖、羟丙基纤维素、淀粉过 80 目筛备用。将乙酰螺旋霉素和处理过的辅料加入混合机中,干混 30min,加入 5%淀粉糊和吐温-80 湿混 7～10min 后,用 16 目尼龙筛网制粒,60～70℃干燥。用 14 目不锈钢筛网整粒,加入羧甲基淀粉钠、硬脂酸镁混合均匀,压片,包糖衣,共制成 1000 片。<br>【性状】 本品为糖衣片剂,除去包衣后,显类白色或微黄色。<br>【适应证】 适用于敏感葡萄球、链球菌属和肺炎链球菌所致的轻、中度感染,如扁桃体炎、咽炎、中耳炎、鼻窦炎、牙周炎、急性支气管炎、慢性支气管炎急性发作、肺炎、非淋菌性尿道炎、皮肤软组织感染,亦可用于隐孢子虫病或作为治疗妊娠期妇女弓形体病的选用药物。<br>【用法与用量】 口服一次 0.2～0.3g(2～3 片),一日 4 次,首次加倍。<br>【处方工艺分析】 本品为糖衣片。清楚处方中辅料所起的作用。<br>【制备过程注意事项】 注意药物的混合时间、干燥温度、制粒筛网目数、包糖衣操作程序。<br>2. 根据学习资料制订工作计划,完成工作计划。<br>3. 按照工作计划,遵守相关规定,独立完成每一个工作步骤,并进行记录、归档和提交报告。 |
| 对学生的要求<br>1. 积极沟通,广泛收集各种资料,不得随意损坏和丢失信息资料。<br>2. 遵守课堂纪律,上课认真做好计划和记录,服从指挥。<br>3. 积极主动、按时完成工作任务,配合组长与老师的工作。<br>4. 自学好问、仔细观察、认真分析、制作精细。<br>5. 检查评价认真、公平、全面。 |

## 考核标准

| 实践项目：乙酰螺旋霉素片的制备 | | | 学时：6 |
|---|---|---|---|
| 实践目的<br>1. 能完成片剂的一般生产操作。<br>2. 能对片剂生产所用设备进行清洁与维护。<br>3. 能对片剂生产过程中出现的不合格品进行判断，并能找出原因同时提出解决方法。<br>4. 能对生产所用设备在运行过程中出现的一般故障进行排除。 | | | |
| 序号 | 考核内容 | 考核标准 | 参考分值 |
| 1 | 学习与工作态度 | 态度端正，学习方法多样，课堂认真，积极主动，责任心强，全部出勤。 | 5 |
| 2 | 团队协作 | 服从安排，积极与小组成员合作，共同制订工作计划，共同完成工作任务。 | 5 |
| 3 | 实训计划制订 | 有工作计划，计划内容完整，时间安排合理，工作步骤正确。 | 5 |
| 4 | 实训记录 | 实训记录单设计合理，完成及时，记录完整，结果分析正确。 | 5 |
| 5 | 能以标准操作规程进行各工序的操作 | 严格按操作规程进行各工序操作，生产完毕后按要求清场。 | 25 |
| 6 | 设备的使用与维护 | 熟练使用和清洗片剂生产设备等，对出现的小故障可进行简单的维修。 | 25 |
| 7 | 能正确地进行片剂崩解时限检验 | 能根据片剂崩解时限的检验方法检验，其检验结果正确。 | 15 |
| 8 | 任务训练单 | 对老师布置的训练单，能及时上交，正确率在90%以上。 | 5 |
| 9 | 方法能力 | 能利用各种资源快速查阅获取所需知识，问题提出明确，表达清晰，有独立分析问题和解决问题的能力。 | 5 |
| 10 | 问题思考 | 开动脑筋，积极思考，提出问题，并对工作任务完成过程中的问题进行分析和解决。 | 5 |
| 11 | 合计 | | 100 |

## 三、单项训练

### 任务一　散剂的制备

#### 益元散

| 【处方】 | 滑石 | 54g | 甘草 | 9g | 朱砂 | 2.7g |
|---|---|---|---|---|---|---|

【制法】

① 称取各物料，将朱砂水飞粉碎成极细粉，过 200 目筛，干燥备用；滑石、甘草粉碎成细粉，过 100 目筛，备用。

② 先取少量滑石粉置乳钵中研磨饱和内壁，将朱砂与滑石粉按等量递增法研匀后，倾出，备用。

③ 取甘草与上述混合物配研，至色泽均匀。

④ 分剂量：6g/包。

【质量检查】

① 外观均匀度：取供试品适量，置光滑纸上，平铺约 $5cm^2$，将其表面压平，在亮处观察，应呈现均匀的色泽，无花纹与色斑。

② 装量差异：取散剂 10 包，除去包装，分别精密称定每包内容物的重量，求出内容物的装量，每包装量与标示装量(6g)相比较，应不超过±7%，若有超出限度的，不得多于 2 包，并不得有 1 包超出限度的一倍。记录称量结果，得出装量差异是否合格的结论。

【功能与主治】　清暑利湿。用于身热心烦，口渴喜饮，小便短赤。

【用法与用量】　调服或煎服，一次 6g，一日 1～2 次。

【制备过程注意事项】　打底套色法、等量递增法的规范操作。

#### 痱子粉

| 【处方】 | 薄荷脑 | 0.6g | 樟脑 | 0.6g | 麝香草酚 | 0.6g |
|---|---|---|---|---|---|---|
| | 薄荷油 | 0.6ml | 水杨酸 | 1.1g | 硼酸 | 8.5g |
| | 硫磺 | 4.0g | 氧化锌 | 6.0g | 淀粉 | 10.0g |
| | 滑石粉 | 68.0g | | | | |

【制法】

① 共熔：取薄荷脑、樟脑、麝香草酚置乳钵中研磨至全部液化。

② 液体混合：共熔液体与薄荷油混合。

③ 粉料混合：硫磺、水杨酸、硼酸、氧化锌置乳钵中研磨混合均匀，加入淀粉研磨混合均匀，加入滑石粉研磨混合均匀。

④ 液体与粉料混合：将混合粉料加入混合液体中研磨混匀，过 120 目筛，即得。

【质量检查】　外观均匀度：取供试品适量，置光滑纸上，平铺约 $5cm^2$，将其表面压平，在亮处观察，应呈现均匀的色泽，无花纹与色斑。

【作用与用途】　本品有吸湿、止痒及收敛作用，用于痱子、汗疹等。

【用法与用量】　外用适量，洗净患处，撒布用。

【制备过程注意事项】

① 制备时要先使共熔成分共熔，再与其他物料混合。

② 粉料混合时要按等量递加法操作。

③ 制备时，也可先混合粉料，混合均匀后倒入不锈钢盘，空出乳钵研磨共熔成分，再与粉料混合。

④ 硫磺要用升华硫磺。

## 任务二 颗粒剂的制备

### 板蓝根颗粒

【处方】 板蓝根 140g 蔗糖粉 适量 糊精 适量

【制法】

① 提取：取板蓝根 140g，加水煎煮 2 次，第一次 2h，第二次 1h，合并煎液，滤过。

② 浓缩、精制：滤液浓缩至适量，加乙醇使含醇量为 60%，搅匀，静置使沉淀。取上清液，于 80℃浓缩至相对密度为 1.30～1.33 的清膏。

③ 制粒：取清膏 1 份、蔗糖粉 2 份、糊精 1.3 份。先将蔗糖粉和糊精混匀后加清膏制软材，16 目尼龙筛网制粒，干燥，整粒，使成 100g。

④ 包装：5g/袋。

【性状】 本品为棕色或棕褐色颗粒；味甜、微苦。

【质量检查】

① 粒度：取单剂量包装的颗粒剂 5 包称定重量，置一号药筛中，左右往返过筛，边筛动边拍打 3min。不能通过一号筛和能通过五号筛总和不得超过供试量的 15%。

② 溶化性：取供试品 1 袋，加热水 200ml，搅拌 5min，立即观察，应全部溶化，允许有轻微浑浊，不得有焦屑等异物。

③ 装量差异：取供试品 10 包，除去包装，分别精密称定每包内容物的重量，每包装量与标示装量(5g)相比较，应不超过其±7%，若有超出限度的，不得多于 2 包，并不得有 1 包超出限度的一倍。记录称量结果，得出装量差异是否合格的结论。

【功能与主治】 清热解毒，凉血利咽。用于扁桃体炎、腮腺炎、咽喉肿痛，防止传染性肝炎、小儿麻疹等。

【用法与用量】 开水冲服。一次 5～10g，一日 3～4 次。

【制备过程注意事项】

① 制颗粒时，注意使软材松硬合适，可用乙醇调节。

② 质量检查结果要求各项均符合规定，产品合格。若一项不合格，则产品不合格。

### 复方锌布芬颗粒

| 【处方】 | 葡萄糖酸锌 | 100g | 布洛芬 | 150g |
|---|---|---|---|---|
| | 马来酸氯苯那敏 | 2g | 甜菊苷 | 5g |
| | 蔗糖粉 | 50g | 2%羟丙基甲基纤维素水溶液 | 约 50g |
| | 香精 | 适量 | | |

【制法】

① 物料的预处理：葡萄糖酸锌、布洛芬过 100 目筛；按处方量称量各物料；取蔗糖粉少量置研钵中，研磨饱和研钵，加入马来酸氯苯那敏和甜菊苷研磨混合均匀，按等量递加法加入蔗

糖粉，研磨混合均匀。

② 制软材：葡萄糖酸锌、布洛芬、蔗糖粉、马来酸氯苯那敏和甜菊苷混合物置槽形混合机中混合或手工混合。混匀后，加入2%羟丙基甲基纤维素水溶液适量，继续混合至软材软硬适中。

③ 制颗粒：用摇摆式颗粒机16目尼龙网制粒或手工挤压通过16目筛网。

④ 干燥：湿颗粒置不锈钢盘上，放入干燥箱干燥，干燥温度50℃。干燥至水分低于2.0%。

⑤ 整粒：用16目尼龙筛网手工整粒。

⑥ 总混：香精用少量乙醇溶解，喷入筛出的较细粉粒中，再与其他颗粒混合均匀。置不锈钢桶中，加盖放置过夜。

⑦ 质检：取样检查含量后确定装量、检查粒度、干燥失重等项目。合格后包装。

⑧ 包装：每袋0.31g，含葡萄糖酸锌100mg、布洛芬150mg、马来酸氯苯那敏2mg。

⑨ 装量、溶化性检查。

【性状】 本品为白色或淡黄色颗粒，味甜。

【适应证】 用于治疗非细菌感染引起的普通感冒及流行性感冒。

【用法与用量】 口服一次2包，一日3次，小儿6～14岁每次一包，一日3次；3～5岁每次半包，一日3次；3岁以下酌减。

【制备过程注意事项】

① 布洛芬熔点较低，干燥温度不宜过高。

② 加2%羟丙基甲基纤维素水溶液制备软材时，加入适量后，再少量多次加入，以免软材过黏。

## 任务三 丸剂的制备

### 六味地黄丸

【处方】

| | | | | | |
|---|---|---|---|---|---|
| 熟地黄 | 40g | 山茱萸(制) | 20g | 牡丹皮 | 150g |
| 山药 | 20g | 茯苓 | 15g | 泽泻 | 15g |

【制法】

① 备料。以上六味除熟地黄、山茱萸外，其余山药、牡丹皮、茯苓、泽泻四味共研成粗粉，取其中一部分与熟地黄、山茱萸共研成不规则的块状，放入烘箱内于60℃以下干燥，再与其他粗粉混合研成细粉，过五号筛混合备用。

② 炼蜜(中蜜)。取适量生蜂蜜置于适宜容器中，加热融化后，用三号筛滤过，除去死蜂、蜡质、淀粉类物质等杂质。然后继续炼制，蜜表面起黄色细气泡，手试之有一定黏性，但两手指离开时无长丝出现(此时蜜温为116℃左右)，即可。

③ 制丸块。每100g药粉加炼蜜(70～80℃)90g左右混合，反复揉搓，直到制成全部润湿、内外色泽均匀一致的丸块。

④ 搓条、制丸。将丸块在适宜规格的搓丸板上做前后滚动搓捏，搓成适宜长短粗细的丸条，再置于搓丸板的沟槽板上(需预先涂少量润滑剂)，手持上板使两板对合，然后由轻至重前后搓动数次，直至丸条被切断磋圆成丸。每丸重9g。

⑤ 制成品可用蜡纸或塑料盒包装。

【质量检查】

① 外观性状：本品为黑褐色的大蜜丸。外观圆整均匀、色泽一致、细腻滋润、软硬适中。

② 重量差异：取供试品 10 丸，分别称定重量，再与标示重量比较，应符合±6%的规定。

【适应证】 用于各种肾阴不足、虚火上炎引起的头晕目眩、腰膝酸软、耳鸣、遗精、手足心热等症。

【用法与用量】 口服，一次 1 丸，一日 2 次。

【制备过程注意事项】

① 药粉与炼蜜应充分混合均匀，以保证搓条、制丸的顺利进行。如果制丸块和搓丸时揉搓不够，可能造成蜜丸空心。

② 影响丸块质量的因素有：炼蜜的程度、蜜温以及用蜜量。

③ 为避免丸块、丸条黏着搓条、搓丸工具，操作前可在工具上涂擦少量润滑剂。润滑剂可用麻油 100g 加蜂蜡 12～18g 熔融制成。

## 任务四　片剂的制备

### 空白片

【处方】

| | | | | | |
|---|---|---|---|---|---|
| 蓝淀粉（代主药） | 40.0g | 糖粉 | 132.0g | 糊精 | 92.0g |
| 淀粉 | 200.0g | 50%乙醇 | 88.0ml | 硬脂酸镁 | 2.3g |
| 制成 | 4000 片 | | | | |

【制法】

① 取蓝淀粉与糖粉、糊精、淀粉以等量递增法混合均匀，过 60 目筛 2 次，使其色泽均匀。

② 用喷雾法加入乙醇，迅速搅拌并制成软材，过 14 目筛制粒，在 60℃左右温度下干燥，干燥后的干颗粒过 12 目筛网整粒，加入硬脂酸镁混匀。

③ 称重，计算片重，试压片，调节片重和压力，使之符合要求，即可正式压片。

【质量检查】

① 重量差异检查：选外观合格的空白 20 片，按《中国药典》现行版二部附录重量差异检查法进行检查。根据实验结果，判断是否合格。

② 崩解时限检查：从上述重量差异检查合格的片剂中取出 6 片，按《中国药典》现行版一部方法进行检查。根据实验结果，判断是否合格。

【制备过程注意事项】

① 蓝淀粉与辅料一定要混合均匀，以免压片时片剂出现色斑、花斑等现象。

② 本品应为蓝色片剂，外观应完整光洁，色泽一致，并具有一定的硬度。

③ 压片过程应经常检查片重、硬度等，发现异常，应立即停机进行调整。

④ 片重的计算，只需保留 2 位小数即可。

### 活动与探究

结合已学知识，并通过图书馆、网络等查阅资料，了解固体制剂制备各岗位要求？

固体制剂岗位操作室要求必须保持干燥，室内呈负压，需有捕尘装置。温度 18～26℃、相对湿度 45%～65%，洁净度达 30 万级。

| 岗位要求 | 粉碎 | 筛分 | 混合 | 分装 | 制粒 | 压片 | 包衣 | 搓丸条 | 成丸 |
|---|---|---|---|---|---|---|---|---|---|
| 岗位职责 | | | | | | | | | |
| 生产工艺管理要点 | | | | | | | | | |
| 质量控制点 | | | | | | | | | |

## 项目要点

一、散剂

1. 散剂系指药材与适宜的辅料经粉碎、均匀混合制成的干燥粉末状制剂。

2. 散剂的分剂量方法主要有容量法、重量法和目测法三种。

二、颗粒剂

1. 颗粒剂系指药物与适宜的辅料制成具有一定粒度的干燥颗粒状制剂。

2. 颗粒剂可分为可溶颗粒(通称颗粒)、混悬颗粒、泡腾颗粒、肠溶颗粒、缓释颗粒和控释颗粒等,供口服用。

3. 制备颗粒剂的技术有挤出制粒法、高速搅拌制粒法、流化床制粒法和喷雾干燥制粒法。

三、胶囊剂

1. 胶囊剂系指药物或加有辅料充填于空心胶囊或密封于软质囊材中的固体制剂。

2. 胶囊剂按硬度可分为硬胶囊与软胶囊,按溶解与释放特性可分为肠溶胶囊、缓释胶囊与控释胶囊。空心硬胶囊壳或弹性软质胶囊壳的材料(简称囊材)是明胶、甘油、水以及其他的药用材料组成。

3. 软胶囊的制法主要有压制法和滴制法两种。

四、丸剂

1. 丸剂系指药物与适宜辅料以适当方法制成的球状或类球状固体制剂。丸剂包括滴丸、糖丸、小丸等。

2. 滴丸系指固体或液体药物与适宜基质加热熔融后溶解、乳化或混悬于基质中,再滴入不相混溶、互不作用的冷凝液中,由于表面张力的作用使液滴收缩成球状而制成的制剂。滴丸基质分为水溶性基质和非水溶性基质两类。滴丸冷凝液也分为水溶性和非水溶性两类。

3. 中药丸剂系指将药材细粉或药材提取物加适宜的黏合剂或其他辅料制成的球形或类球形制剂。丸剂按照辅料和制法不同一般可分为蜜丸、水蜜丸、水丸、糊丸、蜡丸和浓缩丸等类型。

丸剂的辅料主要有润湿剂、黏合剂或吸收剂等。蜂蜜是常用黏合剂,炼制的蜂蜜有三种规格:嫩蜜、中蜜及老蜜。

中药丸剂的制备方法主要包括搓丸法(塑制法)和泛丸法。

五、片剂

1. 片剂系指药物与适宜辅料混匀压制而成的圆片状或异形片状的固体制剂。

2. 片剂以口服普通片为主,另有含片、舌下片、口腔贴片、咀嚼片、分散片、可溶片、泡腾片、阴道片、缓释片、控释片、肠溶片等。

3. 片剂辅料亦称赋形剂,包括:填充剂、黏合剂、崩解剂、润滑剂、着色剂、矫味剂等。片剂的制备方法主要有制粒压片法和直接压片法。前者分为湿法制粒压片法和干法制粒压片法;后者分为直接粉末(结晶)压片法和空白颗粒压片法。

4. 包衣片剂通常可分为糖衣片、薄膜衣片、肠溶衣片三类。常用的包衣方法有滚转包衣法、流化床包衣法及压制包衣法(干压包衣法)等。

## 目标检测

一、填空题

1. 散剂分剂量的方法有(　　　)、(　　　)、(　　　)。

2. 作为黏合剂的淀粉浆有两种制法，一种是（　　），第二种是（　　）。

3. 根据赋形剂在制备片剂过程中的主要作用不同，可为（　　）、（　　）、（　　）、（　　）、（　　）和（　　）。

4. 包衣片主要有（　　）、（　　）及（　　）三类。

5. 制备蜜丸时，蜂蜜应视处方中药物的性质炼成（　　）、（　　）和（　　）三种规格。

二、选择题

（一）单选题

1. 蜜丸常用的制法是（　　）。

A. 研合法　B. 搓丸法　C. 泛丸法　D. 滴制法

2. 密度不同的药物在制备散剂时，最好的混合方法是（　　）。

A. 等量递加法　B. 多次过筛

C. 将密度小的加到密度大的上面　D. 将密度大的加到密度小的上面

3. 药物制成以下剂型后哪种服用后起效最快（　　）。

A. 颗粒剂　B. 散剂　C. 胶囊剂　D. 片剂

4. 湿法制粒压片工艺的目的是改善药物的（　　）。

A. 可压性和流动性　B. 崩解性和溶解性

C. 防潮性和稳定性　D. 润滑性和抗黏着性

5. 片剂中崩解剂加入方法可影响其溶出度（　　）。

A. 内外加法＞外加法＞内加法　B. 内外加法＞内加法＞外加法

C. 外加法＞内外加法＞内加法　D. 内加法＞外加法＞内外加法

6. 压片力过大，黏合剂过量，疏水性润滑剂用量过多可能造成下列哪种片剂质量问题（　　）。

A. 裂片　B. 松片　C. 崩解迟缓　D. 黏冲

（二）多选题

1. 颗粒剂的正确叙述是（　　）。

A. 药物和适宜的辅料制成的干燥颗粒状制剂

B. 可分为可溶性颗粒剂、混悬性颗粒剂

C. 服用携带比较方便

D. 可直接吞服，也可溶于溶剂中服用

2. 颗粒剂溶化性检查下列结果哪些属于不合格（　　）。

A. 可溶性颗粒应全部溶化，允许有轻微浑浊，但不得有异物

B. 泡腾颗粒应迅速产生气体而呈泡腾状，5min 内 6 袋颗粒应完全分散或溶解在水中

C. 混悬性颗粒应混悬均匀

D. 可溶性颗粒应全部溶化，允许有轻微浑浊有少量的焦屑等异物

3. 用于粉末直接压片的辅料是（　　）。

A. 糖粉　B. 喷雾干燥乳糖

C. 可压性淀粉　D. 微晶纤维素

4. 引起片重差异超限的原因是（　　）。

A. 颗粒中细粉过多　B. 加料内物料的重量波动

C. 颗粒的流动性不好　D. 冲头与模孔吻合性不好

5. 滴丸剂的特点是(　　)。

A. 液体药物可以制成固体滴丸剂　　B. 每丸含药量大,服用粒数少

C. 可供选择的基质及冷凝液品种多　　D. 生物利用度高

6. 炼蜜时,判断炼蜜程度的指标常用(　　)。

A. 加热时间　　B. 含水量　　C. 温度　　D. 相对密度

三、问答题(实践练习题)

1. 举例分析在散剂处方配制过程中,混合时可能遇到的问题及应采取的相应措施?

2. 写出湿法制粒压片的生产流程。

3. 灰黄霉素滴丸的制备

【处方】 灰黄霉素　　1份

PEG 6000　　9份

【制法】 取PEG 6000在油浴上加热至约135℃,加入灰黄霉素细粉,不断搅拌使全部熔融,趁热过滤,置贮液瓶中,135℃下保温,用滴管(内外径分别为9.0mm、9.8mm)滴制,滴入含43%液体石蜡植物油的冷凝液中,滴速80滴/min,冷凝成丸。以液体石蜡洗丸,至无煤油味,吸除表面的液体石蜡,即得。

根据灰黄霉素滴丸的制备,分析:(1)为什么选择含43%液体石蜡的植物油作冷凝液?(2)灰黄霉素制成滴丸有何作用?

**答案:**

一、填空题

1. 容量法、重量法、目测法

2. 煮浆法、冲浆法

3. 填充剂、润湿剂和黏合剂、崩解剂、润滑剂、着色剂、矫味剂

4. 糖衣片、薄膜衣片、肠溶衣片

5. 嫩蜜、中蜜、老蜜

二、选择题

(一)单选题

1. B　2. D　3. B　4. A　5. B　6. C

(二)多选题

1. BCD　2. ABC　3. BCD　4. ABC　5. AD　6. BD

三、问答题

略

# 学习单元三　液体类制剂制备技术

## 项目一　制药用水的制备

水是制药生产中主要的用料和介质之一。自然界的水中含有大量电解质、颗粒、有机物及微生物等有害物质。所以制药生产中所用的水是要通过复杂的生产工艺制造出来的，通常称为制药用水。

**学习目标**

1. 制药用水的分类、质量要求及应用。
2. 纯化水制备的方法及常用设备。
3. 注射用水制备的方法及常用设备。

**工作任务**

1. 通过实践能掌握制药用水制备的基本原理。
2. 能正确操作制水设备。
3. 能解决生产所用设备运行过程中遇到的问题。

### 模块一　必备知识——制药用水

#### 一、概述

1. 制药用水种类及应用

制药用水主要是指制剂配制、使用时的溶剂、稀释剂及药品容器、制药器具的洗涤清洁用水。按其水质及使用范围的不同可分为饮用水、纯化水、注射用水及灭菌注射用水，其主要用途见表 3-1。

**表 3-1　制药用水的用途**

| 水质类别 | 用　　途 |
|---|---|
| 饮用水 | 制备纯化水的水源<br>口服制剂瓶子的初洗<br>设备、容器的初洗<br>中药材的清洗，口服、外用普通制剂所用药材的浸润和提取 |
| 纯化水 | 制备注射用水的水源<br>非无菌制剂直接接触药品的设备、器具和包装材料最后一次洗涤用水<br>注射剂、无菌制剂瓶子的初洗<br>非无菌制剂的配料<br>非无菌原料药精制<br>中药注射剂、滴眼剂所用药材的提取溶剂 |
| 注射用水 | 无菌制剂直接接触药品的包装材料最后一次清洗用水<br>无菌制剂配料<br>无菌原料药精制<br>无菌原料药直接接触包装材料的最后洗涤用水 |
| 灭菌注射用水 | 注射用无菌粉末的溶剂或注射液的稀释剂 |

2. 制药用水的质量要求（见表 3-2）

表 3-2　制药用水的质量要求

| 水质类别 | 水质要求 |
| --- | --- |
| 饮用水 | 应符合中华人民共和国国家标准 GB 5749—2006《生活饮用水卫生标准》 |
| 纯化水 | 酸碱度、氯化物、硫酸盐与钙盐、硝酸盐、亚硝酸盐、氨、二氧化碳、易氧化物、不挥发物、重金属、微生物限度等项检查应符合《中国药典》纯化水项下的规定 |
| 注射用水 | 检查项目中除氯化物、硫酸盐与钙盐、硝酸盐、亚硝酸盐、二氧化碳、易氧化物、不挥发物、重金属应符合《中国药典》关于纯化水的质量要求外，氨、细菌内毒素、微生物限度检查照注射用水项下方法检查，应符合规定 |
| 灭菌注射用水 | pH、氨、细菌内毒素照注射用水项下的方法检查，应符合规定外，其他项应符合注射剂项下的有关各项规定 |

活动与探究

某药厂要生产一种中药注射剂，请结合 GMP 相关内容，讨论从中药提取开始到制成成品各阶段各需何种制药用水，为什么？

## 二、纯化水的制备

### （一）概述

纯化水为饮用水经反渗透法、离子交换法、蒸馏法或其他适宜的方法制备的制药用水，不含任何附加剂。纯化水中的电解质几乎已完全去除，通常剩余的含盐量控制在 0.1mg/L 以下，水的电阻率在 $10\times10^6\Omega\cdot cm$ 以上，一般接近 $18\times10^6\Omega\cdot cm$，且胶体与微生物、气体、有机物等已降至很低。

### （二）纯化水的制备技术

制备纯化水所用的水源在制药行业中称为原水，通常为自来水公司供应的饮用水或深井水。由于全国各地的原水质量有差异，所以，纯化水的制备流程必须根据其水质的特性及供应对象来设计。常见如下几种流程：

A. 预处理＋离子交换（适用于含盐量小于 500mg/L 的进水）

B. 预处理＋电渗析＋离子交换

C. 预处理＋反渗透＋离子交换（适用于含盐量 1000～3000mg/L 的进水）

D. 预处理＋二级反渗透

现将其中最常见的流程具体详述，见图 3-1。

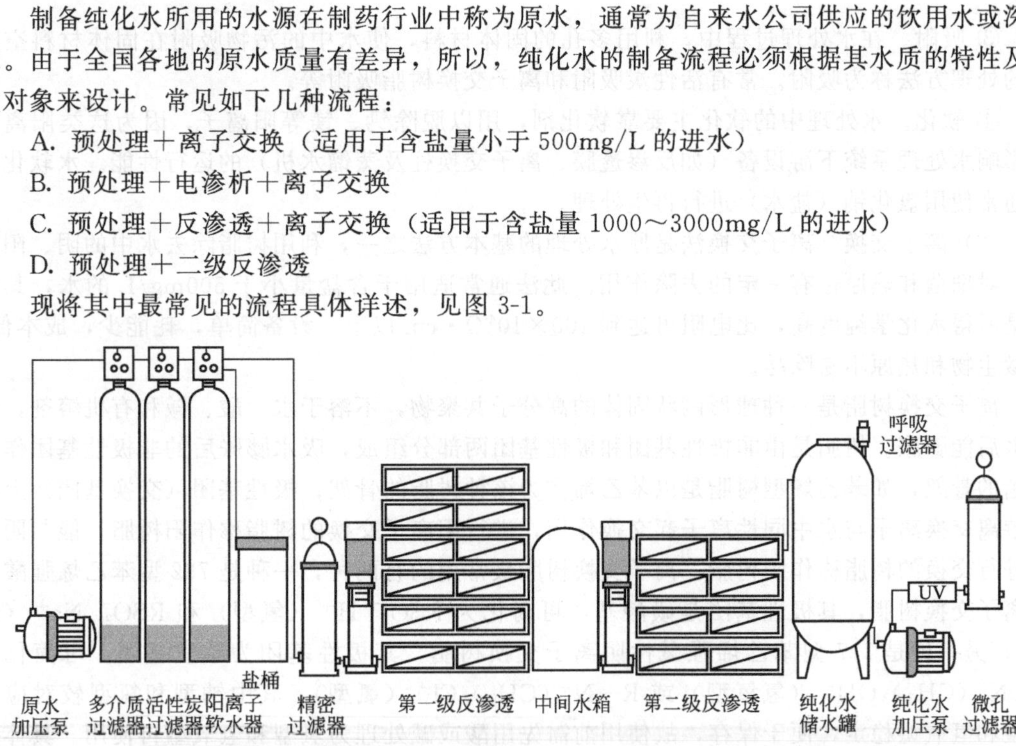


图 3-1　纯化水制备工艺流程

1. 纯化水制备方法

（1）水的预处理　无论是直接采用离子交换系统还是先用电渗析、反渗透系统，原水往往不能满足树脂或膜对进水的要求，所以在水进入系统前还应考虑对原水进行预处理，以除去污染物。

① 混凝

a. 混凝过程。混凝是水处理中对原水进行预处理的一个重要措施，处理的对象主要是水中的胶体物质。

b. 中和。混凝过程产生的正电离子与原水中带负电的胶体离子互相吸引，发生中和，消除了胶体离子间的静电排斥力，成长为大分子颗粒并通过沉淀从过滤中去除。

c. 吸附。混凝药剂大多采用高分子物质，这些高分子物质在水中产生吸附作用，使原水中的颗粒形成大颗粒，再通过沉淀作用去除。

d. 表面接触。在絮凝过程中大量的颗粒表面相互接触，黏结成更大的颗粒物质，再通过沉淀去除。

② 过滤。在水处理的沉淀、澄清过程中，原水通过混凝沉淀，原水中的悬浮物大部分已被去除，水质已经在很大程度上得到改善。但此时水的浑浊度可能在10mg/L以下，达不到国标饮用水的标准，仍需以过滤的方式去除水中悬浮的细小悬浮物和细菌。常见的过滤方法如下。

a. 颗粒过滤与筒式过滤。颗粒过滤与筒式过滤，它们能够从供水中去除固态杂质，并保护其下游系统的设备免受污染。

b. 薄膜过滤。过滤原理是采用死腔式过滤，这些滤膜能除去大小在0.1～100μm之间的颗粒。

c. 活性炭过滤。是利用活性炭床吸附低分子量的有机化合物及添加剂，将它们从水中除去。

③ 吸附。在水处理过程中，利用多孔的固体材料，使水中的污物吸附在固体材料空隙内的处理方法称为吸附。常有活性炭吸附和离子交换树脂吸附等。

④ 软化。水处理中的软化主要靠软化剂，用以脱除钙、镁等阳离子，因为这类阳离子会影响水处理系统下游设备（如反渗透膜、离子交换柱及蒸馏水机）的运行性能。水软化树脂通常使用氯化钠（盐水）进行再生处理。

（2）离子交换　离子交换法是原水处理的基本方法之一，利用树脂除去水中的阴、阳离子，对细菌和热原也有一定的去除作用。此法通常适用于含盐量小于500mg/L的水，其优点是所得水化学纯度高，比电阻可达到$100\times10^4\Omega\cdot cm$以上，设备简单，耗能少，成本低。但微生物和热原不易除尽。

离子交换树脂是一种球形网状固体的高分子共聚物，不溶于水、酸、碱和有机溶剂，但吸水后能膨胀。树脂是由非极性基团和极性基团两部分组成，吸水膨胀后的非极性基团作为树脂的骨架，如苯乙烯型树脂是以苯乙烯作为该种树脂的骨架；极性基团（交换基团）上的可游离交换离子与水中同性离子起交换作用，进行阳离子交换的树脂称作阳树脂，能与阴离子进行交换的树脂称作阴树脂。离子交换树脂最常用的有两种，一种是732型苯乙烯强酸性阳离子交换树脂，其极性基团是磺酸基，可简化为$RSO_3^- H^+$（氢型）和$RSO_3^- Na^+$（钠型）；另一种是717型苯乙烯强碱性阴离子交换树脂，其极性基团为季铵基团，可简化为$R—N^+(CH_3)_3OH^-$（氢氧型）或$R—N^+(CH_3)_3Cl^-$（氯型）。其中钠型和氯型较对应的氢型和氢氧型稳定，便于保存，故使用前需先用酸或碱处理为氢型和氢氧型再使用。具体交换过程如下：如果原水中含有$K^+$、$Na^+$、$Ca^{2+}$、$Mg^{2+}$等阳离子和$SO_4^{2-}$、$Cl^-$、$HCO_3^-$、

$HSiO_3^-$ 等阴离子，在原水通过阳树脂层时，水中阳离子被树脂所吸附，树脂上的阳离子 $H^+$ 被置换到水中，并和水中的阴离子组成相应的无机酸，其反应式如下：

$$R—SO_3^- H^+ + \left.\begin{array}{l} K^+ \\ Na^+ \\ \frac{1}{2}Ca^{2+} \\ \frac{1}{2}Mg^{2+} \end{array}\right\} \left\{\begin{array}{l} \frac{1}{2}SO_4^{2-} \\ Cl^- \\ HCO_3^- \\ HSiO_3^- \end{array}\right. = R—SO_3^- \left\{\begin{array}{l} K^+ \\ Na^+ \\ \frac{1}{2}Ca^{2+} \\ \frac{1}{2}Mg^{2+} \end{array}\right. + H^+ \left\{\begin{array}{l} \frac{1}{2}SO_4^{2-} \\ Cl^- \\ HCO_3^- \\ HSiO_3^- \end{array}\right.$$

含无机酸的水再通过阴树脂层时，水中阴离子被树脂所吸附，树脂上的阴离子 $OH^-$ 被置换到水中，并和水中的 $H^+$ 结合成水，其反应式如下：

$$R—N^+(CH_3)_3OH^- + H^+ \left\{\begin{array}{l} \frac{1}{2}SO_4^{2-} \\ Cl^- \\ HCO_3^- \\ HSiO_3^- \end{array}\right. = R—N^+(CH_3)_3 \left\{\begin{array}{l} \frac{1}{2}SO_4^{2-} \\ Cl^- \\ HCO_3^- \\ HSiO_3^- \end{array}\right. + H_2O$$

如此原水不断地通过阳、阴树脂进行离子交换，最后就得到了去离子水。

离子交换树脂颗粒通常装在有机玻璃管内使用，简称离子交换树脂床。由阳离子树脂组成的称为阳床，阴离子组成的称为阴床，混合床是由阳、阴树脂以一定比例混合而成。离子交换法处理原水一般采用阳床、阴床、混合床串联的组合形式。大生产时，为了减轻阴离子树脂的负担，常在阳床后加一脱气塔，除去产生的二氧化碳。树脂使用一段时间后，交换能力会有所下降，需再生或更换。

（3）电渗析　电渗析是依据阴阳离子在直流电场的作用下发生定向迁移及离子交换膜对离子的选择透过作用达到除盐或浓缩的目的，使水得到纯化。工作原理见图 3-2，当电极接

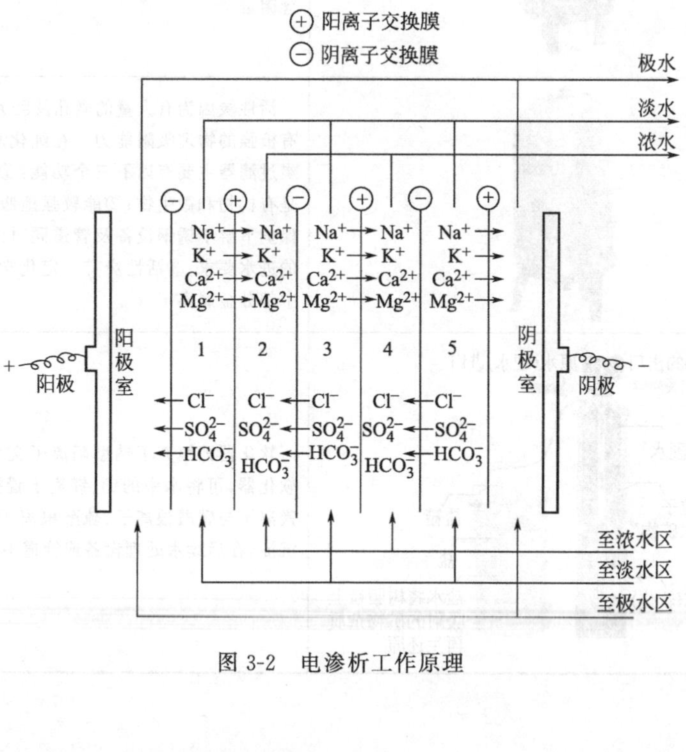


图 3-2　电渗析工作原理

通直流电源后，原水中的离子在电场作用下发生定向迁移，阳膜为磺酸型（$RSO_3^-$）带负电，排斥阴离子，只允许阳离子通过；而阴膜为季铵型［$R—N^+(CH_3)_3$］带正电，排斥阳离子，只允许阴离子通过。这样1、3、5隔室中阳、阴离子逐渐被去除而使水得到纯化。

当原水含盐量达3000mg/L时，若使用离子交换树脂会使其很快失去活性而老化，而电渗析法却仍适用。且电渗析法较离子交换法经济、节约酸碱，但缺点是制得的水纯度不高，比电阻仅有$5\times10^4\sim10\times10^4\Omega\cdot cm$。

（4）反渗透法　反渗透法是在20世纪60年代发展起来的新技术，国内目前主要用于制备纯化水，但若装置合理，也能达到注射用水的质量要求。

渗透过程是纯水自然透过半透膜扩散到盐溶液一侧的过程。相反，若靠外界大于盐溶液渗透压的压力使盐溶液中的水向纯水一侧渗透，这种水从盐溶液中分离出来的过程叫作反渗透。原理见图3-3，常用于反渗透法制备纯化水的膜材有醋酸纤维素膜和聚酰胺膜，这些膜材可阻止离子或分子通过而允许水分子通过。一般一级反渗透装置能去除一价离子90%～95%，二价离子98%～99%，同时能去除微生物和病毒，但去除氯离子的能力达不到药典的要求。只有二级反渗透装置能较彻底地去除氯离子。相对分子质量大于300的化合物几乎全部除尽，故也可去除热原。

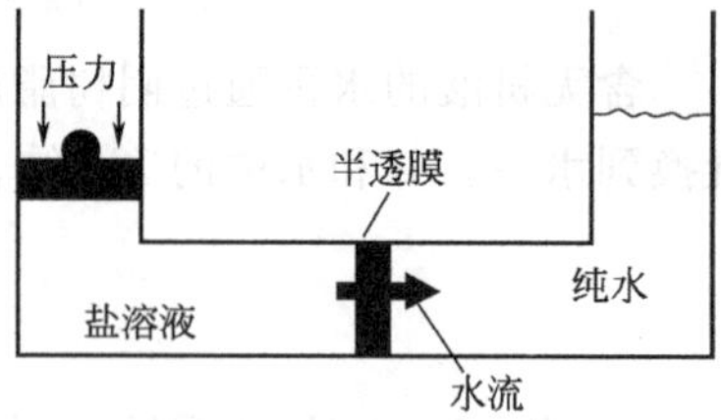

图3-3　反渗透工作原理

2. 纯化水制备常用设备（见表3-3）

**表3-3　纯化水制备常用设备**

| 名称 | 设备外观图(或结构示意图) | 原理及其性能 |
|---|---|---|
| 多介质过滤器 |  | 多介质过滤器大多填充石英砂、陶瓷、无烟煤和锰砂等滤料。它是利用滤料之间形成的微小空隙对水中细小悬浮物和细菌进行机械滤过和吸附，降低水的浊度和含菌量 |
| 活性炭过滤器 | 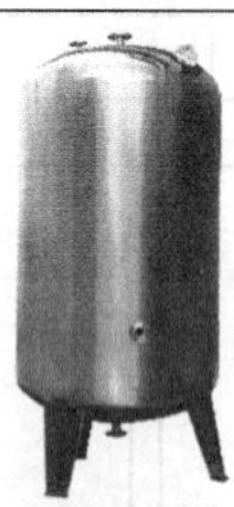 | 活性炭因为有大量的微孔及巨大的比较面积，所以具有极强的物理吸附能力。在纯化水的制备工艺中活性炭过滤器主要有以下三个功能：①吸附水中杂质，特别是有机物和微生物；②能较强地吸附水中残存的氯，以保护下游不锈钢设备及管道同时满足后续水处理单元的进水要求；③活性炭有一定化学吸附功能，可除去水中部分金属离子 |
| 软化器 | 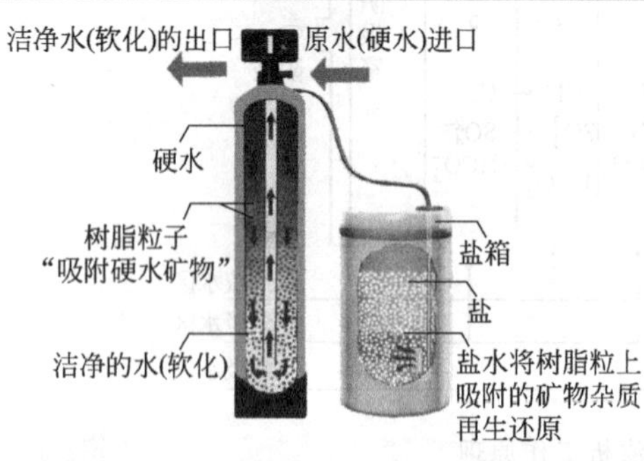  | 软化器即填充了钠型阳离子交换树脂的罐体。通过软化器，可将水中的钙、镁离子置换为钠离子，防止钙、镁离子与碳酸根离子、硫酸根离子结合，形成难溶性的沉淀，在后续水处理设备或管道中结垢 |

续表

| 名称 | 设备外观图(或结构示意图) | 原理及其性能 |
| --- | --- | --- |
| 精密过滤器 |  | 精密过滤器主要截留粒径大于 5μm 的物质以满足电渗析、反渗透和离子交换树脂对进水的要求 |
| 离子交换装置 |  | 原水通过预处理器后从阳离子交换柱顶部进入柱体，经过上布水器，抵达树脂粒子层，经与树脂粒子充分接触，水中阳离子和树脂上的氢离子进行交换，并结合成无机酸，交换后的水呈酸性。当水进入阴离子交换柱时，利用树脂去除水中的阴离子，同时生成水。当树脂交换平衡时，就会失去置换能力，则需对树脂进行再生。阳离子树脂需用 5％盐酸溶液再生，阴离子树脂则用 5％氢氧化钠溶液再生 |
| 电渗析装置 |  | 电渗析装置主要包括膜堆、极区、夹紧装置等构成的电渗析主体，以及水槽、水泵、直流电源、进水预处理设备等辅助设备。水自纯水隔板上的沟槽进入集水槽，在电场作用下，阴、阳离子各自透过两侧的离子选择渗透膜而复合成浓水，沿浓水隔板上的沟槽汇集后由浓水隔板的一侧小孔引出，剩余在阴、阳离子膜间的纯水由隔板上的另一侧的小孔引出 |
| 反渗透装置 | 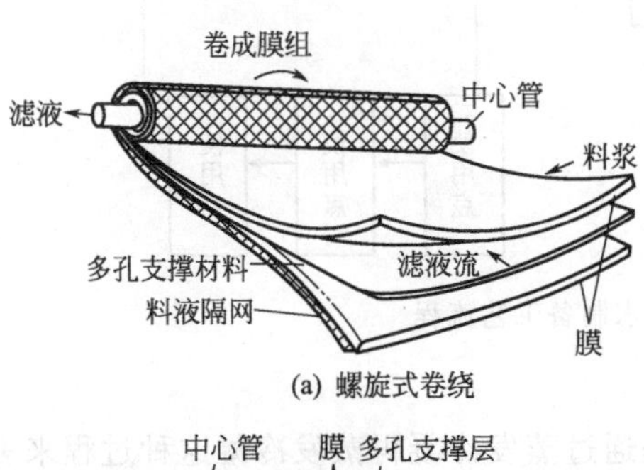  (a) 螺旋式卷绕 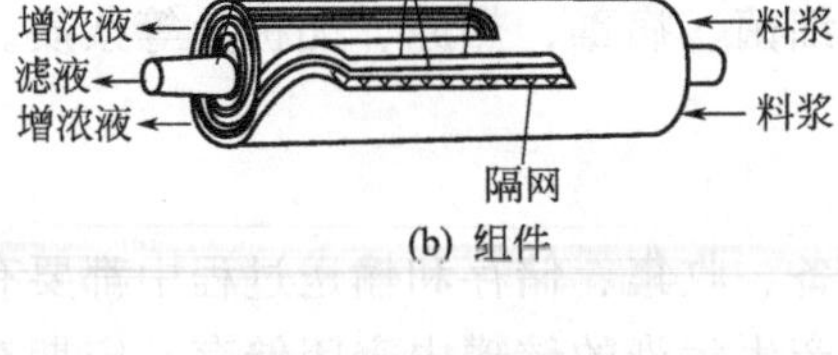  (b) 组件 | 在工业生产中使用较多的反渗透装置是螺旋卷绕式及中空纤维式。<br>螺旋卷绕式反渗透组件是将两张单面工作的反渗透膜相对放置，中间夹有一层原水隔网，以供原水通道。在膜的背面放置有多孔支撑层，以提供纯水通道。将这样四层材料固封于开孔的中心管上，并以中心管为轴卷绕而成。使用时利用高压迫使原水以较高的流速沿隔网空隙流过膜面，纯水透过膜而汇集于中心管，带有截留物的浓缩水则顺隔网空隙自组件另一端汇集引出。<br>中空纤维式反渗透组件是由许多根中空的细丝状反渗透膜束集在一起用环氧树脂固封，并用其成型为管板，再将整束纤维装在耐压管壳内，构成组件。内压式组件是自一端管内通入原水，透过纤维壁渗出，在壳内汇集并引出纯水，浓缩水由纤维另一端引出。而外压式组件是原水自管壳一端引到中心的原水分布管后，进入中空纤维膜的纤维之间，在流体压力推动下反渗透至纤维中心，再于树脂管板端部汇集引出为纯水 |

**知识扩展**

1. 超滤

超滤是另一种利用膜过滤的技术，此技术可用来除去水中的有机体、细菌、多数病毒和热原。滤膜的孔径一般在 0.1～0.01μm 之间。它是依靠机械法进行物质的分离，交叉流动的超滤过程使水与过滤介质平行流动，水中不能通过超滤膜的大颗粒在浓缩的蒸汽中被排出系统，这样可以减少更换膜的频率。超滤技术在水处理的中间工序或最后的净化工序中都可使用。

2. EDI 系统

EDI 是一种将离子交换技术、离子交换膜技术和离子电迁移技术相结合的纯水制造技术。在 EDI 除盐过程中，离子在电场作用下通过离子交换膜被清除。同时，水分子在电场作用下产生氢离子和氢氧根离子，这些离子对离子交换树脂进行连续再生。此系统的除盐率可高达 99%以上。

## 三、注射用水的制备

1. 概述

注射用水为纯化水经蒸馏所得的水。应符合细菌内毒素试验要求，每 1ml 中含内毒素应小于 0.25EU。

2. 注射用水的制备技术

（1）纯化水＋蒸馏

（2）纯化水＋超滤

（3）纯化水＋反渗透

常见工艺流程见图 3-4。

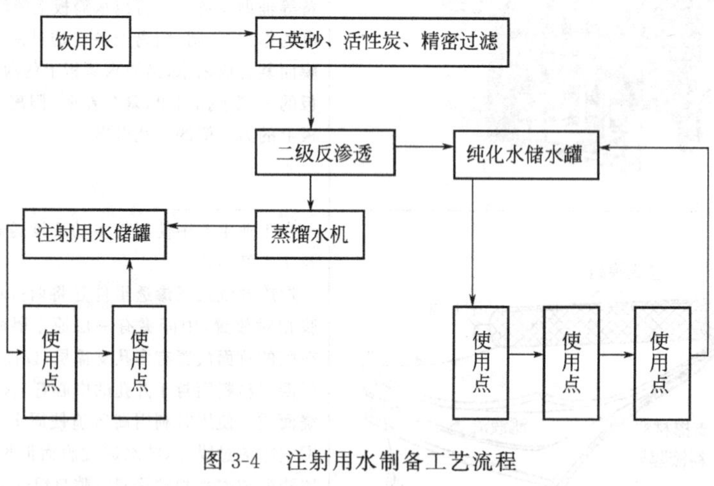


图 3-4 注射用水制备工艺流程

3. 注射用水制备常用设备

蒸馏法是制备注射用水最经典的方法，是通过蒸发冷凝再蒸发冷凝这种过程来去除各种挥发与不挥发性的物质，包括悬浮体、胶体、细菌、病毒、热原、无机盐等杂质。常用的设备见表 3-4。

4. 纯化水、注射用水的储存和输送

纯化水、注射用水极易被污染，所以在制备、收集、储存和输送过程中都要有防止微生物滋生和污染的措施，应在经验证不会对水质产生污染的储罐内密闭储存，定期对水质和储

表 3-4　常用蒸馏设备

| 名称 | 设备外观图(或结构示意图) | 原理及其性能 |
|---|---|---|
| 塔式蒸馏水机 |  | 塔式蒸馏水机因耗能多,效率低,出水质量不稳定,故现已很少用 |
| 多效蒸馏水机 | 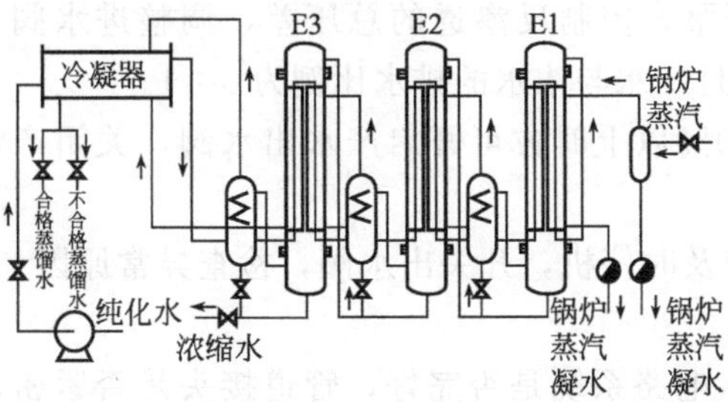 | 多效蒸馏水机的蒸馏原理是:去离子水经预热后进入各效塔内。一效塔内去离子水经高压蒸汽加热蒸发,蒸汽进入二效塔内作为二效塔的热源,蒸汽经热交换后汇集于冷凝器,冷却成蒸馏水;二效塔内的去离子水经加热蒸发成蒸汽,进入三效塔,以同样的方式进行热交换与蒸发,蒸汽汇集于冷凝器冷却成蒸馏水。多效蒸馏水机与其他蒸馏设备相比较有耗能低、产量高、水质优的特点,且出水温度为 80℃以上,有利于蒸馏水的保存 |

罐进行检测，并采用合适的方法进行消毒。纯化水应采用循环或其他经验证的程序储存，且时间不得超过 24h。注射用水的初馏液应适当弃去一部分，检查合格后方能收集，在制备 6h 内用完，生物制品生产用注射用水可在制备后 4h 内灭菌 72h 内使用，或者在 80℃以上保温或 65℃以上保温循环或 4℃以下的条件保存，循环流速宜大于 1.5m/s。

请结合本章所学要点，结合生产实际设计一条制水车间的布局图，并注明生产中各工段要注意的内容

## 模块二　纯化水、注射用水实践操作

### 一、制药用水常用设备标准操作

1. 水处理粗过滤的标准操作

① 每日开机前先检查机械过滤器和活性炭过滤器及前后供水系统是否完好，管道接头凡尔、水泵、加药泵、压力表是否正常。

② 开启供水凡尔，检测饮用水的电导率。饮用水电导率应小于 1000μS/cm。

③ 启动 ST 絮凝剂加液泵和亚硫酸氢钠加液泵，进行预处理，ST 絮凝剂按 2%比例及亚硫酸氢钠按 2%比例预先配制在储槽中。

④ 经过预处理的水进入机械过滤器（机械过滤器下部放置 1～2mm 石英砂 300kg；然后放置 0.4～0.9mm 石英砂 2.2t）。石英砂每 2 年更换 1 次。

⑤ 打开上排阀门将空气排空，待水流出后，关闭上排阀门，打开出水阀门，水进入活性炭过滤器。

⑥ 打开活性炭过滤器上的上排阀门将空气排空，待水流出后，关闭上排阀门，打开出水阀门，过滤水自上而下进入软化器。

⑦ 打开软化器上排阀门将空气排空，待水流出后，关闭上排阀门，打开出水阀门，过滤水经过精密过滤器后进入反渗透器。

⑧ 各粗过滤器正常运行时，控制进水压力≥0.2MPa，如小于0.2MPa则需开启增压泵以确保水量平衡。

2. 水处理反渗透器的标准操作

① 每日开机前应先检查反渗透器前后供水系统、电路系统是否完好，管道接头是否紧密，有无漏水现象。

② 开启反渗透器进水阀、浓水出口阀、浓水排水阀、产水排放阀，关闭反渗透出水阀。

③ 待进水压力>0.2MPa时，启动高压泵，控制反渗透的总压差，调整进水阀、浓水排放阀，使进水压力控制在0.1MPa左右，且产水与浓水的排水比例为3∶1。

④ 检测产水电导率，当电导脱盐率>70%以上时方可开启产水出水阀，关闭产水排放阀，将水放入反渗透水储槽。

⑤ 当检测产水电导脱盐率<70%时，应及时停机，开关出水阀，检查异常原因。

3. 水处理离子交换床的标准操作

① 开机前检查各离子床前后供水系统，电路系统是否完好，管道接头是否紧密，有无漏水现象，压力表是否正常。

② 启动进水泵，开启阳离子交换床进水阀、排水阀、排空阀。

③ 待排空阀流出水后，关闭排空阀，控制进水流量压力在0.15～0.2MPa，水速流量在$10m^3/h$。

④ 取阳离子交换床水进行电导率及化学分析测定，水电导率要小于原水电导率1/2，pH、$Ca^{2+}$、$Mg^{2+}$测试符合要求后，关闭排水阀、打开出水阀，进入阴离子交换床。

⑤ 打开阴离子交换床进水阀、排水阀、排空阀。

⑥ 待排空阀流出水后，关闭排空阀，控制进水流量压力在0.10～0.15MPa，水速流量在$10m^3/h$。

⑦ 取阴离子交换床水进行电导率及化学分析测定，水电导率≤$50\mu S/cm$，pH合格时，关闭排水阀、打开出水阀，进入混合床。

⑧ 打开混合床进水阀、排水阀、排空阀。

⑨ 待排空阀水流出后，关闭排空阀，控制进水流量压力在0.10～0.15MPa，水速流量在$4\sim8m^3/h$，取混合床水进行电导率、化学分析测定，水电导率≤$0.5\mu S/cm$，pH合格。$NH_4^+$、$Cl^-$合格时，关闭排水阀，打开出水阀，放入储槽。

4. 水处理关机标准操作

① 生产结束，关闭反渗透器出水阀，打开排水阀，关闭高压阀，开大进水阀门，在进水压力<0.5MPa条件下运行20min，然后关闭所有阀门。

② 关闭离子交换床进水泵电源，然后关闭阳离子交换床、阴离子床、混合床的出水阀、进水阀，再打开排空阀。

5. LDZ系列列管式多效蒸馏水机标准操作规程

（1）自动控制操作流程

① 预热及准备。将蒸汽管道中冷凝水排放干净的干燥饱和蒸汽，送入蒸馏水机的加热蒸汽管道，打开各蒸馏塔下部各排水阀，排尽各蒸馏塔内部积水，随后关闭各排水阀，打开最后一塔下部排污手阀，等待原料水进入机器。打开疏水器旁路阀。

② 开机。打开操作台上电锁，选择手动/自动操作，再按一下手动钮切换至自动状态，慢慢打开加热蒸汽操作手阀 F1 至蒸汽压力达到 0.3MPa，预热 10min 后，开大蒸汽手阀使进蒸馏水机的加热蒸汽压力达到 0.4MPa 以上。压缩空气大于 0.4MPa 送入机器。按一下启动钮，蒸馏水机将按预定程序进行自动操作，按时自动打开进料水泵。适当调整进水手阀、进水旁路阀，逐渐达到正常进水量的 1/3。

③ 正常运行。开机一段时间后，进料水气动阀打开，进料水气增加，蒸汽压力表显示大于 0.3MPa，调节进水流量符合参数表值。蒸馏水温度逐渐增至 95℃，当蒸馏水温度升至 90℃以上时，冷却水泵自动启动，再延时一段时间后，当蒸馏水的电导率 $< 1\mu S/cm$ 时，蒸馏水出口管路上的两位三通气动阀将自动地把蒸馏水从排放管道切换到合格蒸馏水管道。此时，适当调整进水阀，使进水流量为正常流量。

（2）手动操作规程

① 打开电锁，进入手动操作，此时各手动操作钮处于关闭位置。打开调节蒸汽手阀，打开疏水器旁路阀，排尽结水，关闭旁路阀，使蒸汽达到 0.3MPa 以上，预热 10min。

② 把进料水泵拧至“绿色”，此时进料水泵启动。

③ 打开进料水旁路阀，逐步调整进料水手阀，达到正常进水量的 1/3，进料水流进入蒸馏水机。5min 后按一下进水阀按钮，使其灯变绿色，使进水气动阀打开，调整蒸汽压力，选择合适进水流量。

④ 当蒸馏水电导率 $< 1\mu S/cm$，且持续一段时间后，把出水阀按一下至“绿色”，此时蒸馏水出口的二位三通阀切换合格蒸馏水管道。

⑤ 当蒸馏水温度超过 90℃时，按一下冷却水泵按钮，其灯变绿色，此时冷却水泵启动，控制器会控制冷却水，调节冷却水量。

## 二、综合实训　纯化水、注射用水岗位操作

<table>
<tr><td>实践目的<br>1. 通过实践能掌握制药用水制备的基本原理。<br>2. 能正确操作制水设备。<br>3. 能解决运行过程中遇到的问题。</td><td>学时：6</td></tr>
<tr><td colspan="2">工作任务描述<br>纯化水和注射用水的制备是制剂生产的基本操作，几产所有的液体制剂生产都涉及。通过实践，能对所用设备在运行过程中出现的一般故障进行排除，对影响质量的工艺关键点进行控制，为今后在制水工艺岗位工作打下良好基础。</td></tr>
<tr><td colspan="2">媒体条件<br>1. 药物制剂实训室、校内生产基地。<br>2. 多媒体设备、水预处理装置、反渗透器、离子交换床、多效蒸馏水机等。<br>3. 各种资料（常用药物制剂设备使用说明等）、PPT、视频、影像资料、教材、相关图书、网上资源、网络课程等。<br>4. 实践材料：饮用水。</td></tr>
</table>

续表

| 具体任务内容 |
|---|
| 1. 根据工作任务获取学习信息，获得相关知识。<br>(1) 水处理粗过滤的标准操作（见正文）。<br>(2) 水处理反渗透器的标准操作（见正文）。<br>(3) 水处理离子交换床的标准操作（见正文）。<br>(4) 水处理关机标准操作（见正文）。<br>(5) 蒸馏水机标准操作（见正文）。<br>2. 根据学习资料制订工作计划，完成工作计划。<br>3. 按照工作计划，遵守相关规定，独立完成每一个工作步骤，并进行记录、归档，和提交报告。 |
| **对学生的要求** |
| 1. 积极沟通，广泛收集各种资料，不得随意损坏和丢失信息资料。<br>2. 遵守课堂纪律，上课认真做好计划和记录，服从指挥。<br>3. 积极主动、按时完成工作任务，配合组长与老师的工作。<br>4. 自学好问、仔细观察、认真分析、制作精细。<br>5. 检查评价认真、公平、全面。 |

**考核标准**

| 实践项目：纯化水、注射用水岗位操作 | | | 学时：6 |
|---|---|---|---|
| 实践目的<br>1. 进一步熟悉纯化水、注射用水岗位操作。<br>2. 能正确使用纯化水、注射用水设备。<br>3. 能掌握纯化水、注射用水制备过程中的质量控制。 | | | |
| 序号 | 考核内容 | 考核标准 | 参考分值 |
| 1 | 学习与工作态度 | 态度端正，学习方法多样，课堂认真，积极主动，责任心强，全部出勤。 | 5 |
| 2 | 团队协作 | 服从安排，积极与小组成员合作，共同制订工作计划，共同完成工作任务。 | 5 |
| 3 | 实训计划制订 | 有工作计划，计划内容完整，时间安排合理，工作步骤正确。 | 5 |
| 4 | 实训记录 | 实训记录单设计合理，完成及时，记录完整，结果分析正确。 | 5 |
| 5 | 能以标准操作规程进行预处理操作 | 严格按操作规程进行操作。 | 20 |
| 6 | 能以标准操作规程进行反渗透操作 | 严格按操作规程进行操作。 | 20 |
| 7 | 能以标准操作规程进行离子交换操作 | 严格按操作规程进行操作。 | 20 |

续表

| 序号 | 考核内容 | 考核标准 | 参考分值 |
|---|---|---|---|
| 8 | 能以标准操作规程进行多效蒸馏水机操作 | 严格按操作规程进行操作，水制备完毕后按要求清场。 | 5 |
| 9 | 排除设备运行过程中出现的一般故障 | 能排除生产所用设备运行过程中出现的故障，处理方法正确。 | 5 |
| 10 | 任务训练单 | 对老师布置的训练单，能及时上交，正确率在90%以上。 | 2 |
| 11 | 方法能力 | 能利用各种资源快速查阅获取所需知识，问题提出明确，表达清晰，有独立分析问题和解决问题的能力。 | 5 |
| 12 | 问题思考 | 开动脑筋，积极思考，提出问题，并对工作任务完成过程中出现的问题进行分析和解决。 | 3 |
| 13 | 合　计 | | 100 |

## 活动与探究

结合已学知识，并通过图书馆、网络等查阅资料，了解制水车间的岗位要求。

制水车间要求必须符合一般生产区相关清洁要求。

| 岗位要求 | 预处理 | 反渗透 | 离子交换 | 蒸馏水机 |
|---|---|---|---|---|
| 岗位职责 | | | | |
| 生产工艺管理要点 | | | | |
| 质量控制点 | | | | |

## 项目要点

一、制药用水

1. 制药用水主要是指制剂配制、使用时的溶剂、稀释剂及药品容器、制药器具的洗涤清洁用水。

2. 制药用水按其水质及使用范围的不同可分为饮用水、纯化水、注射用水及灭菌注射用水。

3. 制药用水根据水质的不同其质量要求和应用范围也不一样。

二、纯化水的制备

1. 纯化水为饮用水经反渗透法、离子交换法、蒸馏法或其他适宜的方法制备的制药用水，不含任何附加剂。

2. 纯化水制备常用设备有预处理单元设备、电渗析装置、反渗透装置、离子交换树脂和多效蒸馏水机。

3. 纯化水常见制备流程：多介质过滤器→活性炭过滤器→阳离子软水器→精密过滤器→第一级反渗透→第二级反渗透→微孔过滤器。

三、注射用水的制备

1. 注射用水为纯化水经蒸馏所得的水。应符合细菌内毒素试验要求，每 1ml 中含内毒素应小于 0.25EU。

2. 纯化水制备常用设备除了纯化水制备所用的设备外还有蒸馏水机。

3. 注射用水常见制备流程：多介质过滤器→活性炭过滤器→阳离子软水器→精密过滤器→第一级反渗透→第二级反渗透→蒸馏水机。

## 目标检测

一、填空题

1. 制药用水包括（　　）、（　　）、（　　）（　　）。

2. 纯化水和注射用水之间的区别是（　　）。

二、选择题

（一）单选题

1. 下列关于注射用水的叙述哪条是错误的（　　）

A. 纯化水经蒸馏所得的水

B. pH5.0～7.0，且不含热原的重蒸馏水

C. 经过灭菌处理的蒸馏水

D. 本品为无色的澄明液体、无臭、无味

E. 本品应用密封系统收集，于制备后 12h 内使用

2. 以下制备注射用水的流程最合理的是（　　）

A. 饮用水→电渗析→蒸馏→离子交换→注射用水

B. 饮用水→滤过→离子交换→电渗析→蒸馏→注射用水

C. 饮用水→滤过→电渗析→离子交换→蒸馏→注射用水

D. 饮用水→离子交换→滤过→电渗析→蒸馏→注射用水

E. 饮用水→电渗析→离子交换→滤过→注射用水

3. 反渗透膜是一种只允许（　　）通过，而不允许溶质透过的半透膜。

A. 水　　B. 阳离子　　C. 阴离子

D. 电解质　　E. 细菌

4. 下列哪一项不是纯化水要检查的项目？（　　）

A. 酸碱度　　B. 氯化物　　C. 硫酸盐与钙盐

D. 硝酸盐　　E. 细菌内毒素

（二）多选题

1. 盐类在水中主要的阳离子是（　　）等。

A. $Ca^{2+}$　　B. $Mg^{2+}$　　C. $Na^{+}$

D. $K^{+}$　　E. $Fe^{2+}$

2. 注射用水的保存条件是（　　）

A. 80℃以上保温

B. 65℃以上保温循环

C. 4℃以下的条件

D. 避光保存

E. 常温保存

3. 下列关于离子交换树脂说法正确的是（　　）

A. 离子交换树脂的工作原理是树脂上的离子能与水中游离的同性离子进行交换

B. 离子交换树脂是由极性基团和非极性基团组成的

C. 通常可以用电导率来判断水的化学纯度

D. 离子交换树脂并不是用来进行水纯化处理的一种常用手段

E. 离子交换树脂可分为阳离子交换树脂和阴离子交换树脂

4. 下列关于电渗析说法正确的是（　　）

A. 电渗析是依据阴阳离子在直流电场的作用下发生定向迁移及离子交换膜对离子的选择透过作用达到除盐或浓缩的目的

B. 电渗析适合含盐量较高的水的纯化处理

C. 电渗析适合含盐量较低的水的纯化处理

D. 电渗析制备出来的水可直接用于注射剂的溶解

E. 电渗析可用于水的脱盐处理

5. 下列关于多效蒸馏水机叙述正确的是（　　）

A. 多效蒸馏水机通常用来制备纯化水

B. 多效蒸馏水机通常用来制备注射用水

C. 在制备注射用水时，通入多效蒸馏水机的水应是纯化水

D. 多效蒸馏水机与其他的蒸馏水机相比具有耗能低、产量高、水质优的特点

E. 多效蒸馏水机的出水温度比较低，只有20℃左右。

三、问答题（实践练习题）

1. 制药用水如何获得？各有何用途？

2. 何为纯化水？制备纯化水的方法有哪些？

3. 纯化水制备过程中要进行哪些方面的质量监控？

4. 简述离子交换法制备纯化水的原理。阳离子树脂为何要排在阴离子树脂的前面？

5. 何为注射用水？何为灭菌注射用水？两者有何区别？

6. 注射用水制备过程中要进行哪些方面的质量监控？

**答案：**

一、填空题

1. 饮用水、纯化水、注射用水、灭菌注射用水

2. 有无热原

二、选择题

（一）单选题

1. C　2. B　3. A　4. E

（二）多选题

1. ABCDE　2. ABC　3. ABCE　4. ACDE　5. BCD

三、问答题

略

# 项目二　液体制剂的制备

目前，在临床上溶液剂、混悬剂、乳剂、口服液等液体制剂被广泛应用，这些液体制剂

的共同特点是：药物分散度大，释放速度快，生物利用度高，生产工艺简单，生产制造成本较低，但部分液体药剂的物理、化学稳定性较差，在服用、储存与携带时不方便。这些液体制剂在生产制备过程中，由于原料的性质差异较大，其制备工艺亦有较大不同，各剂型之间联系并不密切，各自独立性较强。本项目重点介绍液体制剂的基本知识和主要制备工艺流程。

**学习目标**

1. 溶液剂、混悬剂、乳剂、口服液的含义、目的等常识性知识。
2. 溶液剂、混悬剂、乳剂、口服液的常用技术、操作过程。
3. 表面活性剂的性质、种类与应用。
4. 液体制剂常用设备的结构、工作原理。

**工作任务**

1. 根据物料的性质和制剂要求确定制作液体制剂的类型。
2. 完成溶液剂、混悬剂、乳剂、口服液操作。
3. 完成溶液剂、混悬剂、乳剂、口服液常用设备标准操作，对所用设备在运行过程中出现的一般故障进行排除。

## 模块一　必备知识——液体制剂

### 一、液体制剂相关知识

液体制剂系指药物分散在液体分散介质中制成的可供内服或外用的液态剂型。

#### （一）液体制剂特点

液体制剂有以下优点：①药物以分子、离子、高分子、胶粒、液滴、固体微粒等形态或其混合形式分散于液体分散介质中，分散度大，吸收快，作用迅速；②弥补固体制剂的不足，提高生物利用度；③可多途径给药，使用方便；④便于分剂量，并可以掩盖药物的不良味道；⑤服用方便，适宜于老年患者和婴幼儿。

但液体制剂存在的不足：①物理变化，由于有机大分子及多种成分共存，液体制剂易产生沉淀或溶质分散不均匀；②化学变化，药物中的化学不稳定成分，易水解降低药效；③生物变化，若药物中含有微生物、细菌，则容易霉变；④液体制剂体积较大，携带、储运不方便。

#### （二）液体制剂的质量要求

① 溶液剂应为澄明液体。

② 混悬剂应为混悬液状，混悬微粒细微均匀，沉降后不结块，振摇能均匀分散。

③ 混悬剂的黏稠度应适宜，便于倾倒，不沾瓶壁。

④ 乳剂应呈乳白色均匀状，不应观察到分层现象。

⑤ 乳剂应有适宜的黏度，并易于从容器中倾出。

⑥ 液体制剂的剂量应准确、性质稳定、无刺激性，具有一定防腐能力。

⑦ 包装容器大小应适宜，便于患者携带和服用。

#### （三）液体制剂分类

1. 按分散系统分类

根据分散相的物理状态，液体制剂可分为溶液型、胶体溶液型、乳浊液型和混悬液型。

2. 按给药途径分类

(1) 内服液体制剂 如合剂、糖浆剂、芳香水剂、酯剂、口服乳剂、口服混悬剂等。

(2) 外用液体制剂 供皮肤用，如洗剂、搽剂等；供五官科用，如洗耳剂、滴耳剂、滴鼻剂、含漱剂、滴牙剂等；供直肠、阴道、尿道用，如灌肠剂、灌洗剂等。

### (四) 液体制剂处方组分

1. 原料

有化学药物、药材、药材提取物等。

2. 液体制剂的溶剂与附加剂

(1) 极性溶剂 见表 3-5。

**表 3-5 常用极性溶剂**

| 溶剂名称 | 物理性质 | 与其他溶剂的互溶性 | 可溶解药物成分 | 生理作用及其他 |
| --- | --- | --- | --- | --- |
| 水 | 最常用分散溶剂。无色、无臭、透明的液体 | 能与乙醇、甘油、丙二醇等溶剂以任意比例混溶 | 能溶解大多数的无机盐类和极性较大的有机药物，能溶解药材中的生物碱盐类、苷类、糖类、树胶、黏液质、鞣质、蛋白质及色素等 | 无药理作用。有些药物在水中不稳定，容易霉变而不宜久贮。配制水性液体药剂时应使用纯化水 |
| 乙醇 | 常用分散溶剂，无色、有一定臭味、透明的液体 | 能与水、甘油、丙二醇等溶剂以任意比例混溶 | 能溶解大部分有机药物和药材中的成分，如生物碱及其盐类、挥发油、小分子糖类、树脂、鞣质、有机酸及色素等 | 20%以上的乙醇有防腐作用。乙醇有一定的生理活性，易挥发、易燃烧 |
| 甘油 | 无色黏稠性澄明液体，有甜味，毒性小 | 能与水、乙醇、丙二醇等溶剂以任意比例混溶 | 对硼酸、苯酚和鞣质的溶解度比水大 | 含甘油 20%以上有防腐作用。可供内服或外用，其中外用制剂应用较多，对皮肤具有保湿、滋润及延长局部药效的作用 |
| 丙二醇 PG | 性质与甘油相近，黏度较甘油小 | 能与水、乙醇、甘油混溶。不与脂肪油混溶，但能溶解于乙醚或氯仿中 | 可作为内服及肌内注射剂溶剂。丙二醇毒性小、无刺激性，能溶解许多有机药物 | 一定比例的丙二醇和水的混合溶剂能延缓许多药物的水解，增加稳定性，但口服有辛辣感。丙二醇对药物在皮肤和黏膜的吸收有一定的促进作用 |
| 聚乙二醇 PEG | 常用相对分子质量为 300～600 的聚乙二醇，为无色澄明液体，理化性质稳定 | 能与水、乙醇、甘油、丙二醇等溶剂以任意比例混溶 | 聚乙二醇不同浓度的水溶液是良好溶剂，能溶解许多水溶性无机盐和水不溶性的有机药物 | 本品对一些易水解的药物有一定的稳定作用。在洗剂中，能增加皮肤的柔韧性，具有一定的保湿作用 |
| 二甲基亚砜 DMSO | 为无色澄明液体，具有大蒜臭味，有较强的吸湿性 | 能与水、乙醇、甘油、丙二醇等溶剂以任意比例混溶 | 本品溶解范围广，有万能溶剂之称 | 能促进药物透过皮肤和黏膜的吸收作用，但对皮肤有轻度刺激 |

(2) 非极性溶剂 见表 3-6。

**表 3-6 常用非极性溶剂**

| 溶剂名称 | 物理性质 | 与其他溶剂的互溶性 | 可溶解药物成分 | 生理作用及其他 |
| --- | --- | --- | --- | --- |
| 脂肪油，如麻油、豆油、花生油、橄榄油等植物油 | 淡黄色或无色油状液 | 植物油不溶于水，而能与非极性溶剂混合 | 脂肪油能溶解油溶性药物，如激素、挥发油、游离生物碱和许多芳香族药物 | 脂肪油容易酸败，也易受碱性药物的影响而发生皂化反应，影响制剂的质量。脂肪油多为外用制剂的溶剂，如洗剂、搽剂、滴鼻剂等 |
| 液状石蜡 | 是从石油产品中分离得到的液状烃的混合物，分为轻质和重质两种。为无色澄明油状液体，无色无臭，化学性质稳定 | 本品能与非极性溶剂混合 | 能溶解生物碱、挥发油及一些非极性药物等 | 本品在肠道中不分解也不吸收，能使粪便变软，有润肠通便作用 |
| 油酸乙酯 | 淡黄色或无色油状液 | 本品能与非极性溶剂混合 | 是甾类化合物及其他油溶性药物的常用溶剂 | 在空气中易氧化、变色，需加入抗氧剂 |

（3）液体制剂的附加剂　液体制剂常用附加剂有增溶剂、助溶剂、潜溶剂、防腐剂、矫味剂与矫臭剂、着色剂、抗氧剂、pH 调节剂、金属离子络合剂等。在液体制剂中为了增加稳定性，有时需要加入抗氧剂、pH 调节剂、金属离子络合剂等。

常用附加剂见表 3-7。

**表 3-7　常用附加剂**

| 附加剂名称 | 常用品种 | 应　用 |
| --- | --- | --- |
| 增溶剂 | 聚山梨酯类、聚氧乙烯脂肪酸酯类 | 在难溶性药物的水溶液中加入增溶剂可使药物增溶 |
| 助溶剂 | 有机酸及其钠盐，如苯甲酸钠、水杨酸钠、对氨基苯甲酸钠；<br>酰胺化合物，如乌拉坦、尿素、烟酰胺、乙酰胺等 | 助溶剂与药物形成配合物 |
| 潜溶剂 | 乙醇、山梨酸、甘油、聚乙二醇 300 或 400 与水 | 为了提高难溶性药物的溶解度，常常使用两种或多种混合溶剂 |
| 防腐剂 | 对羟基苯甲酸酯类（尼泊金类）、苯甲酸及其盐、山梨酸、苯扎溴铵、醋酸氯己定等 | 液体制剂特别是以水为溶剂的液体制剂，易被微生物污染而发霉变质，尤其是含有糖类、蛋白质等营养物质的液体制剂，更容易引起微生物的滋生和繁殖 |
| 矫味剂与矫臭剂 | 甜味剂，如蔗糖、糖精钠、甘露醇等；<br>芳香剂，如柠檬、薄荷、挥发油、香精等；<br>胶浆剂，如阿拉伯胶、羧甲基纤维素钠、琼脂、明胶；<br>泡腾剂，将有机酸与碳酸氢钠一起，遇水后由于产生大量二氧化碳，二氧化碳能麻痹味蕾起矫味作用 | 能改变味觉的物质。药剂中用来掩盖药物的不良气味，改进药剂的味道，有些矫味剂也同时具有矫臭作用 |
| 着色剂 | 常用的有天然色素和合成色素；<br>天然色素，红色色素有苏木、甜菜红等；黄色色素有姜黄、胡萝卜素等；蓝色色素有松叶蓝；绿色色素有叶绿酸铜钠盐；棕色色素有焦糖等；<br>合成色素，内服合成色素有苋菜红、胭脂红、柠檬黄、日落黄、靛蓝及亮蓝，用量不得超过万分之一；<br>外用色素，品红、美蓝、苏丹黄 G 等 | 有些药物制剂本身无色，但为了心理治疗上的需要或某些目的有时需加入到制剂中进行调色的物质称为着色剂。着色剂能改善制剂的外观颜色。可用来识别制剂的浓度、区分应用方法和减少患者对服药的厌恶感。尤其是选用的颜色与矫味剂能够配合协调，更易为患者所接受 |

**知识链接**

溶解是溶质以分子或离子状态均匀分散在溶剂中形成溶液的过程。

溶解度是溶质在一定温度（气体在一定压力）下，在一定溶剂中溶解药物的最大量。溶解度以一份溶质（1g 或 1ml）溶于若干毫升溶剂中表示。

溶解速度是溶质在单位时间内的溶解量。

关于溶解度的术语有：极易溶解、易溶、溶解、略溶、微溶、极微溶解、几乎不溶或不溶。

**活动与探究**

| 结合已学知识，并通过图书馆、网络等查阅药典、期刊及相关文献资料，回答问题？ |
| --- |
| 吐温-60 能增加尼泊金类防腐剂的溶解度，但不能增加其抑菌力，其原因？ |
| 哪种防腐剂对霉菌和酵母菌具有较好的抑制力？ |

**（五）增加药物溶解度的方法**

1. 加入增溶剂

增溶是指某些难溶性药物在表面活性剂的作用下，在溶剂中溶解度增大的现象。具有增溶能力的表面活性剂称增溶剂，被增溶的物质称为增溶质。

增溶作用是由于被增溶物质被吸附在胶团的表面或进入到表面活性剂胶团的内部或结合

在栅状层中而溶解。

增溶剂的亲水亲油平衡值（HLB）值一般为15～18。常用的增溶剂多为非离子型表面活性剂如聚山梨酯类和聚氧乙烯脂肪酸酯类等。例如氢化可的松，在水中的溶解度为1∶3571，可用吐温-80制成1∶500，适用于五官科的澄明抗炎水溶液。

增溶剂加入的顺序，一般是将增溶剂先与被增溶物混合，待完全溶解后，再加入溶剂至全量。在使用增溶剂时要注意其毒性和溶血性。

2. 加入助溶剂

助溶系指难溶性药物由于第三种物质的加入而使其溶解度增加的现象，称为助溶。加入的第三种物质称为助溶剂。

助溶机理主要是药物与加入的助溶剂在溶剂中形成溶解度较大的络合物、复盐或缔合物等，以增加药物在溶剂中的溶解度。例如，碘在水中的溶解度为1∶2950，而在10%碘化钾溶液中可制成含碘5%的水溶液，碘化钾为助溶剂；茶碱在水中溶解度为1∶120，用乙二胺为助溶剂形成氨茶碱，其溶解度为1∶5；咖啡因在水中的溶解度为1∶50，用苯甲酸钠作助溶剂，形成苯甲酸钠咖啡因（安钠咖），溶解度为1∶1.2。

常用的助溶剂：一是一些有机酸及其钠盐，如苯甲酸钠、水杨酸钠、对氨基苯甲酸等；二是酰胺类化合物，如乌拉坦、尿素、乙酰胺等；三是一些水溶性高分子，如聚乙二醇、羧甲基纤维素钠等。

3. 制成盐类

一些难溶性弱酸、弱碱药物，可制成盐而增加其溶解度。

含羧基、磺酰氨基、亚氨基等酸性基团的药物可用碱如氢氧化钠、碳酸氢钠、氢氧化钾、氨水、乙二胺、二乙胺、二乙醇胺等与其作用生成溶解度较大的盐。

天然的及合成的有机碱一般都用盐酸、硫酸、硝酸、氢溴酸、枸橼酸、水杨酸、马来酸、酒石酸或醋酸等制成盐类来提高溶解度。

将弱酸、弱碱药物成盐后，还需考虑到溶液的pH、稳定性、吸湿性、毒性及刺激性等因素。

4. 制成潜溶剂

将难溶性药物加入到混合溶剂中，其溶解度比其在各单一溶剂中溶解度大，这种现象称为潜溶。如甲硝唑在水中溶解度为10%（$w/v$），而采用水-乙醇混合溶剂，则溶解度提高5倍。

通常应用的潜溶剂一般是水和一些极性溶剂的混合溶剂，如乙醇、甘油、丙二醇、聚乙二醇等与水组成的混合溶剂。

5. 改变部分化学结构

在某些难溶性药物的分子结构中引入亲水性基团，增加它在水中的溶解度。但要注意，有些药物引入亲水性基团后，水溶性增大，其药理作用也有可能改变。例如穿心莲内酯难溶于水，通过与亚硫酸氢钠加成，生成溶解度较大的亚硫酸氢钠穿心莲内酯。

## 活动与探究

结合已学知识，并通过图书馆、网络等查阅药典、期刊及相关文献资料，掌握关于溶解度的几个名词术语的含义。查找出葡萄糖、氯化钠、硼砂、氯霉素、石膏的溶解性能，以及增加溶解度的方法。

| 活动项目 | 葡萄糖 | 氯化钠 | 硼砂 | 氯霉素 | 石膏 |
| --- | --- | --- | --- | --- | --- |
| 溶解度类型 | | | | | |
| 增加溶解度方法 | | | | | |

### （六）表面活性剂

溶液的表面张力与溶质的性质和浓度有关，例如，肥皂的水溶液，其表面张力随溶质浓度的增加而急剧下降。把能够显著降低两相间表面张力的物质，称为表面活性剂。

**知识扩展**

**表面张力**

如果没有外力的影响或影响不大时，液体表面恒有一种向内收缩成球状的趋势。从简单的分子引力观点来看，液体表面的分子与液体内部分子情况不同。内部分子所受到相邻周围分子的作用力是对称的，相互抵消，但液体表面分子由于受内部分子的吸引力，远远大于液面上气体分子对它的吸引力，因此产生了一种力使表面分子有向内运动的趋势，使液体的表面积力求收缩到最小程度的趋势，这种力即是所谓的表面张力，这也就是悬挂的水滴总是呈球形的原因。

1. 表面活性剂的性质

（1）两亲性　表面活性剂分子中既有亲水基团，又有亲油基团。亲水基团是一些电负性较强的原子团或原子，包括羧酸、磺酸、硫酸酯、磷酸酯基、氨基及其盐，也包括羟基、酚氨基、醚键等，与水有较强的亲和力；亲油基团多为含 8 个碳原子以上的碳氢链结构，对非极性物质有较强的亲和力。如肥皂（即脂肪酸钠）（R・COONa，其中碳氢链 R—为亲油基团，羧基—COONa 为亲水基团）。

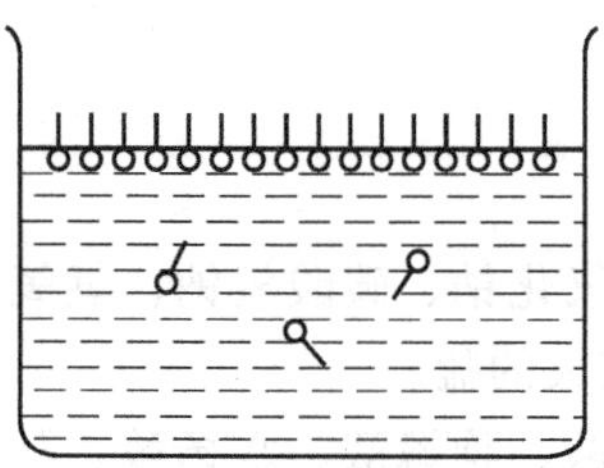

图 3-5　表面活性剂在液体表面吸附

（2）溶液表面吸附　是指表面活性剂在溶液表面的浓度大于在溶液内部的浓度。如表面活性剂溶于水中，在低浓度时，其亲水基团插入水中。而亲油基团朝向空气或油相，并在表面定向排列。此时，就形成“溶液表面吸附”。如图 3-5 所示。

2. 表面活性剂的分类

表面活性剂按其分子能否解离成离子，分为离子型和非离子型两大类。离子型表面活性剂又分为阴离子型、阳离子型及两性离子型三类。

（1）阴离子型表面活性剂　起表面活性作用的部分是阴离子，带负电荷的表面活性剂称为阴离子型表面活性剂。目前常用的阴离子表面活性剂见表 3-8。

**表 3-8　阴离子型表面活性剂**

| 种类 | 分　类 | 性质与用途 |
|---|---|---|
| 肥皂类 | 通式为 $(RCOO^-)_nM^{n+}$，系脂肪酸（如月桂酸、软脂酸、硬脂酸、油酸等）盐。因 M 不同，分一价金属皂（如钾皂、钠皂）、二价或多价金属皂（如钙皂、铅皂、铝皂等）及有机胺皂（如三乙醇胺皂）等 | 具有良好的乳化能力，但易被酸及高价盐破坏，电解质可使之盐析，临床应用有一定刺激性，一般只供外用 |
| 硫酸化物 | 通式为 $R \cdot O \cdot SO_3^- M^+$，系硫酸化油和高级脂肪酸硫酸酯类。如硫酸化蓖麻油（又称土耳其红油）、月桂醇硫酸钠（即十二烷基硫酸钠）、十六烷基硫酸钠（鲸蜡醇硫酸钠）、十八烷基硫酸钠（硬脂醇硫酸钠）等 | 有较强的乳化能力，比肥皂类稳定，较能耐酸和钙，在低浓度时对黏膜也有一定的刺激性，主要用作外用软膏的乳化剂 |
| 磺酸化物 | 通式为 $R \cdot SO_3^- M^+$，系脂肪族磺酸化物、烷基芳基磺酸化物、烷基萘磺酸化物等，如二辛基琥珀酸磺酸钠、十二烷基苯磺酸钠等 | 在酸性水溶液中较稳定，渗透力强，易起泡、去污力好，广泛用作洗涤剂 |

（2）阳离子型表面活性剂　起表面活性作用的部分是阳离子，带正电荷的表面活性剂称为阳离子型表面活性剂，又叫阳性皂，其分子结构的主要部分是一个五价的氮原子，因此称为季铵型阳离子表面活性剂。见表 3-9。

表 3-9　阳离子型表面活性剂

| 种　类 | 特　点 | 用　途 |
|---|---|---|
| 氯苄烷铵(洁尔灭)、溴苄烷铵(新洁尔灭)、度米芬(消毒宁)及消毒净等 | 水溶性大,在酸性与碱性溶液中均较稳定;除具有良好的表面活性作用外,都具有很强的杀菌作用 | 临床主要用于皮肤、黏膜、手术器械的消毒,有的品种也可作为眼用溶液的抑菌剂 |

(3) 两性离子型表面活性剂　分子中同时具有正负电荷基团或阳阴离子的表面活性剂称为两性离子型表面活性剂。这类表面活性剂随介质的 pH 不同，可形成不同离子型表面活性剂。见表 3-10。

表 3-10　两性离子型表面活性剂

| 种类 | 特　点 | 用　途 |
|---|---|---|
| 天然两性离子型表面活性剂 | 卵磷脂是天然的两性离子表面活性剂。其主要来源是大豆和蛋黄,根据来源不同,又可称大豆卵磷脂或蛋黄卵磷脂 | 制备注射用乳剂及脂质微粒制剂的主要辅料 |
| 合成两性离子型表面活性剂 | 氨基酸型和甜菜碱型这两类表面活性剂为合成化合物,阴离子部分主要是羧酸盐,其阳离子部分为季铵盐或有机胺盐,由有机胺盐构成者即为氨基酸型($R·NH_2^+·CH_2CH_2·COO^-$);由季铵盐构成者即为甜菜碱型[$R·N^+(CH_3)_2CH_2COO^-$]。氨基酸型在等电点时亲水性减弱,并可能产生沉淀,而甜菜碱型则无论在酸性、中性及碱性溶液中均易溶,在等电点时也无沉淀 | 在碱性水溶液中呈阴离子表面活性剂的性质,具有很好的起泡、去污作用;在酸性溶液中则呈阳离子表面活性剂的性质,具有很强的杀菌能力。常用的一类氨基酸型两性离子表面活性剂"Tego"杀菌力很强而毒性小于阳离子表面活性剂 |

(4) 非离子型表面活性剂　这类表面活性剂在溶液中不呈解离状态，故称为非解离型表面活性剂，多为酯类或醚类化合物。其分子中的亲水基团多为—OH（羟基）或—O—（醚键）结合而成。一般为甘油、聚乙（烯）二醇和山梨醇等多元醇，亲油基团为长链脂肪酸或长链脂肪醇等。因其毒性及溶血作用较小，化学性质稳定，不易受溶液 pH 影响，能与大多数药物配伍，故目前应用较广。不仅供外用，亦供内服，有的尚可作注射剂中的附加剂使用。见表 3-11。

表 3-11　非离子型表面活性剂

| 种　类 | 特　点 | 用　途 |
|---|---|---|
| 脱水山梨醇脂肪酸酯类 | 由脱水山梨醇与各种不同的脂肪酸所组成的酯类化合物,商品名称为司盘类。可分为司盘-20(月桂山梨坦)、司盘-40(棕榈山梨坦)、司盘-60(硬脂山梨坦)、司盘-65(三硬脂山梨坦)、司盘-80(油酸山梨坦)和司盘-85(三油酸山梨坦)等多个品种 | 本类大多为黏稠液体或白色蜡状固体,有特臭,味淡,难溶于水,多数溶于醇、醚、液状石蜡或脂肪油等。由于亲油性较强,为油溶性,是常用的油包水型乳化剂,但在水包油型乳剂中,司盘-20 和司盘-40 常与吐温配伍用作混合乳化剂;而司盘-150、司盘-155 等则适合在油包水型乳剂中与吐温配合使用 |
| 聚氧乙烯脱水山梨醇脂肪酸酯类 | 这类表面活性剂是在司盘类的剩余—OH 基上,再结合聚氧乙烯基而制得的醚类化合物,商品名称为吐温类。根据脂肪酸不同,有聚山梨酯-20(吐温-20)、聚山梨酯-40、聚山梨酯-60、聚山梨酯-65、聚山梨酯-80(吐温-80)和聚山梨酯-85 等多种品种 | 本类为黄色油状黏稠液体,低温时呈半凝胶状,有特臭。由于分子中增加了亲水性的聚氧乙烯基,因此大大增强了亲水性,成为水溶性的表面活性剂,目前常用于增溶剂、乳化剂、分散剂和润湿剂 |
| 聚氧乙烯脂肪酸酯类 | 由聚乙二醇与长链脂肪酸缩合而成。商品名称为卖泽类 | 均具水溶性,有一定的乳化力,主要作增溶剂和油/水型乳剂的乳化剂应用 |
| 聚氧乙烯脂肪醇醚类 | 由聚乙二醇与脂肪酸缩合而成的醚类,商品名为苄泽类 | 常用作油/水型乳剂的乳化剂或增溶剂 |
| 聚氧乙烯-聚氧丙烯共聚物 | 由聚氧乙烯和聚氧丙烯聚合而成。普流罗尼是其中最常用的一类 | 本类随分子量增大,可由液体逐渐变为固体,普流罗尼对皮肤无刺激性和过敏性,对黏膜刺激性极小,毒性也比其他非离子型表面活性剂为小,可作静脉注射用乳剂的乳化剂 |
| 其他 | 有脂肪酸蔗糖酯与蔗糖醚、烷基酚基聚醇醚类等,国产的乳化剂 OP,是工烷基酚与聚氧乙烯基的醚类产品 | 为黄棕色膏状物,易溶于水,乳化力很强,多用作油/水型乳膏基质的乳化剂 |

3. 表面活性剂的基本特征

(1) 胶团和临界胶团浓度　表面活性剂溶于水中，在低浓度时，呈单分子分散或被吸附在溶液的表面上，即“溶液表面吸附”现象。当其浓度增加至溶液表面已饱和不能再吸附时，表面活性剂分子即开始转入溶液内部。由于表面活性剂分子的疏水部分与水的亲和力较小，疏水部分相互吸引、缔合在一起，形成了多分子或离子（通常是50～150个）组成的聚合体，这种聚合体称为胶团或胶束。

开始形成胶团的浓度，即表面活性剂在溶剂中形成胶团的最低浓度称为临界胶团浓度(CMC)。每一种表面活性剂都有它自己的临界胶团浓度，这与表面活性剂的结构和组成有关。随着外部条件，如温度、溶液pH值及电解质的变化，临界胶团浓度也发生改变，如表面张力降低、增溶作用增强、起泡性能及去污力增大，出现了丁达尔效应，还有渗透压、黏度等。

(2) 亲水亲油平衡值（HLB）　表面活性剂亲水亲油性的强弱，是以亲水亲油平衡值来表示的，简称为HLB值。表面活性的HLB值愈高，其亲水性愈强；HLB值愈低，其亲油性愈强。如果分子过分亲水或过分亲油，表面活性剂就会完全溶解在水相或油相中，很少存在于界面上，就难以降低界面张力。因此，表面活性剂分子的亲水和亲油基团的适当平衡就殊为重要。

(3) 起昙与昙点　表面活性剂的溶解度与温度有关，通常温度升高溶解度增大。某些含聚氧乙烯基的非离子型表面活性剂的溶解度，开始时随温度升高而增大，但当达到某一温度时，其溶解度急剧下降，使制得的澄明溶液变为混浊，甚至分层，可是冷却后又恢复为澄明。这种因温度升高而使含表面活性剂的溶液由澄明变为混浊的现象称为起昙（又称起浊）。出现起浊时的温度称为昙点（又称浊点）。

产生起昙的原因，主要是由于含聚氧乙烯基的表面活性剂，在水中其亲水基团——聚氧乙烯基与水发生氢键络合而呈溶解状态。当温度升高到某一点时，氢键断裂使表面活性剂溶解度突然下降，出现混浊或沉淀。当温度降到昙点以下则氢键能重新形成，溶液又变澄明。

通常昙点在30～100℃之间，吐温-20、吐温-60、吐温-80的昙点分别是95℃、76℃、93℃。

(4) 表面活性剂的毒性　表面活性剂的毒性大小，一般是阳离子型＞阴离子型＞非离子型，作为杀菌剂的一些两性离子型表面活性剂，例如氨基酸型表面活性剂等其毒性、刺激性均比阳离子型小。

离子型表面活性剂不仅毒性较大，而且还具有较强的溶血作用，故一般只限于外用。非离子型表面活性剂有的也有溶血作用，但一般较小。吐温类的溶血作用通常比其他含聚氧乙烯基的表面活性剂小，其溶血作用的顺序是：吐温-20＞吐温-60＞吐温-40＞吐温-80。表面活性剂外用时，对皮肤、黏膜的刺激性，也是非离子型最小。表面活性剂的毒性、溶血作用、刺激性等，通常随着处方中配合其他成分而发生相应的变化。

4. 表面活性剂在药物制剂中的应用

表面活性剂在工业、农业、日用品生产中的应用非常广泛，任何一种表面活性剂都在不同程度上具有润湿、乳化、增溶、去垢等作用，在实践中也常常采用HLB值法。HLB值法主要是根据其HLB值的大小进行选用，应用范围见图3-6所示。

在生产过程中，通常是两种或两种以上表面活性剂合并使用，以提高制剂的质量和稳定性。非离子型表面活性剂混合后的HLB值，一般可按如下公式求得：

$$\mathrm{HLB_{AB}}=\frac{\mathrm{HLB_A}\times W_\mathrm{A}\times \mathrm{HLB_B}\times W_\mathrm{B}}{W_\mathrm{A}+W_\mathrm{B}}$$

式中　$HLB_A$——A 乳化剂的 HLB 值；

$W_A$——A 乳化剂的重量；

$HLB_B$——B 乳化剂的 HLB 值；

$W_B$——B 乳化剂的重量；

$HLB_{AB}$——混合乳化剂的 HLB 值。

注：上式不能用于混合离子型表面活性剂的 HLB 值的计算。

例如：用 40%的司盘-20（HLB 值为 8.6）和 60%的吐温-80（HLB 值为 15）两种表面活性剂混合后，其 HLB 值是多少？

根据上式：$HLB_{混合}=\dfrac{8.6\times40\%+15\times60\%}{40\%+60\%}=12.4$

表面活性剂在药物制剂中是极为重要的一类附加剂，各类表面活性剂由于它们表现的性质不同，因此有不同的用途。

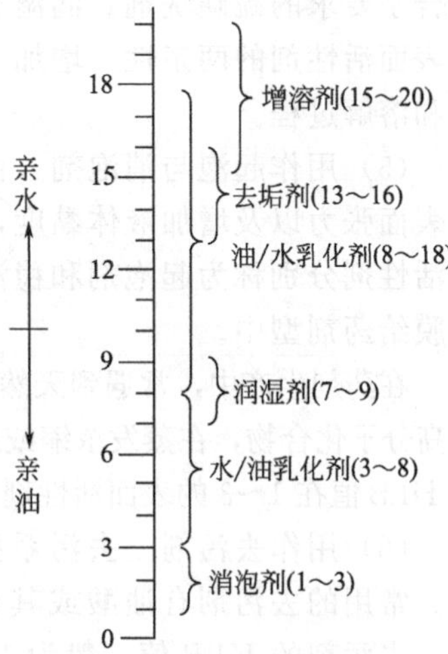


图 3-6　表面活性剂在不同 HLB 值的应用范围

（1）用作增溶剂　增溶系指物质由于表面活性剂胶团的作用，而增大溶解度的过程。具有增溶能力的表面活性剂称为增溶剂。

主要应用于：①用于难溶药物的增溶；②改善注射剂的澄明度；③增加药物制剂的稳定性。

**知识扩展**

**药物的增溶剂机理**

（1）非极性药物的增溶　其亲油性强，与增溶剂的亲油基因有较强的亲和能力，可完全进入胶团的中心区内而被增溶。

（2）极性药物的增溶　由于分子两端都有极性基团，亲水性强能，与增溶剂的亲水基团（如聚氧乙烯基）络合。即被吸附在增溶剂胶团的栅状层中而被增溶。

（3）半极性药物的增溶　例如甲酸、水杨酸等，其分子中的非极性部分（如苯环）插入胶团的中心区（烃核）内，极性部分（如酚羟基、羧基）则伸入球形胶团的栅状层中而被增溶。

（2）用作乳化剂　两种或两种以上不相混溶或部分混溶液体组成的体系，由于第三种物质的存在，使其中一种液体以细小液滴分散在另一液体中，这一过程称为乳化。具有乳化作用的物质，称为乳化剂。

表面活性剂在乳浊液中能降低油-水界面张力，从而使乳浊液易于形成，同时表面活性剂的分子能在分散相液滴周围形成一层保护膜，防止了液滴相互碰撞时的聚结合并，从而提高乳浊液的稳定性。

（3）用作润湿剂　润湿是指液体在固体表面上的黏附现象。促进液体在固体表面铺展或渗透的表面活性剂称为润湿剂。表面活性剂可降低疏水性固体药物和润湿液体之间的界面张力，使液体能黏附在固体表面，在固-液界面上定向吸附，排除固体表面上所吸附的气体，降低了润湿液体与固体表面间的接触角，使固体被润湿。

（4）用作分散稳定剂　在混悬液的制备中，常发生用作分散剂的液体不易在药物粉末或颗粒表面铺展，结果后者在液体表面漂浮或下沉。例如硫粉末，若不加入润湿剂，就难以得到合乎要求的硫磺洗剂。润湿剂还用于片剂制备中，在片剂颗粒成分中加入适当润湿剂，由于表面活性剂的两亲性，增加了制剂或颗粒表面与胃肠液的亲和性，加速了片剂的润湿、崩解和溶解过程。

（5）用作起泡与消泡剂　由于亲水性较强的表面活性剂吸附在液-气表面，降低了液体的表面张力以及增加液体黏度，使泡沫形成并稳定，有发生泡沫作用和有稳定泡沫作用的表面活性剂分别称为起泡剂和稳泡剂。表面活性剂作为起泡剂和稳泡剂主要应用在皮肤、腔道黏膜给药剂型中。

在药剂生产中，常遇到天然药物水浸出液，含有一些天然两亲性物质如皂苷、蛋白质、树胶和高分子化合物，在蒸发浓缩或剧烈搅拌时，产生大量而稳定的泡沫，给操作带来许多困难，加入 HLB 值在 1～3 的表面活性剂，可消除泡沫。加入的用来消泡的物质称消泡剂或防泡剂。

（6）用作去污剂　去污系指除去污垢，用于除去污垢的表面活性剂称为去污剂或洗涤剂。常用的去污剂有油酸或其他脂肪酸的钠皂、钾皂、十二烷基磺酸钠或其他烷基磺酸钠等。去污剂的 HLB 值一般为 13～16。

**小提示**

由于表面活性剂的诸多作用，其在药物制剂中被广泛应用，与我们日常生活亦有密切联系，通过认真观察和使用肥皂、洗衣粉、洗洁精等日常生活用品，熟悉它们的作用，就能掌握表面活性剂的含义和性质，熟悉和了解表面活性剂在药物制剂中的应用。

结合已学知识，并通过图书馆、网络等查阅药典、期刊及相关文献资料，回答问题。

某制药企业的一个科研小组，在进行一项新水针剂药物研制。经过配剂、滤过、灌装得到澄明的针剂，灭菌后，发现药液出现浑浊。第二天上班后，发现水针剂又澄明了。你能帮助科研小组查找一下原因吗？针对这种情况，你能提出改进的办法吗？

## 二、溶液型液体药剂的制备技术

1. 概述

溶液型液体制剂是指药物以小分子或离子（直径在 1nm 以下）状态分散在液体分散剂中，制成供内服或外用的溶液型制剂，属于均匀分散系。包括溶液剂、芳香水剂与药露、甘油剂、醑剂、糖浆剂等。

溶液型液体药剂生产过程包括原辅料的准备、配液、过滤、质量检查、包装及贴标签等步骤。

**知识链接**

甘油剂为药物的甘油溶液，专供外用，如碘甘油、硼酸甘油等。醑剂系指挥发性药物的浓乙醇溶液，挥发性药物多数为挥发油，如樟脑醑等。

芳香水剂系指芳香挥发性药物（多为挥发油）的饱和或近饱和澄明水溶液。如浓薄荷水等。

药露系指含挥发性成分的药材用水蒸气蒸馏法制成的芳香水剂，如金银花露等。

醑剂系指挥发性药物的浓乙醇溶液，如樟脑醑等。

2. 溶液型液体药剂的制备方法（见表 3-12）

表 3-12　溶液型液体药剂的制备方法

| 方法 | 应　用 |
| --- | --- |
| 溶解法 | 将药物直接溶于溶剂中的制备方法，一般可分为：称量、溶解、滤过、质量检查、包装等几个步骤。其操作要点及注意事项如下。<br>①取处方总量 1/2～3/4 的溶剂，在均匀搅拌下缓缓加入药物，使之溶解。<br>②处方中如有附加剂或溶解度较小的药物，宜先溶解后再加其他药物；挥发性或不耐热的药物，宜在冷却后加入。<br>③处方中含有糖浆、甘油等黏稠液体时，用量杯量取后，应加少量水稀释，搅匀后再倾出。<br>④使用非极性溶剂如为油、液状石蜡时，容器与用具等所用器材均应干燥，以免制品中混入水而浑浊。<br>⑤真溶液型液体制剂一般应滤过。常用的滤器有普通漏斗、垂熔玻璃滤球（或滤棒）及微孔滤膜滤器等，滤毕后自滤器上添加溶剂至所需量。 |
| 稀释法 | 将高浓度溶液或易溶性药物的浓储备液加溶剂稀释到治疗浓度范围内的方法。本法适用于浓溶液或易溶性药物的浓储备液等原料。用稀释法制备时，应注意：①原料浓度和所需稀释溶液的浓度；②浓度单位；③对有较大挥发性和腐蚀性的浓溶液要加强安全防护，如稀释浓氨水，操作要迅速，操作完毕应立即密塞，以免过多挥散损失，影响浓度的准确性；④量取操作的准确性 |
| 化学反应法 | 将两种或两种以上的药物，通过化学反应制备新的药物溶液，滤过，补足滤过制药用水至全量。本法适用于原料药物缺乏或不符合医疗要求的情况 |
| 水蒸气蒸馏法 | 取含挥发性成分的中药材一定量，适当粉碎后，置蒸馏器中，加适量的纯化水浸泡一定时间后通入水蒸气蒸馏，至蒸馏液达到规定量，一般约为药材量的 6～10 倍。除去过量未溶解的挥发油，必要时滤过澄清，使成澄明溶液 |

3. 溶液型液体药剂常用设备（见表 3-13）

表 3-13　溶液型液体药剂常用设备

| 名称 | 设备示意图 | 性能及其适用范围 |
| --- | --- | --- |
| 布氏漏斗 |  | 布氏漏斗是实验室中使用的一种陶瓷仪器，也有用塑料制作的，使用真空或负压力抽吸进行过滤 |
| 砂滤棒 |  | 采用细微颗粒状之原料——硅藻土等利用传统工艺和现代窑炉烧结而成的棒型过滤器材，具有极多细微孔隙，起脱碳、阻菌、澄明和滤尘作用 |
| 微孔滤膜滤器 | 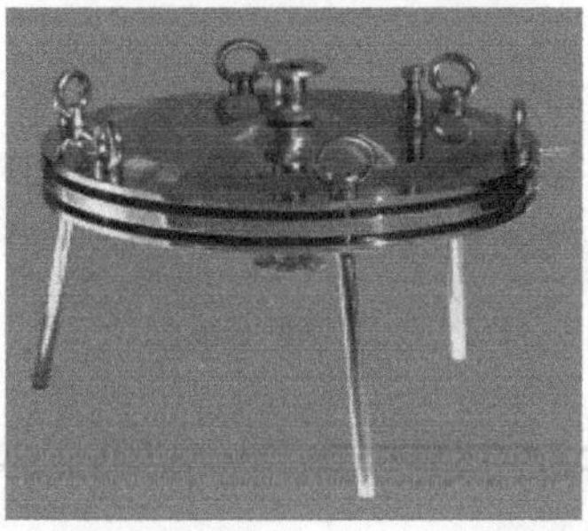 | 不锈钢双层单向过滤器在单层过滤器基础上加了一层过滤层。其使用时可在上层放孔径较大滤材，这样，液体经过两次过滤，精度高，效果更佳 |

续表

| 名称 | 设备示意图 | 性能及其适用范围 |
| --- | --- | --- |
| 配液罐 |  | 板材 316L。本设备可用于中药、食品、化工行业、液体物料的配制储存 |
| 多效蒸馏水器 |  | 多效蒸馏水器，采用了电热降膜蒸发原理，即利用已被预热(80℃)了的料水降淋，在电热管的外表形成高温(80℃)液膜并立刻蒸发，产生一次纯蒸汽(127℃)，并作为下一效的热源，再经过一次热交换又产生二次纯蒸汽作为下一效的热源，同时产生的凝水就是蒸馏水，经过六次热交换就可使电热的有效利用率提高了43% |
| 定量灌装机 | 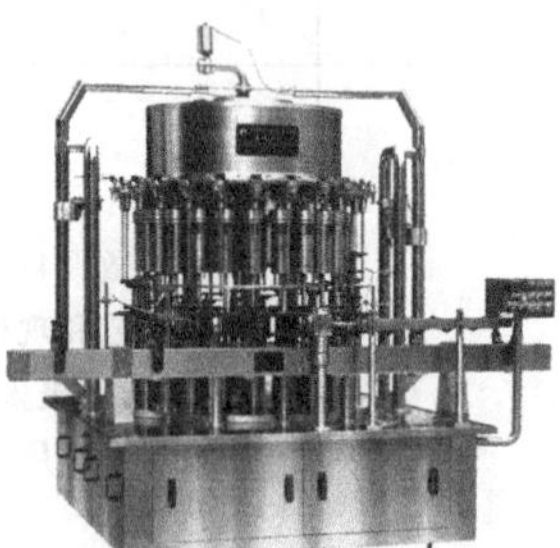 | 机体其他部位采用304不锈钢制造，本机适用于不同黏度的液体，如糖浆、蜂蜜、乳液等的定量灌装；特别适用于发泡大的液体灌装 |
| 台式液体灌装机 |  | 适用标签：正标、背标、颈标、头标等位置的铜版纸、铝箔纸、过塑铜版纸、不干胶纸。<br>适用瓶型：圆柱瓶、方形瓶、椭圆瓶、锥形瓶、扁形瓶 |

续表

| 名称 | 设备示意图 | 性能及其适用范围 |
| --- | --- | --- |
| 灌装旋盖机 |  | 适用于大剂量玻璃瓶的灌装与封口，能自动完成送瓶、灌装、送盖、戴盖、轧盖等动作，塑料瓶的灌装与旋盖。可单机使用，也可与超声波洗瓶机、高温灭菌隧道烘箱组成洗、烘、灌、封联动生产线。主要技术参数：生产能力为60～120瓶/min，适用瓶规格为30～200ml塑料瓶、玻璃瓶 |

## 活动与探究

查阅资料，为下列药物选择合适的制备方法。

| 药物 | 溶解法 | 稀释法 | 化学反应法 | 水蒸气蒸馏法 |
| --- | --- | --- | --- | --- |
| 薄荷水 | | | | |
| 硼砂溶液 | | | | |
| 碘甘油 | | | | |
| 樟脑醑 | | | | |
| 金银花露 | | | | |
| 柴胡口服液 | | | | |
| 颠茄酊 | | | | |
| 复方碘溶液 | | | | |

## 三、混悬液型液体药剂的制备技术

1. 概述

混悬型液体制剂系指难溶性固体药物以微粒状态分散于液体介质中形成的非均相分散体系。

混悬是指难溶性固体药物分散于液体分散剂中的过程。

混悬剂的特性：①对局部有保护和覆盖创面作用；②能延长药物作用时间；③混悬液中的分散相由于颗粒较大，受重力作用易沉降，影响了剂量的准确性；④由于不能完全防止沉降，所以毒药不得制成混悬液，以确保用药安全；⑤为了维持其分散体系的均匀性，保证在分取剂量时准确，投药时必须注明“用前摇匀”。

（1）需要制成混悬剂的药物

① 难溶性药物需制成液体制剂供临床应用。

② 药物的剂量超过了溶解度而不能以溶液剂形式应用。

③ 两种溶液混合时药物的溶解度降低而析出固体药物。

④ 欲使药物达到长效。

⑤ 味道不适或难于吞服。

（2）混悬液常用的稳定剂　为增加混悬液的稳定性，可加入适当的稳定剂。常用的稳定剂有：助悬剂、润湿剂、絮凝剂与反絮凝剂。

① 助悬剂。助悬剂的作用是增加混悬剂中分散介质的黏度，从而降低药物微粒的沉降速度，它又能被药物微粒表面吸附形成机械性或电性的保护膜，从而防止微粒间互相聚集或

结晶的转型，或者使混悬剂具有触变性，这些均能使混悬剂稳定性增加。通常可根据混悬剂中药物微粒的性质与含量，选择不同的助悬剂。目前常用的助悬剂如下。

低分子助悬剂：如甘油、糖浆等。

高分子助悬剂：有天然的与合成的两类。天然高分子助悬剂常用的有阿拉伯胶、西黄蓍胶、白及胶等。合成类高分子助悬剂常用的有：甲基纤维素、羧甲基纤维素钠、羟乙基纤维素、羟丙基甲基纤维素等。

硅酸类：如胶体二氧化硅、硅酸铝、硅藻土等。

触变胶：触变胶具有触变性，如2%硬脂酸铝在植物油中可形成触变胶。

② 润湿剂。润湿剂的作用主要是降低药物微粒与液体分散介质之间的界面张力，增加疏水性药物的亲水性，使其易被润湿与分散。常用的润湿剂多为表面活性剂，HLB值一般在7～9之间，有合适的溶解度。口服混悬剂常用聚山梨酯类、磷脂类、泊洛沙姆等作为润湿剂。

③ 絮凝剂与反絮凝剂。在混悬剂中加入适量的电解质，可使微粒间的排斥力略低于吸引力，微粒成疏松聚集体，经振摇又可恢复成均匀的混悬剂，这个现象即为絮凝，加入的电解质为絮凝剂；加入适量的电解质，阻碍微粒间聚集，即为反絮凝。常用的絮凝剂和反絮凝剂有枸橼酸盐、酒石酸盐、酸性酒石酸盐、磷酸盐、氯化铝等，絮凝剂与反絮凝剂可以是同一物质，也可以是不同的物质。

2. 混悬型液体药剂制备技术（见表3-14）

**表3-14 混悬型液体药剂制备技术**

| 类别 | 分散法 | 凝聚法 |
|---|---|---|
| 含义 | 系指将粗颗粒的药物粉碎成符合混悬微粒分散度要求的方法 | 利用化学反应或改变药物溶解度条件，使分子或离子状态的药物凝集成不溶性药物微粒以制备混悬剂的方法 |
| 物料性质 | 凡不溶性药物或虽能溶解但其用量超过溶解度的药物，制备混悬液时应采用分散法 | 由于溶剂性质改变而形成的混悬液和由两种药物溶液经化学反应生成不溶性药物而形成的混悬液 |
| 方法 | 具体工艺过程可根据固体药物和液体分散介质的特性不同而异。口服混悬剂的分散介质一般用水，因而制备工艺和药物的亲水性关系密切。<br>①亲水性药物，如氧化锌、炉甘石等。一般应先将药物粉碎到一定细度，再加处方中的液体适量，研磨到适宜的分散度，最后加入处方中的剩余液体至全量。<br>②疏水性药物不易被水润湿，必须先加一定量的润湿剂与药物研匀后再加液体研磨混匀。小量制备可用乳钵，大量生产可用乳匀机、胶体磨等机械。<br>③质重、硬度大的药物制备混悬剂时，可用中药制剂中常用的"水飞法" | ①物理凝聚法也称微粒结晶法。系将药物制成热饱和溶液，在急速搅拌下加至另一种不同性质的冷液体中。使药物快速结晶的方法。可制成10μm以下的微粒，再将微粒分散于适宜介质中制成混悬液。<br>②化学凝聚法一般是将两种药物的稀溶液，在尽量低的温度下相互混合，使之发生化学反应生成细微的沉淀，这样制得的混悬液分散比较均匀。如果溶液浓度较高，混合时温度又较高则生成的颗粒较大，产品质量较差 |

3. 混悬型液体药剂常用设备（见表3-15）

**表3-15 混悬型液体药剂常用设备**

| 名称 | 设备示意图 | 性能及其适用范围 |
|---|---|---|
| 不锈钢配液罐（配制药液） |  | 配液罐在罐体上带有夹层，罐盖上装有搅拌器，顶部一般装有喷淋装置便于配液罐的清洗。夹层既可通入蒸汽加热，提高原辅料在注射用水中的溶解速度；又可通入冷水，吸收药物溶解热。搅拌器由电机经减速器带动，转速约20r/min，加速原辅料的扩散溶解，并促进传热防止局部过热。配液罐分为浓配罐和稀配罐 |

续表

| 名　称 | 设备示意图 | 性能及其适用范围 |
| --- | --- | --- |
| 灌装机 |  | 动力采用定型套装齿轮传动，电子调速电机，运行平稳，噪声小。速度可连续调节。灌装量从0.2～1000ml，选择相应规格灌装机均可实现灌装。机器轻便，可随意放置。灌装量能细微调节，以满足不同用户要求 |
| 乳匀机 | 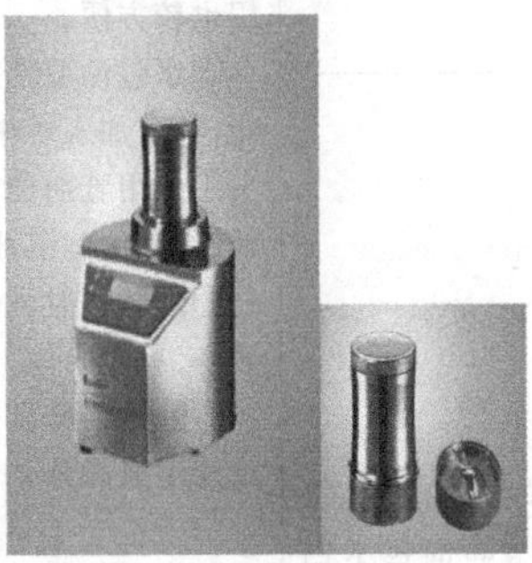 | 供试品（固体、液体、油剂等）通过匀浆杯内高速旋转的刀片（搅拌刀、研磨刀、匀浆刀、绞肉刀）的研磨、搅拌，达到粉碎、均质和乳化的效果。<br>应用于制药行业：药品（胶囊、片剂、丸剂、油剂、膏剂等）在微生物限度检查前的匀浆、打碎；保健品、化妆品、食品行业、化工行业 |

## 四、乳剂型液体药剂的制备技术

1. 概述

乳剂型液体药剂又称乳剂，系指两种（或两种以上）互不相溶的液体，其中一种液体以液滴状态分散于另一液体中形成非均匀分散体系的液体制剂。形成液滴的液体称为分散相、内相或非连续相，容纳分散相的另一液体则称为分散介质、外相或连续相。

（1）乳剂的组成　药用乳剂中两种互不相溶的液体，通常一相是水或水溶液，称为水相；另一相是油或与水不相溶的其他有机液体，称为油相。水相，通常为水及水溶性药液。油相通常为植物油、液状石蜡、挥发油等。乳剂的类型主要取决于乳化剂的种类及两相的比例。

（2）乳化剂　常用乳化剂，根据其性质不同可分为三类。

① 天然乳化剂（亲水性高分子物质）。这类乳化剂种类较多，其主要特点是亲水性强，能形成O/W型乳剂，多数有较大的黏度，能增加乳剂的稳定性，但易被微生物污染。

② 合成乳化剂。其主要特点是乳化能力强，性质稳定，应用广泛，混合使用或与油溶性极性化合物（如高分子固态醇、甘油-酸酯）联合使用。可形成复合凝聚膜，增加乳剂的稳定性。

③ 固体粉末乳化剂。不溶性的固体粉末可用作乳化剂。这类固体粉末能被油水两相润湿到一定程度，可聚集在两相间形成膜，防止分散相液滴接触合并，且不受电解质的影响。

乳化剂的分类、组成见表3-16。乳化剂的种类、应用见表3-17。

**表 3-16 乳化剂的分类、组成**

<table>
<tr><th>类型</th><th>示意图</th><th>组　成</th><th>特　点</th></tr>
<tr><td>水包油</td><td>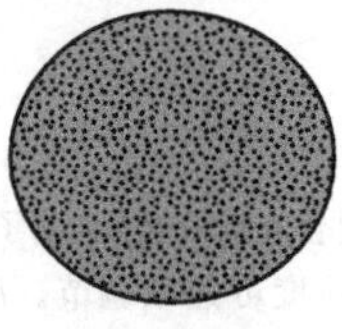<br>O/W</td><td>水包油型乳剂常简写为油/水型或 O/W 型，其中油为分散相，水为分散介质</td><td rowspan="3">①乳剂中液滴的分散度很大。药物吸收和药效的发挥快，生物利用度高。<br>②油类与水不能混合，因此分剂量不准确，制成乳浊液后可克服此缺点，且应用也较方便。<br>③水包油型乳剂可掩盖药物的不良臭味，并可加入矫味剂。<br>④外用乳剂能改善对皮肤、黏膜的渗透性，减少刺激性。<br>⑤静脉注射乳剂注射后分布较快、药效高、有靶向性。<br>⑥静脉营养乳剂，是高能营养输液的重要组成部分</td></tr>
<tr><td>油包水</td><td><br>W/O</td><td>油包水型乳剂常简写为水/油型或 W/O 型，其中水为分散相，油为分散介质</td></tr>
<tr><td>复合型</td><td>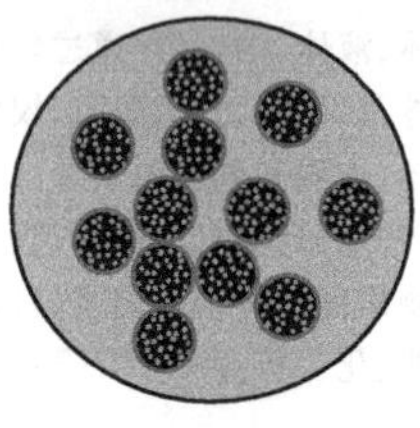<br>W/O/W<br>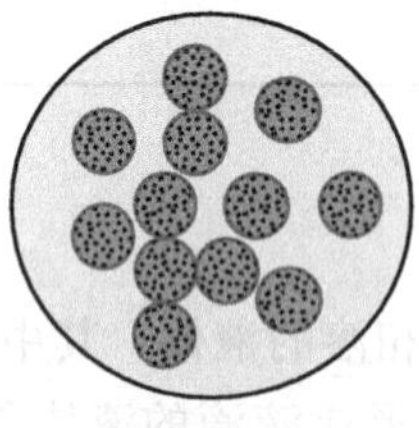<br>O/W/O</td><td>复合型乳剂常简写为：①水包油包水或 W/O/W；②油包水包油或 O/W/O</td></tr>
</table>

**表 3-17 乳化剂的种类、应用**

| 类型 | 品名 | 性质与用途、用量 |
|---|---|---|
| 天然乳化剂 | 阿拉伯胶 | 主要含阿拉伯酸的钾、钙、镁盐。为 O/W 型乳剂的乳化剂，在 pH2～10 均稳定，常作为内服乳化剂。用量 10%～15% |
| | 西黄蓍胶 | 其水溶液的黏度较高，pH5 时黏度最大。西黄蓍胶乳化力较差，通常与阿拉伯胶合用以增加乳剂的黏度。用量 1%～2% |
| | 明胶 | 明胶是蛋白质类，当 pH 在明胶的等电点以下时可产生聚集而影响乳化作用。用量为油的 1%～2%时，可形成 O/W 型乳剂 |
| | 磷脂 | 乳化作用较强，可形成 O/W 型乳剂，可供内服或外用，纯品可用作注射剂用。用量 1%～3% |
| | 胆固醇 | 胆固醇系由羊毛脂皂化分离而得，主要含有羊毛醇，具吸水性，能形成 W/O 型乳剂 |
| | 其他 | 如白及胶、果胶、琼脂、海藻酸盐及甲基纤维素等均属高分子乳化剂 |
| 合成乳化剂 | 阴离子型表面活性剂 | 如肥皂、十二烷基硫酸钠等。多用作外用乳浊液的乳化剂 |
| | 阳离子型表面活性剂 | 毒性大，多具有抗菌活性。许多含有高分子烃链或稠合环的有机胺和季铵化合物均是有效的表面活性剂，与鲸蜡醇合用可作为有效乳化剂，同时还有防腐作用 |
| | 非离子型表面活性剂 | 如聚氧乙烯脱水山梨醇脂肪酸酯类、脱水山梨醇脂肪酸酯类，这类物质在水溶液中不解离，不易受电解质和溶液 pH 的影响，能与大多数药物配伍。其 HLB 值可决定乳剂的类型；HLB 值为 8～16 者，可形成 O/W 型乳剂，HLB 值 3～8 者，可形成 W/O 型乳剂 |

续表

| 类型 | 品名 | 性质与用途、用量 |
|---|---|---|
| 固体粉末乳化剂 | 氢氧化镁、氢氧化铝、二氧化硅、硅藻土、白陶土等 | 亲水性固体粉末，乳化时可形成O/W型乳剂 |
| | 氢氧化钙、氧氧化锌、硬脂酸镁、炭黑等 | 为亲油性固体粉末，乳化时可形成W/O型乳剂 |

(3) 乳浊液的稳定性

① 乳浊液的不稳定现象。乳浊液属于热力学不稳定的非均相体系，乳化剂常出现转相、乳析、絮凝、破裂、酸败等现象，见表3-18。

**表3-18　乳浊液的不稳定现象**

| 现象 | 稳定性比较 |
|---|---|
| 转相 | 系指乳浊液由一种类型(O/W型或W/O型)转变为另一种类型(W/O型或O/W型)的变化。转相主要是由于乳化剂的性质改变而引起的，相体积比的变化也可发生转相，当达到转相临界点时，即发生转相 |
| 乳析 | 即分层现象。系指乳剂在放置过程中出现乳滴上浮或下沉的现象。乳化剂没有发生变化，分层主要是由于分散相和分散介质之间的密度差造成的，振摇后能均匀分散 |
| 絮凝 | 系指乳剂中的乳滴发生可逆性聚集，形成疏松团块的现象。经充分振摇，乳剂仍能恢复使用，但大的乳滴可能增多，乳剂的稳定性已经降低 |
| 破裂 | 系分散相经乳析后又逐渐合并与分散剂分离成为明显的两层，而破坏了原来油与水的乳化状态。乳浊液破裂后，虽经振摇亦不能恢复原来状态 |
| 酸败 | 系指受光、热、空气、微生物等作用，使乳浊液组成成分发生水解、氧化，引起乳浊液变质的现象 |

② 影响乳浊液稳定性的主要因素

a. 乳化剂性质与用量。在制备乳浊液时，应选用能显著降低界面张力或形成较牢固界面膜的乳化剂。一般乳化剂用量越多越稳定，但用量过多，会过于黏稠，不易倾倒。通常乳化剂用量为0.2%～10%。

b. 分散剂的黏度、温度。黏度大乳浊液会更稳定，但要增加机械力；温度高可降低表面张力，利于乳化，但过冷或过热都会降低乳浊液的稳定性，甚至破乳。通常控制乳化温度为50～70℃。

此外还有内外相的相对密度差、分散相的浓度及其液滴大小、外加物质、离心力、微生物作用等因素影响乳浊液的稳定性。

2. 乳剂型液体药剂的制备技术（见表3-19）

**表3-19　乳剂型液体药剂的制备技术**

| 制备方法 | 乳剂制备技术比较 |
|---|---|
| 干胶法 | 工艺流程：油＋乳化剂→研匀→加水→成初乳→加水至全量。<br>操作方法：将乳化剂和油置于干燥的乳钵中，研匀后，加入纯化水，继续研磨，直至成稠厚状，得初乳。然后边研磨边加水至全量，混匀即得。<br>制备说明：在初乳中油、水、胶的比例是：植物油比例为4∶2∶1，挥发油比例为2∶2∶1；液状石蜡比例为3∶2∶1。本法适用于阿拉伯胶，或阿拉伯胶与西黄蓍胶的混合胶为乳化剂制作的乳剂。<br>操作注意：在制初乳时加水量不足或加水过慢，极易形成W/O型初乳，继续加水研磨稀释，也难以转变为O/W型，而且乳剂极易破裂。若在初乳中添加水量过多，则外相水液的黏度降低，不能把油很好地分散成球粒。在研磨过程中以听到在黏稠液中油相被撕裂成油球而乳化的噼啪声为度 |
| 湿胶法 | 工艺流程：水＋乳化剂→研匀→加油→成初乳→加水至全量。<br>操作方法：将乳化剂溶于水中，再加入油，研磨均匀使成初乳。然后加水将初乳稀释至全量，混匀，即得。<br>制备说明：本法制备初乳的油、水、胶的比例同干胶法。<br>操作注意：①量取油的容器不得沾有水，量取水的容器也不得带油。②注意两相混合的次序 |

续表

| 制备方法 | 乳剂制备技术比较 |
| --- | --- |
| 新生皂法 | 工艺流程：植物油＋含有碱如氢氧化钠或氢氧化钙等的水→加热搅匀→乳化→成乳剂。<br>操作方法：是将两相分别加热至一定温度后，混合搅拌使发生皂化反应，生成的新生皂乳化剂随即进行乳化而得到稳定的乳剂。<br>操作注意：通常是将水相加入到油相 |
| 两相交替加入法 | 本法是向乳化剂中每次少量交替地加入水或油，边加边搅拌，即可形成乳剂。<br>制备说明：天然高分子类乳化剂、固体粉末乳化剂等可用于本法制备乳剂。<br>操作注意：本法应注意每次需少量加入油相和水相 |
| 机械法 | 将油相、水相、乳化剂混合后用乳化机械制成乳剂。机械法制备乳剂可以不考虑混合顺序，借助于机械提供的强大能量，很容易制成乳剂 |
| 乳剂中加入药物的方法 | ①水溶性药物，先制成水溶液，在初乳剂制成后加入。<br>②油溶性药物，先溶于油，乳化时尚需适当补充乳化剂用量。<br>③在油、水中均不溶解的药物，研成细粉后加入乳浊液中。<br>④大量生产时，药物能溶于油的先溶于油，可溶于水的先溶于水，然后将油、水两相混合进行乳化。是指利用高压气流使物料与物料之间、物料与器壁间相互碰撞而产生强烈的粉碎作用的操作 |

3. 乳剂型液体药剂制备常用设备

乳化机械主要有以下几种，见表 3-20。

① 搅拌乳化装置。分为低速搅拌乳化装置和高速搅拌乳化装置。低速搅拌制得的普通乳粒径范围较宽；高速搅拌器在一定范围内，转速愈高，搅拌时间愈长，乳滴愈小。组织捣碎机属于高速搅拌乳化装置。

② 高压乳匀机。借强大推动力将两相液体通过乳匀机的细孔而形成乳剂。制备时先用其他方法初步乳化，再用乳匀机乳化，效果较好。

③ 超声波乳化装置。用 10～15kHz 高频振动制备乳剂。乳化时间短，液滴细而匀，但因能量大可引起某些药物分解。可制备 O/W 型和 W/O 型乳剂，但黏度大的乳剂不宜用本法制备。

**表 3-20 乳剂型液体药剂制备常用设备**

| 名称 | 设备外观图（或结构示意图） | 性能及其适用范围 |
| --- | --- | --- |
| 乳钵 |  | 一般用陶瓷、玻璃、金属和玛瑙制成<br>用于小剂量药物的粉碎或实验室小规模散剂的制备 |
| 高剪切乳化罐 | 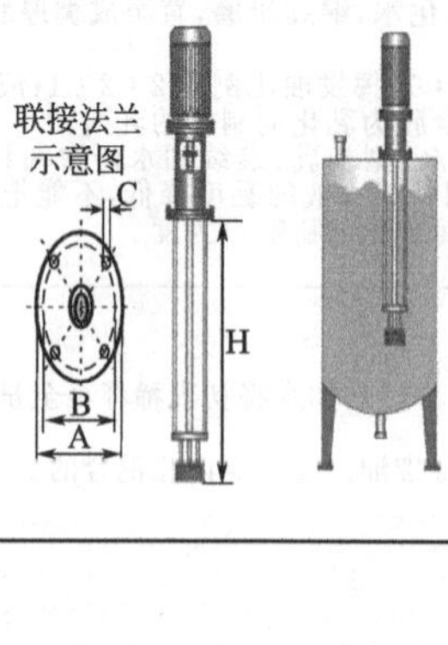 | 采用高剪切混化乳化机头相配搅拌装置。功能：是将一种或多种物料（水溶性固相、液相或胶状物等）溶于另一种液相，并使其水合成为相对稳定的乳化液<br>用途：乳化罐的用途非常广泛，可用于粉类、糖类等原辅料的乳化混合。尤其适用于某些难溶胶状类添加剂如 CMC、黄原胶等 |

续表

| 名称 | 设备外观图(或结构示意图) | 性能及其适用范围 |
| --- | --- | --- |
| 胶体磨 |  | 胶体磨由不锈钢、半不锈钢胶体磨组成，利用高速旋转的转子和定子之间的缝隙产生强大剪切力使液体乳化。制备出的乳剂质量不如高压乳匀机或超声波乳化机好，可用于制备比较黏的乳剂。胶体磨的基本原理是流体或半流体物料通过高速相对连动的定齿与动齿之间，使物料受到强大的剪切力，摩擦力及高频振动等作用，有效地被分散、浮化、粉碎、均质，从而获得满意的精细加工的产品。该设备广泛地应用于食品、医药和化工 |

## 五、中药口服液的制备技术

### (一) 概述

口服液系指药材用水或其他溶剂，采用适宜方法提取制成的单剂量包装的口服液体制剂(多剂量包装者称为"合剂")。

口服液是在汤剂的基础上改进和发展起来的中药剂型。其特点为：能保证制剂的综合疗效，奏效快，易被吸收；服用剂量小，剂量准确；质量可控，携带方便，储存时间长；口感较好，患者愿意接受。但生产成本较高，有时物理性质不稳定。

**知识链接**

**中药口服液的发展历史**

口服液是单剂量包装的合剂，是在汤剂的基础上发展起来的一种剂型。汤剂是我国最早使用的有效剂型之一，晋代黄誧在《甲乙经》序中载有"汤液始于伊尹"，说明汤剂早在三千多年前的商代就已应用。我国最早的医药方书《五十二病方》中已有"水煮药物煎汁"的记载；《灵枢经》中载有半夏秫米汤，并评述了制备方法。汤剂的制法历代医药学家都非常重视，留下了许多宝贵的经验。李时珍在《本草纲目》中说："凡服汤药，虽品物专精，修治如法，而煎煮者，鲁莽造次，水火不良，火候失度，则药亦无功。"清代名医徐大椿在《医学源流注》中说："煎药之法，最宜深究，药之效与不效，全在乎此。夫烹饪禽鱼羊豕，失其调度，尚能损人，况药专以之治病，而可不讲乎?"在汤剂制备中，根据药材的不同性质、不同质地，采用一些特殊处理方法，如先煎、后下、另煎、包煎、冲服、烊化和取汁兑服等。

### (二) 中药浸提技术

药材成分浸出的传统方法有煎煮法、浸渍法、渗漉法、回流法、水蒸气蒸馏法。随着科学技术的进步，中药浸提出现了新方法、新技术，如超临界 $CO_2$ 萃取技术、半仿生提取技术以及超声波提取技术等被采用，提高了中药制剂的质量。在进行浸出方法的选择中，应尽量根据药物的性质、溶剂性质、剂型要求与生产实际等综合考虑。

1. 煎煮法

煎煮法系将药材以水为溶剂经加热煮沸取其煎出液的浸出方法，又称水煮法或水提法。它是我国最早使用的一种中药药用成分浸出方法。本法具有溶剂价廉易得、操作简单易行；在沸点状态下（101.3kPa，100℃）浸出，能浸出大部分药用成分等优点。但对热不稳定的成分或易水解、酶解的成分或挥发性成分在煎煮过程中易被破坏或挥散，同时浸出液中杂质含量较多。所以本法适用于药用成分溶于水且对热稳定、不易挥发成分以及药用成分不明确药材的浸出。

（1）操作流程

配料→煎煮→滤液→浸出液

（2）操作方法

① 配料。按照处方要求将所需药材进行加工炮制，切成饮片或粉碎成碎块，准确称量配齐。

② 煎煮。将药材饮片先用饮用水快速冲洗洁净，再放入适宜的煎煮容器中，加冷水淹过药面，浸泡 20～60min，使药材充分吸水膨胀后加热至沸，保持微沸，0.5～2h 后用筛或纱布分离煎出液，滤液保存，药渣再加水反复煎煮 1～2 次，或至煎出液味淡为止。

③ 浸出液。将几次煎煮液合并，静置，过滤即得。

（3）操作中的注意事项

① 药材。所用药材必须符合《中国药典》现行版有关规定，药材应加工成饮片，因为饮片具有“细而不粉”的特点，使浸出液中的杂质含量减少。

② 水。水的质量对煎出液的质量有一定的影响。煎药所用的水应是经过处理的饮用水，水中的杂质及离子应越少越好。水的用量应视药材的性质决定，第一煎的用水量一般为 8～10 倍，第二煎为 6～8 倍，质地坚硬的药材可适当少些，而质地疏松的药材可适当增加用水量。具体的用水量还要根据煎煮时间、所用设备等因素综合考虑。

③ 加冷水浸泡。加热前应先用冷水将药材饮片浸泡一段时间，使药材组织充分软化膨胀，以利于溶剂的渗透及药用成分的浸出。由于药材中根、茎、叶、花、果实等的不同，浸泡的时间有一定差异，一般药材的浸泡时间不宜少于 20～60min。但含苷类等易水解药用成分的药材（黄芩、洋地黄、杏仁）不宜用冷水浸泡。

④ 煎煮容器。小量生产可用陶制容器或砂锅，大量生产选用不锈钢制容器或搪瓷制容器，一般不宜用铜、铁制容器，因为铜、铁离子会影响药材中某些药用成分的浸出，还能与药材中的鞣质等成分生成鞣质金属（铜绿、铁绿），既影响药用成分的浸出，还会使浸出液的安全性降低。

⑤ 煎煮火候。即煎煮药物的火力大小，俗称“火候”。要求是用大火（武火）至沸，小火（文火）保持微沸。火力太大，易引起水分大量蒸发，不仅影响药用成分的浸出，而且还容易引起焦糊；火力太小，浸出温度太低，药用成分也不易浸出，同样影响浸出效果。

⑥ 煎煮时间。通常根据药材的性质、数量、煎煮次数确定。时间太长，杂质煎出量增多，挥发性成分挥发损失；时间太短，又不能使药用成分充分浸出。一般煎煮时间为 1～2h，煎煮 2～3 次。若为质地坚硬、成分难以煎出、有毒的药材或投料量较大，第一煎时可适当延长煎煮时间；若质地松软、清解剂、芳香类、药用成分受热易破坏的药材或投料量较小，第二煎时则煎煮时间可短些。

2. 浸渍法

浸渍法系指将药材置密闭容器内，以适量溶剂，在一定温度（40～60℃）条件下浸泡至规定时间，使药用成分浸出的操作方法。

浸渍法具有：①操作简单易行；②浸出液的澄明度好；③浸出效果较差，溶剂用量大及操作时间长等特点。

浸渍法适用于：①遇热易破坏、芳香性药材；②黏性、无组织结构的药材（如乳香、没药）；③新鲜和易膨胀的药材（如鲜石斛、叶类等）。不适用于贵重药材、毒性药材及药用成分含量较低的药材。

（1）操作流程

配料→粉碎→浸渍→分离、压榨→浸出液

① 配料：按照处方要求将所需药材进行加工炮制，准确称量配齐。

② 粉碎：将药材制成碎块或粉碎成粗粉。

③ 浸渍：将药材加一定量的溶剂在规定温度条件下进行浸泡，根据浸泡的温度和浸渍次数可分为冷浸渍法、热浸渍法、重浸渍法。

a. 冷浸渍法：即在室温条件下进行的浸渍操作，又称常温浸渍法。一般在室温下浸渍3～5天或至规定时间，经常振摇或搅拌。本法不用加热，特别适用于不耐热、含挥发性以及含黏性物质的药材，所制成品澄明度较好。常用于酊剂、酒剂的制备。

b. 热浸渍法：药材在密闭容器内，通过水浴或蒸汽加热（须低于溶剂沸点，高于室温）进行的浸渍操作。根据选用的溶剂不同，浸渍的温度也不同。以水为溶剂，通常在60～80℃温度下浸渍；若以乙醇为溶剂，一般在40～60℃温度下浸渍。热浸渍法由于是在加热条件下进行操作，可以大大缩短浸渍时间，提高生产效率，并使药用成分浸出完全；但因温度升高，杂质的溶出增加，导致冷后沉淀析出，澄明度较冷浸渍法差。含对热不稳定成分的药材不能采用此法。热浸渍法多用于酒剂的制备。

c. 重浸渍法：又称多次浸渍法。由于药材经一次浸渍后，药渣中还残留有部分浸出液而造成药用成分的损失。为了提高浸出效果，减少药用成分的损失，可采用多次浸渍法。该法属于多级浸出工艺，操作时将一定量的溶剂分为几份，先用其中一份浸渍药材，药渣再用第二份溶剂进行浸渍，如此重复2～3次，最后将各份浸渍液合并。此法操作麻烦、费工时。

④ 压榨：浸渍法中，药渣所吸附的药液浓度总是和浸出液相同，浸出液的浓度愈高，药渣吸附所引起的药用成分损失就愈大。除利用重浸渍法可以减少浸出成分的损失外，应通过压榨机来提高浸出效率。将药渣压榨液与滤液合并，静置，滤过后使用。

（2）操作中的注意事项

药材：所用药材必须符合《中国药典》现行版有关规定，按处方要求炮制合格。根据溶剂性质及药材性质粉碎至碎块或粗粉。

溶剂：浸渍溶剂多用乙醇，也可以用水、酸水、氨水。由于水不具有挥发性，且无防腐作用，故用水作浸出溶剂时应采用热浸法。溶剂的用量按处方规定应用，若处方无规定者，一般用药材量的10倍左右，可根据药材性质适当加减。

容器：应选用化学稳定性好的材料，并有密封盖的容器，如带搅拌、夹层更好。常用搪瓷、陶瓷、不锈钢等制成。

3. 渗漉法

渗漉法系指将适宜的药材粉末装于渗漉装置中，不断在药粉上添加浸出溶剂使其渗过药粉，自下部流出口收集浸出液的操作方法。此法为一种动态浸出方法，所得到的浸出液称为渗漉液。当溶剂渗过药粉时，由于浸出液的相对密度大而向下移动，上层的溶剂则置换浸出液而形成了良好的浓度梯度，使扩散能更好地自动连续进行，省去了浸出液与药渣的分离时间和操作，溶剂的用量较浸渍法少，浸出效果优于浸渍法。本法适用于药用成分含量较低、药用成分不耐热或易挥发的药材、有毒或贵重药材及高浓度浸出制剂的制备。膨胀性较大的药材如树脂类松香、芦荟、乳香、没药等不宜用此法。

（1）操作流程

配料→粉碎→湿润→装筒→浸渍→渗漉→渗漉液

配料：按照处方要求将所需药材进行加工炮制，准确称量配齐。

粉碎：药材粉碎成粗粉或中粉，分出粗细粉，分别放置。

湿润：将药材粗细粉分别放入有盖容器内，加入药材量60%～100%的溶剂混合均匀，密闭放置15min至数小时，使药粉充分膨胀。

装筒：在筒（或罐）的底部先做一个假底，分别将已湿润膨胀后的粗细粉，分数次装填入筒（或罐）中。先装粗粉，再填细粉。每次装入药粉后应将其压平、压匀，使松紧适度，药粉装填完毕应在药面上加适当的重物，防止加入溶剂后药材粉末漂浮影响渗漉。

加溶剂浸渍：药粉装好后先将下部出口处打开，自药面上加入溶剂，待出口处流出液不再出现气泡时关闭出口。继续添加溶剂至高出药面数厘米，加盖放置48～72h，使溶剂充分进行渗透和扩散。

渗漉：浸渍至规定时间后即可打开出口进行渗漉，其渗漉速度应符合该制剂项下的规定。渗漉速度分为慢渗和快渗两种，慢渗为1～3ml/(kg·min)，快渗为3～5ml/(kg·min)。

渗漉液的收集与处理：因制剂的种类不同，渗漉液的收集和处理方法是不同的。制备流浸膏剂，先收集药材量85%的初漉液另器保存，续漉液低温浓缩后，与初漉液合并，取上清液分装；制备浸膏剂，应将全部渗漉液低温浓缩至稠膏状，加稀释剂或继续浓缩至规定标准；制备酊剂、酒剂时，待规定溶剂全部用完或渗漉液量达欲制备量的3/4时即停止渗漉，压榨残渣，压出液与渗漉液合并，滤过，添加适量乙醇或白酒至规定浓度和体积后，静置，滤过即得。

(2) 操作中的注意事项

药材粉碎度的选择：药材粉碎度必须适宜。过细，容易堵塞孔隙，妨碍溶剂通过，形成“塌缸”；过粗，溶剂流动太快，药用成分浸出不完全，影响浸出效率。一般药材以粉碎成粗粉或中粉为宜。

药粉应充分润湿：药粉在装筒（罐）前应先用浸出溶剂润湿，并应放置足够的时间使其充分膨胀，避免在装筒（罐）后药粉膨胀形成堵塞，影响渗漉操作的进行。

装筒（罐）的质量：装筒（罐）时应分次投入、层层压平、压力均匀（松紧适度）、不超过筒（罐）的2/3。装筒（罐）过松，溶剂很快通过药粉，造成浸出不完全，并导致溶剂浪费；装筒（罐）过紧，易使流出口堵塞，溶剂不能通过，渗漉过程无法进行。而当装筒（罐）松紧不均时，可导致溶剂沿较松的一边流下，松的一侧浸出不完全，紧的一侧不能充分浸出。装量不宜太高，以留下一定的空间存放溶剂，使渗漉得以连续，也便于操作。

排除气泡：粉末间隙存在有一定的空气，在加入溶剂时若未将空气排除，溶剂加入后就会产生气泡，该气泡会使已装好的粉层破坏，造成空隙，溶剂则沿气泡形成的空隙流出，造成浸出不完全。所以加溶剂时应注意将出口处打开，使空气随流出液排出，待流出液不含气泡时再将出口关闭。

溶剂的添加：在整个渗漉过程中，自加溶剂后至渗漉结束之前，应始终保持溶剂高于药面，以防止药粉层干涸开裂，若此时加入溶剂，则会出现溶剂从开裂的裂隙间流过而使浸出不完全。如果采用连续渗漉装置，可避免药粉层的干涸现象发生。

渗漉用溶剂：最常用的是各种浓度的乙醇或白酒，其次为酸水、碱水，不宜使用挥发性很强的溶剂进行渗漉，因为散失量太大。也不宜用水作渗漉溶剂，因为水不具备防腐性能。溶剂用量一般为药材量的6～8倍。

渗漉速度：渗漉速度应根据药材性质按药典要求选择。若太快，则药用成分来不及浸出和扩散，导致药液浓度过低；太慢则影响设备利用率和产量。生产实践中也有按每小时流出量为渗漉器被利用容积的 1/48～1/24。

4. 回流法

回流法系指将药材粉末与适宜的溶剂共置蒸馏器中，在溶剂沸点温度进行加热以使药用成分浸出的操作方法。此法由于溶剂受热气化变成蒸气，经冷凝后又流回蒸馏器中，如此反复直至浸出完全为止，故浸出效果好，而且浸出溶剂可以循环使用，溶剂的用量少，利用率高。适用于药用成分易溶于浸出溶剂且受热不易破坏者，以及质地坚硬不易浸出者。常用于挥发性溶剂如乙醇、乙醚等有机溶剂浸出药材成分时使用。

(1) 操作方法　将粉碎后的药材装入圆底烧瓶内，添加溶剂至淹过药粉，浸泡一定时间，将烧瓶在水浴上加热，回流至规定时间，过滤，另器保存，药渣再添加新溶剂回流 2～3 次，合并各次回流液，回收溶剂，所得浓缩液再按需要做进一步处理。此法又称回流热浸法，大生产多采用多功能提取罐。

(2) 循环浸出法　本法又称索氏提取法。系利用少量溶剂通过连续循环回流使药材中的药用成分充分浸出的操作方法。若药材中药用成分在溶剂中不溶解或药材质地坚硬而药用成分不易浸出时，采用回流法需要反复多次才能达到药用成分全部浸出。为了能用少量溶剂而使药材的大量药用成分浸出，可用循环回流法。该法加热浸出时，热溶剂能连续进入蒸馏器与药材接触，从而使浸出过程始终保持最大的浓度梯度，与渗漉法、回流法相比较，溶剂可循环使用；由于溶剂在不断更新，故溶剂耗用量少，药用成分浸出完全。但是因为连续加热，浸出液受热时间较长，故不适于对热不稳定成分的浸出。实验室常使用索氏提取器进行小量药物药用成分的浸出。工厂生产可采用循环提取设备。操作时将药材粗粉置于浸出器的钢丝篮中，由储液筒经阀门加入有机溶剂，待浸出液充满虹吸管时，则自动经阀门流入蒸发锅中，在蒸发锅中被加热蒸发，蒸气沿导管进入冷凝器冷凝后又流入储液筒中，再由阀门流入浸出器，反复提取。当浸出完全时放出浸出液，将蒸气通入浸出器的夹层中，使药渣中的有机溶剂蒸发，并沿导管经三通阀进入冷凝器的蛇形管中而被冷凝。蒸发锅上附有温度计、压力表、放气阀。

5. 水蒸气蒸馏法

水蒸气蒸馏法是指将药材放入密闭的蒸馏器（釜）中，通入水蒸气进行蒸馏，使挥发性成分浸出的操作方法，分为共水蒸馏法（即直接加热法）、通水蒸气蒸馏法及水上蒸馏法三种。适用于具有挥发性，能随水蒸气蒸馏而不被破坏，与水不发生反应，又难溶或不溶于水的药用成分的提取、分离，如挥发油的提取。

为提高馏出液的纯度或浓度，一般需进行重蒸馏，收集重蒸馏液。但蒸馏次数不宜过多，以免挥发油中某些成分氧化或分解。

**知识扩展**

**超声提取**

超声提取法是利用超声波增大物质分子运动频率和速度，增加溶剂穿透力，提高药物溶出速度，缩短提取时间的浸提方法。用超声提取法从大黄中提取蒽醌类成分的研究表明，超声提取 10min，总提取率可达 95.25%，超声提取 20min，提取率可达 99.82%；而煎煮 3h，总提取率仅为 63.27%。用纸色谱及 HPLC 对两种方法提取产物进行分析，表明超声提取对产物结构无影响。

**（三）口服液制备技术**

1. 原辅料

中药材、中药材提取物、化学药品、水、乙醇及附加剂。

2. 口服液的制备

口服液制备工艺流程：备料→浸提→净化→浓缩→精制→配制→分装→灭菌→外观检查→包装→入库。

按处方称取炮制合格的药材，依据各品种项下规定的方法进行浸提。一般采用煎煮技术煎煮两次，每次煎煮1～2h，滤液静置沉淀后过滤；若处方中含芳香挥发性成分药材，可用“双提法”收集挥发性成分另器保存，备用；亦可根据药用成分的特性，选用不同浓度的乙醇或其他溶剂，用渗漉技术、回流技术等进行浸提；所得滤液浓缩至规定的相对密度，根据工艺要求可精制处理。按照质量标准进行配制，必要时加入矫味剂、防腐剂或着色剂，补液至全量，分装于瓶或袋后，封口，灭菌。在制备过程中，可选用先煎、后下、另煎、包煎、烊化等特殊处理方法，以确保口服液质量。

3. 口服液制备常用设备（见表3-21）

表3-21 口服液制备常用设备

| 名称 | 设备外观图（或结构示意图） | 性能及其适用范围 |
| --- | --- | --- |
| 洗药机 |  | 洗涤量：300～500kg/h(500～800kg/h)；<br>主电机功率：1.5kW(2.2kW)380V |
| 提取浓缩机组 | 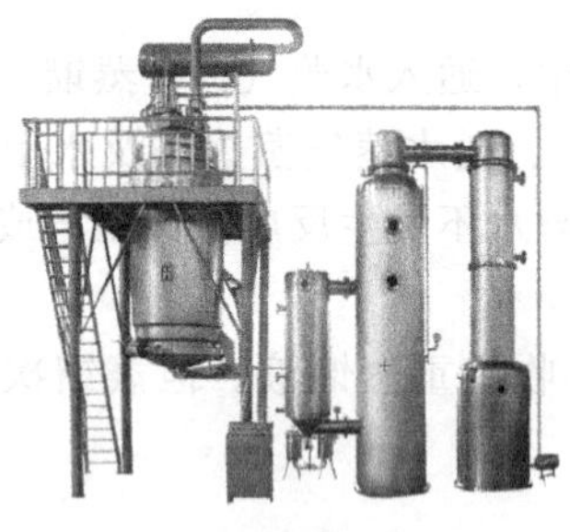 | 本机组适用于中药材的提取和浓缩，视工艺要求，可做动态水提或有机溶剂（乙醇、丙酮等）的提取。水提时采用常压提取，真空浓缩。醇提时采用常压提取，常压浓缩。同时可完成低沸点芳香油的提取等工艺操作。集提取、浓缩为一体。在密闭的容器和管道内一次完成提取和浓缩工艺，并可回收溶剂 |
| 酒精沉淀罐 |  | 设备是由附夹套的椭圆封头、锥形底的圆筒体、内装三叶式搅拌以及特殊的浮球升降出液管等组装而成。中药水煎浓缩液采用加入酒精配成一定醇度的液体，然后常温、低温冷冻沉降进行液固分离，以提高中药提取液的纯度及澄清度。<br>主要用于中药水煎液经浓缩后的溶液进行冷冻或常温酒精沉淀的操作，也可用于中药醇提后，对浓缩液进行水沉淀的操作 |

续表

| 名称 | 设备外观图(或结构示意图) | 性能及其适用范围 |
| --- | --- | --- |
| 浓配罐、稀配罐 |  | 浓配罐、稀配罐符合 GMP 认证要求，罐体采用立体式双层结构，内胆抛光。内罐体上下全部椭圆封头，整体光滑无死角，搅拌采用立式偏心轴流搅拌，罐顶装设人孔、进料口、回流口、消毒口、清洗球，并装设(0.45mm)空气呼吸器，底部装有出进料口、侧面装设温度计口 |
| 超声波洗瓶机 |  | 全自动口服液瓶超声波洗瓶机，彻底解决了毛刷洗瓶机易掉毛、易产生二次污染和碎瓶的缺点。洗涤质量完全达到了 GMP 要求，是口服液行业理想的清洗设备 |
| 口服液灌装机 |  | 本机是口服液生产线中的灌装主机之一，将自动灌液-加铝盖-轧口功能汇于一机，结构紧凑，全自动灌装-上盖-封口 |
| 纯蒸汽灭菌柜 |  | 产品内外双层结构，工作过程中内层为纯蒸汽。主要用于生物制药行业对以下几大类产品的湿热灭菌操作：百级洁净区域的无菌室，各种抗生素灌装用铝桶及胶塞、冻干粉用西林瓶及胶塞等，以及其他一些高要求的场合 |

## 活动与探究

查阅资料，为下列物料选择合适的提取方法。

物料：石决明、生川乌、火麻仁、薄荷、大黄、人参、蒲黄、葶苈子、浮小麦、旋覆花、三七、阿胶、鲜姜。

# 模块二　液体制剂操作实践

## 一、口服液常用设备标准操作

1. DC-NSG-50 中药多功能提取浓缩机组标准操作规程

（1）开机前的准备工作

① 检查上次清场合格证副本。

② 检查主机、水泵电机电源是否正常。

③ 检查投料门、出渣门是否正常，是否关闭到位。

④ 设备的各组件、仪表是否处于正常状态。

⑤ 加入饮用水，观察是否有漏水现象。

⑥ 填写设备检查记录，并挂上设备运行状态标志牌。

（2）开机

① 用饮用水冲洗罐内壁，并将水放尽，关闭排水阀门。

② 将药材投入提取罐内，加入5～10倍的溶剂，浸泡。

③ 开启提取罐加热系统，使提取液加热至沸腾20～30min后，用抽滤管将三分之一的提取液抽入浓缩罐。

④ 关闭提取罐系统与夹套热水，开启浓缩罐系统与加热系统使浓缩汁温度保持在80℃左右，真空度保持在－0.05～－0.08MPa。

⑤ 浓缩时产生的二次蒸汽，经过冷凝器与冷却器变成冷凝液回流至提取罐，作新溶剂加入药里。

⑥ 新溶剂由上而下通过药材层到提取罐底部，药材中的可溶性成分溶解于提取罐内溶剂。

⑦ 提取液经抽滤管抽入浓缩罐，浓缩产生的二次蒸汽又送至提取罐作新溶剂。

⑧ 形成新溶剂回流提取，直至完全溶出（提取液无色）浓缩继续进行，直至浓缩成规定密度药膏。

⑨ 提取罐内的无色液体可下次复用。若是有机溶剂提取，则先加适量水，开系统与夹套热水，回收溶剂后，打开排渣门，将渣排掉。

⑩ 用饮用水清洗罐内壁及管道。

（3）停机

① 关闭所有控制阀门。

② 关闭电器箱主开关，主电源、信号灯熄灭。

③ 挂设备状态标志牌。

2. YG-10B液体分装机标准操作规程

（1）开机前的准备工作

① 检查上次清场合格证副本。

② 确认易拉瓶、瓶垫、瓶盖尺寸统一。

③ 先用摇手柄转动机器，察看其转动是否有异状，确实判明正常在开车。

④ 检查电源与传动部件处于正常状态。

（2）开机

① 将已清洗、干燥完毕的口服液瓶装于载瓶盘上，瓶盖置于送盖筐内。

② 调试灌注器使分装量达到标准量。

③ 开启电源开关，进行灌注，随时测量分装量，保证准确。

④ 机器在生产过程中，及时清除药液或玻璃碎屑。

（3）停机

① 生产结束，关闭电源。

② 将灌注器拆下清洗，干燥。

③ 将机器表面各部清洁一次，并在各活动部位加上清洁的润滑油。

④ 每周应大擦洗一次，特别将平常使用中不容易清洁到的地方擦净或用压缩空气吹净。

⑤ 挂设备状态标志牌。

3. 高压灭菌柜标准操作规程

(1) 开机前的准备工作

① 检查上次清场合格证副本。

② 检查各仪表、阀门是否正常。

③ 检查各通汽管道是否畅通。

④ 装入需灭菌物品，注意物品间距。

(2) 开机

① 开启蒸汽阀门，使蒸汽通入夹层中加热约 10min。

② 夹层压力计逐渐上升至灭菌所需的压力时，开启向柜内通汽阀门。

③ 徐徐升温，当温度上升达到 100℃时，将门闸旋紧。

④ 继续升温至所需温度，开始记录时间。

⑤ 保持柜室的压力表固定在相应温度的压力上。

⑥ 灭菌时间达到后，先将蒸汽阀门关闭。

⑦ 排气或自然降温至压力表的压力降至“0”。

⑧ 开启柜门，将灭菌物品冷却后取出。

⑨ 挂设备状态标志牌。

## 二、综合实训

### 实训一 浸提、浓缩、精制、灭菌岗位操作

<table>
<tr><td>实践目的<br>1. 进一步熟悉备料、浸提、净化、浓缩、精制、配剂、分装、灭菌岗位操作。<br>2. 能正确使用浸提、净化、浓缩、精制、配剂、分装、灭菌设备。<br>3. 能掌握备料、浸提、净化、浓缩、精制、配剂、分装、灭菌过程中的质量控制。</td><td>学时:6</td></tr>
<tr><td colspan="2">工作任务描述<br>备料、浸提、净化、浓缩、精制、配剂、分装、灭菌是制剂生产的基本操作,几乎所有的液体制剂生产都涉及。通过实践,能对所用设备在运行过程中出现的一般故障进行排除,对影响质量的工艺关键点进行控制,为在口服液、滴眼剂、注射剂等制剂的浸提、净化、浓缩、精制、配剂、分装、灭菌工艺岗位工作打下良好基础。</td></tr>
<tr><td colspan="2">媒体条件<br>1. 药物制剂实训室、校内生产基地。<br>2. 多媒体设备、多功能中药提取罐、浓缩罐、灭菌锅、不锈钢桶、电子秤、天平等。<br>3. 各种资料(常用药物制剂设备使用说明等)、PPT、视频、影像资料、教材、相关图书、网上资源、网络课程等。<br>4. 实践材料:需浸提的药物、纯化水、乙醇、化学试剂等。</td></tr>
</table>

续表

| 具体任务内容 |
| --- |
| 1. 根据工作任务获取学习信息，获得相关知识。<br>(1)DC-NSG-50 中药多功能提取浓缩机组操作。<br>(2)YG-10B 液体分装机标准操作。<br>(3)高压灭菌柜的操作。<br>2. 根据学习资料制订工作计划，完成工作计划。<br>3. 按照工作计划，遵守相关规定，独立完成每一个工作步骤，并进行记录、归档和提交报告。 |
| **对学生的要求** |
| 1. 积极沟通，广泛收集各种资料，不得随意损坏和丢失信息资料。<br>2. 遵守课堂纪律，上课认真做好计划和记录，服从指挥。<br>3. 积极主动、按时完成工作任务，配合组长与老师的工作。<br>4. 自学好问、仔细观察、认真分析、制作精细。<br>5. 检查评价认真、公平、全面。 |

考核标准参见“双黄连口服液的制备”的考核标准。

### 实训二　双黄连口服液的制备

| 实践目的 | |
| --- | --- |
| 1. 能完成口服液的一般生产操作。<br>2. 能对口服液生产所用设备进行清洁与维护。<br>3. 能对口服液生产过程中出现的不合格品进行判断，并能找出原因同时提出解决方法。<br>4. 能对生产所用设备在运行过程中出现的一般故障进行排除。 | 学时:10 |
| **工作任务描述** | |
| 口服液是药物制剂中的主要剂型之一，通过对双黄连口服液的制备，达到对口服液生产线进行全面掌握的目的，能够熟悉生产岗位和生产设备，为今后生产工作打下基础。 | |
| **媒体条件** | |
| 1. 药物制剂实训室、校内生产基地。<br>2. 多媒体设备、DC-NSG-50 中药多功能提取浓缩机组、YG-10B 液体分装机标准操作规程、高压灭菌柜的操作等。<br>3. 各种资料(常用药物制剂设备使用说明等)、PPT、视频、影像资料、教材、相关图书、网上资源、网络课程等。<br>4. 实践材料：中药材、纯化水、乙醇、口服液瓶、盖等。 | |
| **具体任务内容** | |
| 1. 根据工作任务获取学习信息，获得相关知识。<br>【处方】 金银花 375g，黄芩 375g，连翘 750g。<br>【制法】 以上三味，黄芩加水煎煮 2 次，每次 1h，滤过，合并滤液，用 2mol/L 盐酸溶液调节 pH 值至 1.0～2.0，在 80℃保温 30min，静置 12h，滤过，沉淀加 8 倍量水，搅拌，用 40%氢氧化钠溶液调节 pH 值至 6.0～7.0，加入等量乙醇，搅拌使溶解，滤过，滤液用 2mol/L 盐酸溶液调节 pH 值至 2.0，在 80℃保温 30min，静置 12h，滤过，沉淀用乙醇洗至 pH 值 4.0，回收乙醇，备用。 | |

续表

<table>
<tr><td>
金银花、连翘加水温浸30min，煎煮2次，每次1h，滤过，合并滤液，浓缩至相对密度为1.20～1.25(70～80℃)，放冷至40℃，缓缓加入乙醇使含醇量达75%，充分搅拌，静置12h，滤取上清液，残渣加75%乙醇适量，搅匀，静置12h，滤取上清液，合并乙醇液。回收乙醇至无醇味，加入上述黄芩提取物，加入适量的水，加热，用40%氢氧化钠溶液调节pH值至7.0使溶解，冷藏(4～8℃)72h，滤过，滤液加入蔗糖300g，搅拌使溶解，在加入香精适量并调节pH值至7.0，加水至1000ml，搅匀，静置12h，滤过，灌装，灭菌，即得。<br>
【性状】 本品为棕红色的澄明液体；味甜，味苦。<br>
【功能与主治】 疏风解表，清热解毒。用于外感风寒所致的感冒，症见发热、咳嗽、咽痛。<br>
【用法与用量】 口服。一次20ml，一日3次；小儿酌减或遵医嘱。<br>
【处方工艺分析】 本方为口服液剂型。为保证药用成分及澄明度达到规定要求，对处方中的药物分别进行提取精制；加蔗糖和香精的目的是矫臭矫味；灭菌用流通蒸汽或煮沸灭菌即可。<br>
【制备过程注意事项】 注意药物的煎煮时间、温度、加水量、pH调节要求以及乙醇回收，应在100℃ 30min流通蒸汽或煮沸灭菌，要考虑预热的时间。<br>
2. 根据学习资料制订工作计划，完成工作计划。<br>
3. 按照工作计划，遵守相关规定，独立完成每一个工作步骤，并进行记录、归档，和提交报告。
</td></tr>
<tr><td>
对学生的要求<br>
1. 积极沟通，广泛收集各种资料，不得随意损坏和丢失信息资料。<br>
2. 遵守课堂纪律，上课认真做好计划和记录，服从指挥。<br>
3. 积极主动、按时完成工作任务，配合组长与老师的工作。<br>
4. 自学好问、仔细观察、认真分析、制作精细。<br>
5. 检查评价认真、公平、全面。
</td></tr>
</table>

**考核标准**

<table>
<tr><td colspan="3">实践项目：双黄连口服液的制备</td><td>学时：10</td></tr>
<tr><td colspan="4">实践目的<br>1. 进一步熟悉备料、浸提、净化、浓缩、精制、配剂、分装、灭菌岗位操作。<br>2. 能正确使用浸提、净化、浓缩、精制、配剂、分装、灭菌设备。<br>3. 能掌握备料、浸提、净化、浓缩、精制、配剂、分装、灭菌过程中的质量控制。</td></tr>
<tr><td>序号</td><td>考核内容</td><td>考核标准</td><td>参考分值</td></tr>
<tr><td>1</td><td>学习与工作态度</td><td>态度端正，学习方法多样，课堂认真，积极主动，责任心强，全部出勤。</td><td>5</td></tr>
<tr><td>2</td><td>团队协作</td><td>服从安排，积极与小组成员合作，共同制订工作计划，共同完成工作任务。</td><td>5</td></tr>
<tr><td>3</td><td>实训计划制订</td><td>有工作计划，计划内容完整，时间安排合理，工作步骤正确。</td><td>5</td></tr>
</table>

续表

| 序号 | 考核内容 | 考核标准 | 参考分值 |
|---|---|---|---|
| 4 | 实训记录 | 实训记录单设计合理，完成及时，记录完整，结果分析正确。 | 5 |
| 5 | 能以标准操作规程进行备料、浸提、净化、浓缩操作 | 严格按操作规程进行备料、浸提、净化、浓缩操作，备料、浸提、净化、浓缩完毕后按要求清场。 | 20 |
| 6 | 能以标准操作规程进行精制操作 | 严格按操作规程进行精制操作，精制完毕后按要求清场。 | 20 |
| 7 | 能以标准操作规程进行配剂、分装、灭菌操作 | 严格按操作规程进行配剂、分装、灭菌操作，配剂、分装、灭菌完毕后按要求清场。 | 20 |
| 8 | 设备的使用与维护 | 熟练使用和清洗中药多功能提取浓缩机组、液体分装机、高压灭菌柜等，对出现的小故障可进行简单的维修。 | 5 |
| 9 | 排除设备运行过程中出现的一般故障 | 能排除生产所用设备运行过程中出现的故障，处理方法正确。 | 5 |
| 10 | 任务训练单 | 对老师布置的训练单，能及时上交，正确率在90%以上。 | 2 |
| 11 | 方法能力 | 能利用各种资源快速查阅获取所需知识，问题提出明确，表达清晰，有独立分析问题和解决问题的能力。 | 5 |
| 12 | 问题思考 | 开动脑筋，积极思考，提出问题，并对工作任务完成过程中的问题进行分析和解决。 | 3 |
| 13 | 合计 | | 100 |

## 三、单项训练

### 任务一　溶液型液体药剂的制备

#### 碘酊

【处方】 碘20g，碘化钾15g，乙醇500ml，纯化水适量。

【制法】 取碘化钾15g，加纯化水20ml，溶解。加碘及乙醇，搅拌，溶解后，加入纯化水至1000ml，混匀，即得。

【性状】 本品为红棕色的澄明液体，有碘与乙醇的特臭。

【功能与主治】 消炎、杀菌可用于皮肤的表面消毒。

【用法与用量】 外用。涂于皮肤，适量。

【处方工艺分析】 本品系采用溶解法制备。碘遇碘化钾后，形成可溶性络合物，增大碘在水中的溶解度。其化学反应如下：

$$I_2 + KI \rightleftharpoons KI_3 \rightleftharpoons K^+ + I_3^-$$

【制备过程注意事项】 碘化钾为助溶剂，溶解碘化钾时应尽量少加纯化水，以增大其浓度，有利于碘的溶解。

## 任务二　混悬型液体药剂的制备

### 复方硫磺洗剂

【处方】 硫酸锌 30g，沉降硫磺 30g，樟脑醑 250ml，甘油 100ml，羧甲基纤维素钠 5g，纯化水适量共制 1000ml。

【制法】 取羧甲基纤维素钠，加适量纯化水，使成胶浆状；另取沉降硫磺分次加入甘油研磨细腻后，与前者混合。再取硫酸锌溶于 200ml 纯化水中，滤过，将滤液缓缓加入上述混合液中，然后再缓缓加入樟脑醑，随加随研，最后加纯化水至 1000ml，搅匀，即得。

【功能与主治】 具有抑制皮脂溢出、杀菌、收敛等作用。适用于皮脂溢出、痤疮及酒渣鼻。

【用法与用量】 外用。用前摇匀，涂布于患处。

【处方工艺分析】 沉降硫磺为轻质疏水性药物，加甘油可使硫磺表面亲水，并可增加制剂的黏稠度以利于硫磺在混悬液中均匀分散。加入羧甲基纤维素钠可增加分散剂的黏度，并能吸附在微粒周围形成保护膜，从而使本品处于稳定。

【制备过程注意事项】 加入樟脑醑，应以细流缓缓加入水中并不断地快速搅拌，以防止析出樟脑结晶；本品禁用软肥皂，因它可与硫酸锌生成不溶性的二价皂。

## 任务三　乳剂型液体药剂的制备

### 鱼肝油乳

【处方】 鱼肝油 500ml，阿拉伯胶（细粉）125g，西黄蓍胶 7g，杏仁油 1ml，糖精钠 0.1g，三氯甲烷 2ml，纯化水加至 1000ml。

【制法】

① 干胶法。取鱼肝油和阿拉伯胶粉于干燥乳钵中，研匀后，一次加入纯化水 250ml，迅速向同一方向研磨，直至形成稠厚的初乳。再加糖精钠水溶液、杏仁油、三氯甲烷、西黄蓍胶浆与适量纯化水使成 1000ml，搅匀，即得。

② 湿胶法。先将阿拉伯胶粉与纯化水混合成胶浆，再将油相分次小量加入，在乳钵中研磨乳化使成初乳（所用的油、水、胶比例亦为 4∶2∶1），再添加其余成分至足量。

【性状】 本品为白色乳状液体。

【功能与主治】 维生素类药，主要用于维生素 A、维生素 D 缺乏症。用于治疗夜盲症、骨软化症、佝偻病。

【用法与用量】 口服，一日 3 次，一次 10～30ml。

【处方工艺分析】 阿拉伯胶为乳化剂，西黄蓍胶为辅助乳化剂，可增加分散剂的黏度，提高乳剂的稳定性。挥发杏仁油、糖精钠作矫味剂，三氯甲烷作防腐剂。

【制备过程注意事项】 制备时容器应洁净、干燥，油、水、胶的比例应准确。研磨时向同一方向；干胶法应将比例量的水一次性加入并迅速研磨至初乳，湿胶法应将油相分次小量加入，边加边研磨至初乳。

## 活动与探究

结合已学知识，并通过图书馆、网络等查阅资料，了解备料、浸提、净化、浓缩、精制、配剂、分装、灭菌岗位要求。

液体制剂岗位操作室要求温度18～26℃、相对湿度45%～65%，洁净度达10万级

| 岗位要求 | 浸提 | 净化 | 浓缩 | 精制 | 配剂 | 分装 | 灭菌 |
|---|---|---|---|---|---|---|---|
| 岗位职责 | | | | | | | |
| 生产工艺管理要点 | | | | | | | |
| 质量控制点 | | | | | | | |

## 项目要点

一、液体制剂相关知识

1. 液体制剂系指药物分散在液体分散介质中制成的可供内服或外用的液态剂型。

2. 液体制剂分类：按分散系统分类，根据分散相的物理状态，液体制剂可分为溶液型、胶体溶液型、乳浊液型和混悬液型。按给药途径分类，内服液体制剂，如合剂、糖浆剂、芳香水剂、酊剂、口服乳剂、口服混悬剂等；外用液体制剂，供皮肤用，如洗剂、搽剂等；供五官科用，如洗耳剂、滴耳剂、滴鼻剂、含漱剂、滴牙剂等；供直肠、阴道、尿道用，如灌肠剂、灌洗剂等。

3. 液体制剂的溶剂分为：极性溶剂和非极性溶剂。

4. 增加药物溶解度的方法包括增溶、助溶、制成盐、应用混合溶剂、改变化学结构等。

5. 液体制剂常用附加剂有增溶剂、助溶剂、潜溶剂、防腐剂、矫味剂与矫臭剂、着色剂、抗氧剂、pH调节剂、金属离子络合剂等。

6. 把能够显著降低两相间表面张力的物质，称为表面活性剂。表面活性剂分为离子型和非离子型两大类。离子型表面活性剂又分为阴离子型、阳离子型及两性离子型三类。

7. 表面活性剂具有增溶、作乳化、润湿、分散稳定、起泡与消泡、去污等作用。

二、溶液型液体药剂

1. 溶液型液体制剂是指药物以小分子或离子（直径在1nm以下）状态分散在液体分散剂中，制成供内服或外用的溶液型制剂，属于均匀分散系，包括溶液剂、芳香水剂与药露、甘油剂、酊剂、糖浆剂等。

2. 制备溶液型液体药剂的技术有溶解法、稀释法、化学反应法、水蒸气蒸馏法等。

三、混悬液型液体药剂

1. 混悬型液体制剂系指难溶性固体药物以微粒状态分散于液体介质中形成的非均相分散体系。

2. 混悬液常用的稳定剂有：助悬剂、润湿剂、絮凝剂与反絮凝剂。

3. 制备混悬液型液体药剂的技术有分散法、凝聚法。

四、乳剂型液体药剂

1. 乳剂型液体药剂又称乳剂，系指两种（或两种以上）互不相溶的液体，其中一种液体以液滴状态分散于另一液体中形成非均匀分散体系的液体制剂。

2. 制备乳剂型液体药剂的技术有干胶法、湿胶法、新生皂法等。

五、口服液

1. 口服液系指药材用水或其他溶剂，采用适宜方法提取制成的单剂量包装的口服液体制剂（多剂量包装者称为“合剂”）。

2. 药材浸出的方法有煎煮法、浸渍法、渗漉法、回流法、水蒸气蒸馏法等常用方法。

3. 制备口服液的技术有浸提、净化、浓缩、精制、配剂、分装、灭菌等。

## 目标检测

一、填空题

1. 增加药物溶解度的方法，通常可采用(　　)、(　　)、(　　)、(　　)或(　　)等方法。

2. 液体制剂常用附加剂有(　　)、(　　)、(　　)、(　　)、(　　)、(　　)、(　　)、(　　)、(　　)等。

3. 由于温度升高而使含表面活性剂的溶液由澄明变为混浊的现象称为(　　)。

4. 关于溶解度的术语有：极易溶解、(　　)、(　　)、(　　)、(　　)、(　　)、几乎不溶或不溶。

5. 乳浊液属于热力学不稳定的非均相体系，包括转相、(　　)、(　　)、(　　)、(　　)等现象。

二、选择题

（一）单选题

1. 下列哪项不能增加药物的溶解度(　　)

A. 加助溶剂　　B. 加增溶剂　　C. 改变溶剂　　D. 加助悬剂

2. 有关溶液剂的说法错误的是(　　)

A. 溶液剂外观澄清　　B. 分散相为物质的分子或离子

C. 溶液剂均宜霉败　　D. 液体制剂中以溶液型药剂吸收最快

3. 有关混悬液叙述正确的是(　　)

A. 混悬液药物作用时间短

B. 将毒性药物制成混悬液，可以保证用药安全

C. 对局部有保护和覆盖创面作用

D. 混悬液具有较高的物理稳定性

4. 有关乳剂液体制剂说法错误的是(　　)

A. 由水相、油相、乳化剂组成　　B. 药物必须是液体

C. 可掩盖药物的不良臭味　　D. 乳浊液剂为热力学不稳定体系

5. 煤酚皂的制备是利用什么原理(　　)

A. 增溶作用　　B. 助溶作用　　C. 改变溶剂　　D. 制成盐类

（二）多选题

1. 按分散系统可将液体制剂分为(　　)

A. 溶液型　　B. 胶体溶液型　　C. 乳浊液型

D. 混悬液型　　E. 注射剂型

2. 有关混悬液的说法错误的是( )

A. 混悬液为热力学稳定体系　　B. 药物制成混悬液可延长药效

C. 难溶解性药物常制成混悬液　　D. 毒剧性药物常制成混悬液

E. 微粒沉降后不结块，稍加振摇又能均匀分散

3. 为增加混悬液的稳定性，在药剂学上常用措施有( )

A. 减少粒径　　B. 增加粒径　　C. 增加微粒与介质间密度差

D. 减少微粒与介质间密度差　　E. 增加介质黏度

4. 乳浊液的不稳定现象包括( )

A. 转相　　B. 溶解　　C. 絮凝

D. 混悬　　E. 酸败

5. 下面为非离子型表面活性剂的是( )

A. 司盘-80　　B. 油酸乙酯　　C. 吐温-80

D. 聚乙二醇　　E. 普流罗尼 F-68

三、问答题

1. 液体制剂的定义和特点是什么?

2. 增加药物溶解度的方法有哪些?

3. 溶液型液体制剂、混悬型液体制剂、乳剂型液体制剂的特点是什么? 各分为哪几类? 如何制备?

**答案:**

一、填空题

1. 加入增溶剂、加入助溶剂、制成盐类、制成潜溶剂、改变部分化学结构。

2. 增溶剂、助溶剂、潜溶剂、防腐剂、矫味剂、矫臭剂、着色剂、抗氧剂、pH 调节剂。

3. 起昙。

4. 易溶、溶解、略溶、微溶、极微溶解。

5. 乳析、絮凝、破裂、酸败。

二、选择题

(一) 单选题

1. D　2. C　3. C　4. B　5. A

(二) 多选题

1. ABCE　2. AD　3. ADE　4. ABCDE　5. ACE

三、问答题

略

# 学习单元四　栓剂、软膏剂制备技术

**学习目标**

1. 栓剂、软膏剂的含义等常识性知识。
2. 栓剂、软膏剂的常用基质、性质及适用情况。
3. 栓剂、软膏剂的制备设备和技术。
4. 栓剂、软膏剂的质量检验。

**工作任务**

1. 根据不同药物的要求选择适宜的基质类型、设备和制备技术。
2. 对所生产出的栓剂和软膏剂进行质量检验。

栓剂和软膏剂作为重要的非口服给药剂型，在给药部位起局部作用或被吸收后起全身作用。随着国内外对于栓剂和软膏剂的研究不断地深入，栓剂和软膏剂必将在未来的制剂领域中发挥更加重要的作用。

## 模块一　必备知识——栓剂、软膏剂

### 一、栓剂制备技术

栓剂是指将药物与适宜基质制成的具有一定形状供腔道给药的固体制剂。栓剂常温下为固体，塞入人体腔道后，在体温下迅速熔融、软化或溶解于分泌液，逐渐释放药物而产生药效。

栓剂作为直肠给药剂型有其悠久的历史，古称坐药或塞药。栓剂最初的应用，主要以局部作用为目的。后经临床研究证实，栓剂通过直肠吸收可以发挥全身作用，且给药后达峰时间快，吸收安全，血药浓度高，不刺激胃肠道，还能避免首过作用。因此栓剂的全身治疗作用越来越受到重视。随着新基质不断出现，国内外栓剂的品种和数量明显增加。

#### （一）栓剂的类型

根据给药途径的不同，栓剂可分为肛门栓、阴道栓、尿道栓、喉道栓、耳用栓和鼻用栓等。目前，最常用的有肛门栓和阴道栓两种。为适应肌体的应用部位，其重量、形状、大小也各不相同。见表 4-1。

**表 4-1　栓剂的类型**

| 名称 | 形　状 | | 性状及特点 |
|---|---|---|---|
| 肛门栓 | 圆柱形 |  | 每颗重量约 2g，儿童用约 1g，长约 3～4cm，其中以鱼雷形较好，此种形状的栓剂塞入肛门后，由于括约肌的收缩作用容易压入直肠内 |
| | 圆锥形 |  | |
| | 鱼雷形 | 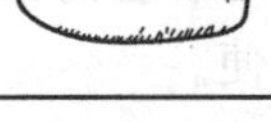 | |

续表

<table>
<tr><th>名称</th><th colspan="2">形　状</th><th>性状及特点</th></tr>
<tr><td rowspan="3">阴道栓</td><td>球形</td><td></td><td rowspan="3">每颗重量约3～5g，直径1.5～2.5cm，其中以鸭嘴形较好，因为相同重量的栓剂，鸭嘴形的表面积较大。近年来，阴道栓的应用逐渐减少，渐渐被阴道用片剂和胶囊剂所取代</td></tr>
<tr><td>卵形</td><td></td></tr>
<tr><td>鸭嘴形</td><td>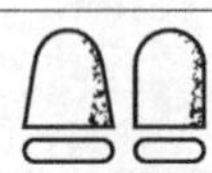</td></tr>
</table>

**知识扩展**

由于栓剂疗效确切，且不易受其他条件影响，各国相继开发出一些新型栓剂。

① 中空栓剂中有一空心部分，可供填充各种不同类型的药物。它较普通栓剂有更高的生物利用度，如果将中心的药物添加适当赋形剂或制成固体分散体则可使药物快速或缓慢释放而具有速释或缓释作用。

② 双层栓剂有多种类型，有的分为内外两层，有的分为上下两层。它的两部分一般可分别起到速释和缓释作用，达到延长药效的目的。

③ 微囊栓剂是先将药物微囊化，再制成栓剂，从而延缓药物释放。

④ 缓释栓剂在直肠内不溶解，不崩解，通过吸收水分而逐渐膨胀，缓慢释药而发挥疗效。

**（二）栓剂作用特点**

栓剂是腔道给药的优良剂型，其作用可分为局部作用和全身作用两种。肛门栓既可起局部治疗作用，又可起全身治疗作用；阴道栓则主要起局部作用。

1. 局部作用

局部作用的栓剂用于腔道中，可使其中的药物分散于黏膜表面而发挥局部治疗作用，如润滑、收敛、止痛止痒、抗菌消炎、杀虫、局麻等作用。该种栓剂只在腔道局部起作用，应尽量减少吸收，故应选择融化或溶解、释药速度慢的基质。水溶性基质制成的栓剂因腔道中的液体量有限，使其溶解速度受限，释放药物缓慢，较脂肪性基质更有利于发挥局部药效。

2. 全身作用

全身作用的栓剂药物能通过黏膜表面吸收至血液起全身作用，如解热镇痛药、抗生素类药、肾上腺皮质激素类药、抗恶性肿瘤治疗剂等。一般要求迅速释放药物，特别是解热镇痛类药物宜迅速释放、吸收。栓剂给药后的吸收途径主要有三条。①通过直肠上静脉进入肝脏，进行代谢后再由肝脏进入血循环；②通过直肠下静脉和肛门静脉，绕过肝脏进入下腔静脉直接进入血循环。因此，栓剂在应用时塞入不宜太深，距肛门口约2cm处为宜，这样可使一半以上的药物不经过肝脏代谢。③通过直肠黏膜进入淋巴系统，淋巴系统对直肠药物的吸收几乎与血液处于相同地位。

栓剂用于全身作用，与口服剂型相比有以下特点。

① 药物可避免胃肠道消化液或酶的影响和破坏。

② 对胃有刺激的药物可以避免药物的刺激作用。

③ 大部分药物可以避免肝脏首过作用，同时也减少对肝脏的毒性和副作用。

④ 对不能或不愿口服药物的患者，直肠给药较为方便。

⑤ 栓剂的作用时间比一般口服片剂长。

尽管直肠给药有这些优点，但是由于直肠无蠕动作用，表面无绒毛，褶皱较少，其有效吸收面积及局部体液容量比胃、小肠要小得多，故直肠一般不是药物吸收的理想部位。

**（三）栓剂的质量要求**

① 药物与基质应混合均匀，栓剂外形应完整光滑，无刺激性。

② 塞入腔道后在体温下能融化、软化或溶化，并与分泌液混合，逐步释放出药物。

③ 有适宜的硬度，以免在包装、储藏或使用时变形。

④ 所用内包装材料应无毒，并不得与药物或基质发生理化作用。

**（四）栓剂的处方组成**

栓剂的处方组成包括药物、基质和附加剂。

1. 药物

供制备栓剂用的固体药物可以溶于基质中，也可以混悬于基质中。对于难溶性固体药物，除另有规定外，应选用适宜方法制成细粉，并且能全部通过六号筛。

2. 栓剂的基质

栓剂基质，不仅有使制剂成型的作用，还直接影响药物释放、吸收。

优良的栓剂基质应符合下列要求：①室温时具有适宜的硬度与韧性，塞入腔道时不变形，不破碎，在体温下易融化、软化或溶解；②具有润湿或乳化能力，水值较高，能混入较多的水；③不因晶形的软化而影响栓剂的成型；④基质的熔点与凝固点的间距不宜过大，油脂性基质的酸价在 0.2 以下，皂化值应在 200～245 之间，碘价低于 7；⑤适用于冷压法及热熔法制备栓剂，且易于脱模；⑥与药物混合后不起反应，不妨碍主药的作用与含量测定，释放速度符合治疗要求；局部作用者要求释药缓慢而持久，全身作用者则要求引入腔道后迅速释药；⑦对敏感组织和炎症组织无刺激、无毒、无过敏性；⑧性质稳定，不易生霉变质。

栓剂基质可分为油脂性基质和水溶性基质两大类。

（1）油脂性基质　油脂性基质的熔点是重要的参数，单独使用时，应高于室温而与体温接近。常用的有可可豆脂、半合成或全合成脂肪酸甘油酯，见表 4-2。

**表 4-2　常见的油脂性基质**

| 名　称 | 性状特点及应用 |
|---|---|
| 可可豆脂 | 本品是由可可树的种仁经烘烤、压榨得到的固体脂肪。常温下为白色或淡黄色的脆性蜡状固体，可塑性好，无刺激性。熔点 29～34℃，加热至 25℃时开始软化，在体温下能迅速熔化，但在 10～20℃时性脆，易粉碎成粉末 |
| 半合成脂肪酸甘油酯 | 本品是天然植物油经过水解、分馏所得的 $C_{12}$～$C_{18}$游离脂肪酸，部分氢化后再与甘油酯化得到的甘油一酯、甘油二酯、甘油三酯的混合物。具有适宜的熔点，不易酸败，是目前取代天然油脂的理想栓剂基质。主要包括椰油酯、棕榈酸酯和山苍子油酯等 |
| 合成脂肪酸酯 | 主要是硬脂酸丙二醇酯，是由硬脂酸与 1,2-丙二醇酯化而成，是丙二醇单酯和双酯的混合物，是乳白色或微黄色蜡状固体，遇热水可膨胀，熔点 36～38℃，对腔道黏膜无明显刺激性 |

（2）水溶性基质　见表 4-3。

**表 4-3　常见的水溶性基质**

| 名称 | 性状特点及应用 |
|---|---|
| 甘油明胶 | 本品是明胶、甘油、水三者按照一定比例（如 70∶20∶10）加热融合，放冷凝固而成。特点是有弹性、不易折断，在体温下不熔化，塞入腔道后可缓慢溶于分泌液中，使药效缓和而持久。其溶解速率与明胶、甘油和水的比例有关，甘油与水的比例越高越易溶解，且甘油能防止栓剂干燥。多用作阴道栓基质，起局部作用 |

续表

| 名称 | 性状特点及应用 |
| --- | --- |
| 聚乙二醇类(PEG) | 为乙二醇的高分子聚合物。本品无生理作用，在体温下不熔化，但能缓缓溶于体液中而释放药物。聚乙二醇类基质对黏膜有一定刺激性，使用前可先用水浸润，可降低刺激性。吸湿性强，受潮易变形，应储存于干燥处 |
| 聚氧乙烯(40)单硬脂酸酯类 | 是聚乙二醇的单硬脂酸酯和二硬脂酸酯的混合物，并含有游离的乙二醇。本品为白色至微黄色的蜡状固体，熔点为39～45℃。可溶于水、乙醇和丙酮等，不溶于液状石蜡 |

3. 附加剂

栓剂的处方中，根据使用目的不同需要加入如下一些附加剂。

(1) 表面活性剂　在基质中加入适量表面活性剂，能增加药物的亲水性，尤其对覆盖在直肠黏膜壁上的连续的水性黏液层有胶溶、洗涤作用并造成有孔隙的表面，从而增加药物的穿透性。

(2) 硬化剂　若制得的栓剂在储藏或使用时过软，可加入适量的硬化剂，如白蜡、硬脂酸、鲸蜡醇、巴西棕榈蜡等调节，但效果有限。

(3) 抗氧剂　当主药易氧化时应加入抗氧剂，如没食子酸酯类、叔丁基羟基茴香醚(BHA)、叔丁基对甲酚(BHT)等，可延缓主药的氧化速度。

(4) 增稠剂　当药物与基质混合时，因机械搅拌情况不良或生理上需要时，栓剂制品中可以酌加增稠剂，常用的增稠剂有：氢化蓖麻油、单硬脂酸甘油酯、硬脂酸铝等。

(5) 防腐剂　当栓剂中含有植物浸膏或水性溶液时，可使用防腐剂和抗氧剂，如对羟基苯甲酸酯类。使用防腐剂时应验证其溶解度、有效剂量、配伍禁忌以及直肠对它的耐受性。

(6) 乳化剂　当栓剂处方中含有与基质不相混合的液相时，特别是在此相含量较高时(大于5%)，可加入适量的乳化剂。

(7) 着色剂　可以选用脂溶性着色剂，也可选用水溶性着色剂，但加入水溶性着色剂时，必须注意加水后对pH和乳化剂乳化效果的影响，还应注意控制脂肪的水解和栓剂中的色移现象。

(8) 吸收促进剂　起全身治疗作用的栓剂，为促进吸收，可加入吸收促进剂。特别是大分子药物在直肠黏膜中吸收相对困难，加入吸收促进剂，可提高药物的生物利用度。

**(五) 栓剂的制备技术**

1. 栓剂制备操作技术

栓剂的制备方法主要有搓捏法、冷压法和热熔法。可按基质的不同和制备的数量来选择制法。用脂肪性基质制栓可采用任何一种方法，用水溶性基质制栓则多采用热熔法。

(1) 搓捏法　取药物细粉置乳钵中，加入约等量基质研匀后，再缓缓加入余下的基质制成均匀的可塑性软材，必要时可加适量的植物油或羊毛脂以增加可塑性。然后隔纸搓揉，轻轻加压转动滚成圆柱体。再将之分割成若干等份，搓捏成适宜形状。此法适用于少量临时制备，所得制品外形较差。

(2) 冷压法　将基质磨碎或挫成粉末，与主药混合均匀，装入压栓机中，在配有栓剂模型的圆筒内，通过水压机或手动螺旋活塞挤压成型。冷压法可避免加热对主药或基质稳定性的影响，不溶性药物也不会在基质中沉降；缺点是生产效率低，成品中往往夹带空气，对主药和基质有氧化作用，而且不易控制栓重。故现在生产上很少采用此法。

(3) 热熔法　热熔法是应用最广泛的一种方法。其过程为将计算量的基质加热熔化，勿使温度过高，将药物粉末与等重已熔融的基质研磨混合均匀，然后将剩余基质加入混匀，倾入涂有润滑剂的栓模中至稍为溢出模口为度，冷却，待完全凝固后，削去溢出部分。开启模具，将栓剂推出，包装即得。采用热熔法制备各种栓剂，其工艺流程图见图 4-1。

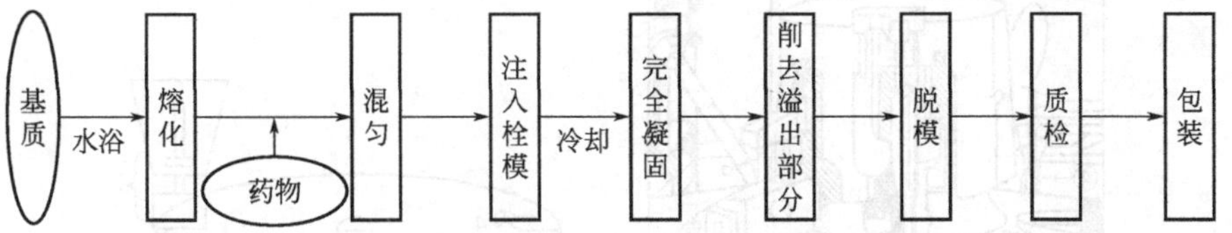


图 4-1　热熔法制备栓剂的工艺流程图

热熔法制备栓剂时应注意：①为避免过热，一般在基质熔融达 2/3 时即应停止加热，适当搅拌；②熔融的混合物在注模时应迅速，并一次完成，以免发生液层凝固。

模孔内涂的润滑剂通常有两类：①脂肪性基质的栓剂，润滑剂常用软肥皂、甘油各一份与 95% 乙醇五份混合所得；②水溶性或亲水性基质的栓剂，则用油性液体润滑剂，如液状石蜡或植物油等。有的基质不粘模，如可可豆脂或聚乙二醇类，可不用润滑剂。

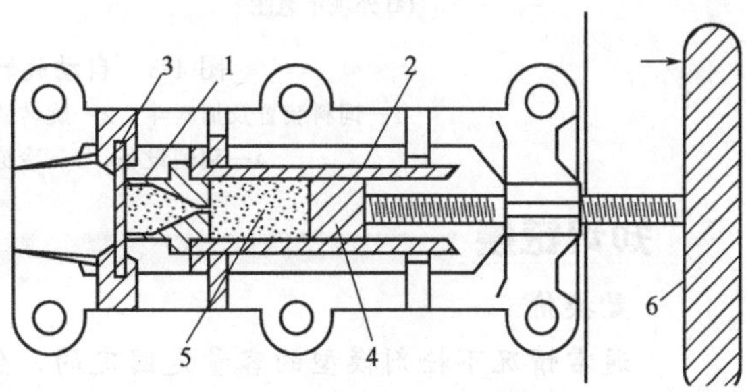


图 4-2　卧式制栓机构造图

1—模型；2—圆筒；3—平板；4—旋塞；5—药物与基质的混合物；6—旋轮

2. 栓剂的常用设备

(1) 小量制备栓剂设备

① 冷压法常用设备。先将药物与基质粉末置于冷容器内，混匀后装于制栓机的圆筒内，通过模型挤压成一定形状。常用的制栓机为卧式制栓机，其构造见图 4-2。

② 小量生产热熔后用手工灌模，栓剂手工模具见表 4-4。

**表 4-4　常见的栓剂手工模具**

| 名称 | 设备外观图 | 名称 | 设备外观图 |
|---|---|---|---|
| 阴道栓模型 | 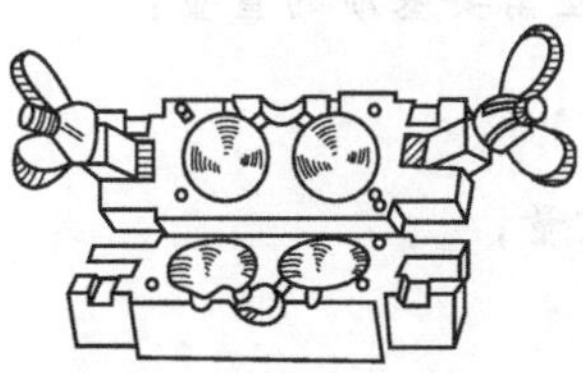 | 肛门栓模型 | 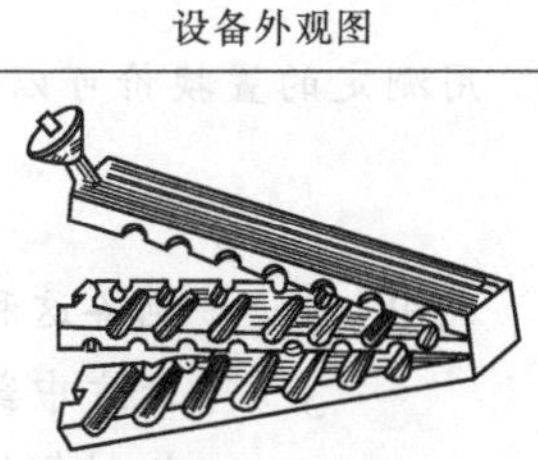 |

(2) 大量制备栓剂设备　大量生产栓剂主要采用热熔法并使用自动模制机器，即自动化模制机。热熔法制备栓剂过程（包括灌注、冷却和取出）全部由机器完成。全部填充、排出、清洁模具等操作也是自动化的。图 4-3 为自动旋转式制栓机示意图。操作时栓剂软材加入加料斗，斗中保持恒温并持续搅拌，模具的润滑通过涂刷或喷雾来完成，灌注的软材应满盈。软材凝固后，削去多余部分，注入与刮削装置都由电热装置控制温度。冷却系统可以按照栓剂软材的不同来调节，一般通过调节冷却转台的转速来调节。当凝固的栓剂转至抛出位置时，栓模即打开，栓剂即被一个钢制推杆推出，模具又闭合，转移至喷雾装置处进行润湿，再开始新的周期。温度和生产速度可以按能获得最适宜连续自动化生产的要求来调整。

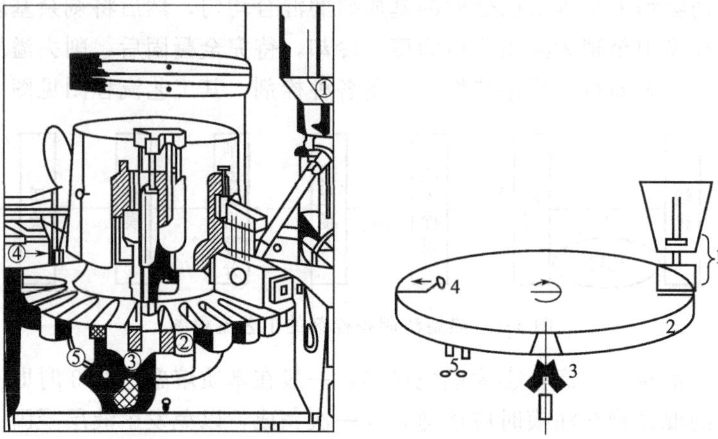

(a) 外观示意图　　　(b) 操作主要部分

图 4-3　自动旋转式制栓机

1—饲料装置及加料斗；2—旋转式冷却台；3—栓剂抛出台；
4—刮削设备；5—冷冻剂入口及出口

**知识链接**

置换价

通常情况下栓剂模型的容量是固定的，但它会因基质或药物的密度不同而容纳不同的重量。一般栓模所容纳的重量（如 1g 或 2g）是指以可可豆脂为代表的基质重量。加入药物会占有一定体积，特别是不溶于基质的药物。为保持栓剂原有体积和药物剂量，栓剂制备中确定基质的用量就要考虑引入置换价的概念。

置换价系指药物的重量与同体积基质重量的比值。可用下法测定。取基质作空白栓，称得平均重量 $G$，另取基质与定量药物混合做成含药栓，称得平均重量为 $m$，每枚栓剂中药物的平均重量为 $w$，则可用式(4-1) 计算置换价（DV）。

$$\mathrm{DV}=\frac{w}{G-(m-w)} \tag{4-1}$$

用测定的置换价可以计算出制备这种含药栓需要基质的重量：

$$x=\left(G-\frac{y}{\mathrm{DV}}\right)\cdot n \tag{4-2}$$

式中　$x$——制备这种含药栓需要基质的重量；

$y$——处方中药物的剂量；

$n$——拟制备的栓剂枚数。

### （六）栓剂的质量检查

栓剂的质量检查项目主要有：重量差异、融变时限、微生物限度检查、溶出速率试验、体内吸收试验、稳定性与刺激性实验，具体要求见 2010 版药典。

## 活动与探究

分析下列醋酸洗必泰栓处方中各成分的作用，并简述其制备过程。

【处方】 醋酸洗必泰　0.1g　（　　　）

吐温　800.4g　（　　　）

| | | |
|---|---|---|
| 冰片 | 0.005g | (　　) |
| 乙醇 | 0.5g | (　　) |
| 甘油 | 12g | (　　) |
| 明胶 | 5.4g | (　　) |
| 蒸馏水 | 加到 40g | (　　) |

制备过程：

## 二、软膏剂制备技术

软膏剂系指药物与适宜基质制成的一种易涂布于皮肤、黏膜或创面的膏状外用制剂。常用基质分为油脂性、水溶性和乳剂型基质，其中用乳剂型基质制成的软膏剂亦称为乳膏剂（习称霜剂）。按药物在基质中分散状态的不同，软膏剂可分为溶液型软膏剂和混悬型软膏剂。溶液型软膏剂为药物溶解或共熔于基质或基质组分中制成的软膏剂，混悬型软膏剂为药物细粉均匀分散于基质中制成的软膏剂，含有25%以上药物粉末的软膏剂称为糊剂，适用于分泌液较多的皮肤病变部位，发挥收敛和局部保护作用。

软膏剂对皮肤、黏膜及创面主要起保护、润滑和局部治疗作用，如杀菌、防腐、收敛、消炎等。某些药物透皮吸收后，亦能产生全身治疗作用。

软膏剂应符合以下质量要求：①均匀、细腻、软滑、涂于皮肤或黏膜上无粗糙感；②有适当的黏稠性，易涂布于皮肤或黏膜；③性质稳定，无酸败、变色、变硬、异臭和油水分离等变质现象；④无刺激性、过敏性及其他不良反应；⑤用于鼻黏膜的基质应灭菌，用于创面的软膏应无菌处理；⑥所用内包装材料不与药物或基质发生理化作用。

### （一）软膏剂常用基质

软膏剂主要由主药和基质两部分组成。基质不仅是软膏的赋形剂，同时也是药物的载体，对软膏的质量和药物疗效的发挥都有重要影响。软膏剂基质的要求：①润滑无刺激，稠度适宜，易于涂布；②性质稳定，与主药不发生配伍变化；③不妨碍皮肤的正常功能，具有良好的释药性；④具有吸水性，能吸收伤口分泌物；⑤易清洗，不污染衣物。

常用的基质为油脂性基质、乳剂型基质和水溶性基质。

1. 油脂性基质

油脂性基质属于强疏水性物质，包括动植物油脂、烃类、类脂等。此类基质的优点是滑润、无刺激性，涂于皮肤上能形成封闭性油膜，促进皮肤水合作用，因此对表皮增厚、角化、皲裂有软化保护作用；不易长菌；一般不与药物发生配伍禁忌；主要用于遇水不稳定的药物。缺点是不易与水性液体混合，也不易用水洗除；单用释药性能差；且可能使渗出液重新被皮肤吸收，故不适用于有大量渗出液的皮肤损伤。

油脂性基质主要包括：①油脂类，如麻油、花生油等；②类脂类，如羊毛脂、蜂蜡等；③烃类，如凡士林、石蜡等；④二甲基硅油（硅酮）。

2. 乳剂型基质

乳剂型基质由水相、油相及乳化剂三部分形成。油相与水相通过机械力分散，借助乳化剂的作用在一定温度下乳化，形成半固体基质。

乳剂型基质分为油包水（W/O）型和水包油（O/W）型两类。W/O乳剂基质较不含水的油脂性基质容易涂布，能吸收部分水分，油腻性小，且水分从皮肤表面蒸发时有和缓的冷却作用。O/W型乳剂基质能与大量水混合，无油腻性，易于涂布和用水洗除。但在储存过程中可能发生霉变，常需要加入防腐剂；同时水分也易蒸发失散，常需加入甘油、山梨醇等作保湿剂。乳化剂可促进药物的透皮吸收，特别是O/W型软膏中药物的释放和透皮吸收较快，适合深部作用的软膏。但因其具有良好的穿透性和对分泌物的吸收性，当 O/W 型基质用于分泌物较多的皮肤病如湿润性湿疹时，其所吸收的分泌物可重新进入皮肤，称之为“反向吸收”而使炎症恶化，因此必须注意适应证的选择。通常乳剂型基质适用于亚急性、慢性、无渗出液的皮肤损伤和皮肤瘙痒症，忌用于糜烂、溃疡、水疱及脓疱症等有大量渗出液和糜烂面的皮肤病。

3. 水溶性基质

由高分子水溶性物质所组成，优点是无油腻性，易涂展和洗除；药物的释放较快，对皮肤、黏膜无刺激性；能与水溶液混合并能吸收组织渗出液，有利于分泌物的排除，多用于湿润、糜烂创面、腔道黏膜等部位或用作保护性软膏的基质。缺点是对皮肤的润滑、软化作用较差，基质中水分容易蒸发而使软膏硬化，部分基质易于霉变，难以保存，须加保湿剂及防腐剂。目前常用的水溶性基质包括：甘油明胶、纤维素衍生物、聚乙二醇类（PEG）。

**（二）软膏剂的制备技术**

软膏剂按分散系统的不同可分为溶液型软膏、混悬型软膏及乳剂型软膏。软膏剂的制备可归纳为研和法、熔和法和乳化法。方法的选择应根据药物与基质的性质、制备量及设备条件而定。生产制备工艺大致包括：基质制备、主药制备、混合配制、灌封、装盒、贴签、装箱、成品检验等。软膏剂的制备工艺流程见图 4-4。

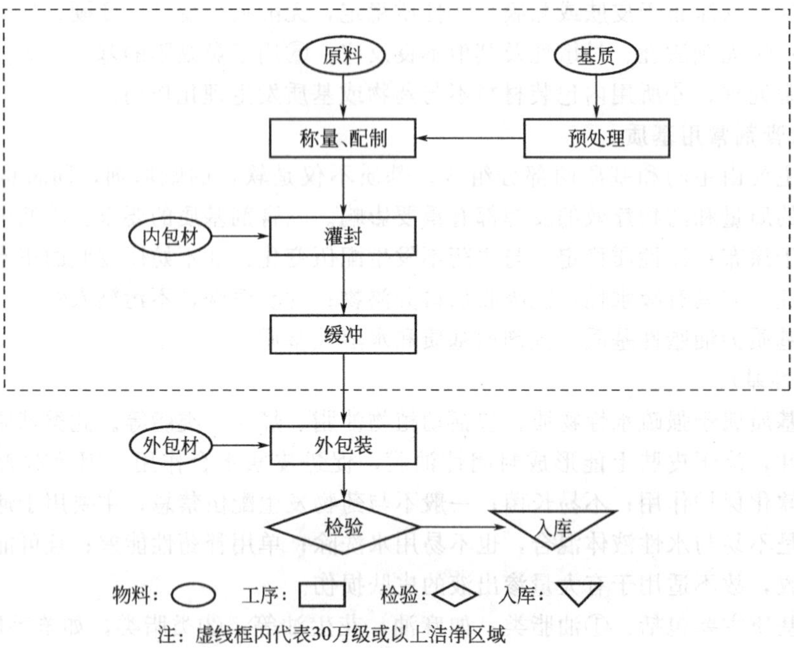


图 4-4 软膏剂的制备工艺流程图

1. 基质的处理

油脂性基质若质地纯净可直接取用，若洁净度较差，混有机械性异物等需加热熔化后过滤处理。一般用 120 目筛或数层细布趁热过滤除去杂质，然后加热至 150℃ 1h 灭菌并除去水分。

2. 药物加入的方法

为了降低或避免软膏对病患部位产生刺激并能更好地发挥药效，制剂必须均匀细腻，不含固体粗粒。因此，药物加入时可按下列方法处理。

① 若药物能溶于基质中，则宜溶解在基质的组分中制成溶液型软膏。

② 制备乳剂型软膏，在不影响乳化的条件下，药物与附加剂先分别溶于油相或水相。

③ 不溶性药物应粉碎并过六号筛，先将药粉与少量基质或与基质能够混溶的液体研磨成糊状，后用等量递增法与基质研匀，可防止不溶性药物颗粒对皮肤黏膜的刺激，促进不溶性药物的吸收。用热熔法时，药粉加入后，应一直搅拌至冷凝，使药物分布均匀。

④ 某些在处方中含量较少的药物，可先用少量适宜的溶剂溶解，再与基质混匀。如生物碱盐类，先用适量蒸馏水溶解，再用羊毛脂或其他吸水性基质吸收水溶液后与基质混匀。

⑤ 中药软膏剂所含药物通常为：a. 药材细粉；b. 药材水煎浓缩液、浸膏、流浸膏、植物油热提液；c. 中药提纯物等。中药煎液、流浸膏等可先浓缩至膏状，再与基质混匀；半固体黏稠性药物可与基质直接混合；固体浸膏可先加少量的水或稀醇使之软化并研成糊状，再与基质混匀。为了便于储存，软膏中常加入适量防腐剂。

⑥ 处方中有薄荷脑、樟脑、冰片等挥发性共熔成分时，可研磨共熔后再与冷却至45℃以下的基质混匀；单独使用时可用少量溶剂溶解，再加入室温的油脂性基质中混匀。

3. 制备方法

软膏剂的制备方法可归纳为研和法、熔和法和乳化法。方法的选择应根据药物与基质的性质、制备量及设备条件而定。

（1）研和法　由半固体和液体组分组成的基质，在常温下通过研磨或搅拌与药物均匀混合者可用研和法。对热不稳定的药物、不溶于基质的药物均可采用此法。工艺程序为先取已研细的药物与部分基质或适宜液体研磨成细腻糊状，再递加其余基质研匀，直至制成的软膏取少许涂于手背上无颗粒感。此法适用于小量制备。

（2）熔合法　由熔点较高的组分组成的软膏基质，常温下不能与药物均匀混合的软膏基质均可用熔合法。工艺程序为先将熔点高的基质加热熔化，然后将其余基质依熔点高低顺序加入熔化，最后加入液体成分，待全部基质熔化后再将研细药粉缓缓加入，不断搅拌至冷凝成膏状。制备时还应注意加热温度可逐渐降低，避免低熔点基质高温分解；不可冷却太快，以免高熔点基质呈块状析出；基质凝固后应停止搅拌，以免搅入空气而影响质量。

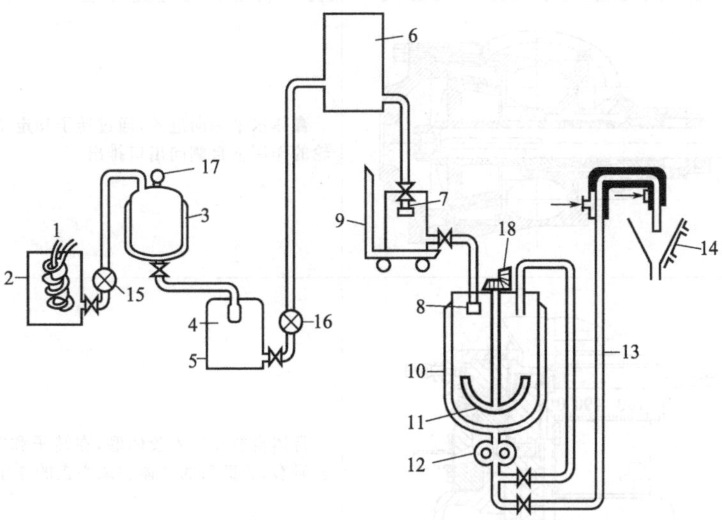


图4-5　大量生产软膏剂流程图

1—蛇形管；2—桶；3—夹层锅；4—布袋；5—接受桶；6—贮油槽；7，8—金属滤网接头；9—磅秤；10—混合器；11—搅拌器；12—齿轮泵；13—出料管；14—加料漏斗；15，16—泵；17—压力表；18—齿轮

(3) 乳化法　是专门用于制备乳剂型软膏的方法。将油溶性物质（如硬脂酸、羊毛脂、凡士林、高级脂肪醇等）在一起加热至80℃左右使熔融；另将水溶性成分（如三乙醇胺、月桂醇硫酸钠、O/W型乳化剂及保湿剂、防腐剂等）溶于水，加热至略高于油相温度，以防止两相混合时油相中的组分过早析出或凝结；在不断搅拌下将水溶液慢慢加入油相中，并搅拌至冷凝。为了防止搅拌时空气混入而引起乳膏在储存时发生分离、腐败等问题，大量生产时可在30℃左右再通过胶体磨处理，可使产品更细腻均匀。还可用真空设备制备乳膏。

大量制备软膏剂时，通常在附有加热装置（水浴或蒸汽夹层锅）并装有电动搅拌器的器具（如搪瓷锅、不锈钢锅）中进行，通过齿轮泵循环数次混匀。如软膏中含有不溶性药粉，通过以上搅拌、混合达不到均匀细腻时，可通过软膏研磨机进一步研磨。大量生产软膏剂流程图见4-5。

**知识链接**

水、油两相的混合有三种方法：① 连续相加至分散相中，适用于多数乳剂系统，在混合过程中通过乳剂的转型，产生更为细小的分散相粒子。制备O/W型乳剂基质时，水相在搅拌下缓缓加至油相内，初始时油相的量明显多于水相，形成W/O型。随着水相的不断加入，乳剂的黏度不断增加，W/O型乳剂水相的体积达到最大，乳剂黏度开始降低，在强烈搅拌下发生转型，由W/O转变成预期的O/W型。② 分散相加到连续相，适用于含小体积分散相的乳剂系统。③两相同时掺和，适合大批量生产和连续性生产，需要配置输送泵和连续混合装置等。

4. 软膏剂的常用设备

软膏剂配制的设备主要有胶体磨、三滚筒软膏研磨机、真空均质乳化机等，见表4-5。软膏剂灌封设备见表4-6。

**表4-5　软膏剂常用设备**

| 名称 | 设备外观图(或结构示意图) | 性能及其适用范围 |
|---|---|---|
| 卧式胶体磨 | 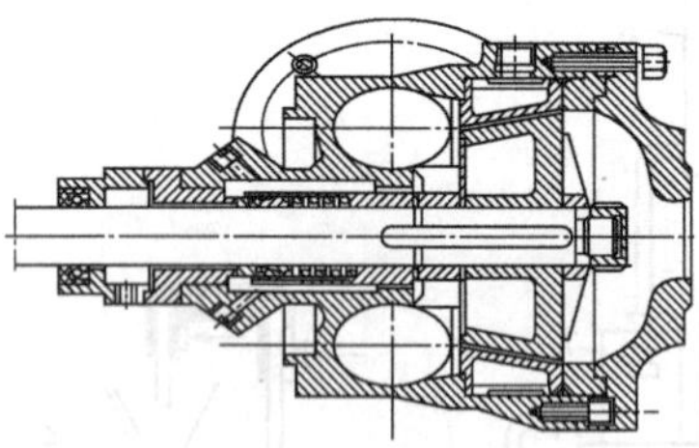 | 膏体水平轴向进入，通过转子和定子间隙被研磨，在叶轮的作用下自侧向出口排出 |
| 立式胶体磨 | 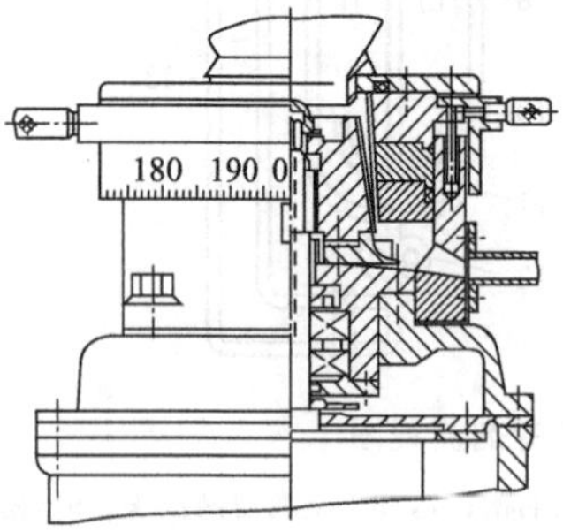 | 膏体自料斗进入胶体磨，在转子和定子的间隙通过时被研磨，研磨后的膏体在离心盘的作用下自出口排出 |

续表

| 名称 | 设备外观图(或结构示意图) | 性能及其适用范围 |
| --- | --- | --- |
| 三滚筒软膏研磨机 | 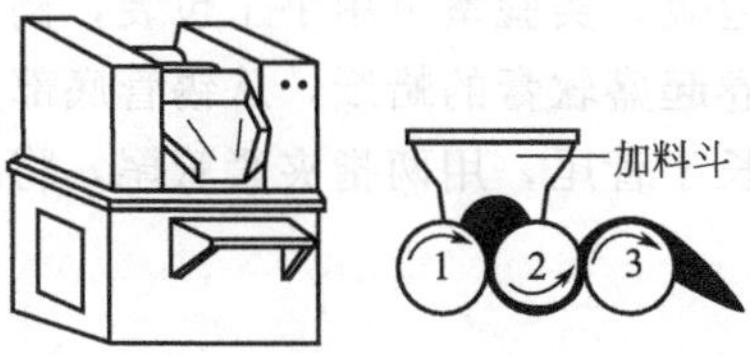  | 软膏通过滚筒间隙时受到挤压和研磨，固体药物被研细且与基质混匀。三个滚筒间的距离能够调节，在第一、第二滚筒上装有料斗，转动较慢的滚筒1上的软膏能传到速度较快的中间滚筒，并传到速度更快的滚筒3上，经刮板器转入接受器中，同时第三滚筒还可沿轴线方向往返移动，使软膏受到滚辗与研磨，更细腻均匀 |

**表 4-6　软膏剂灌封设备**

| 名称 | 设备示意图 | 性能及其适用范围 |
| --- | --- | --- |
| GZC40 全自动超声波灌封机 | 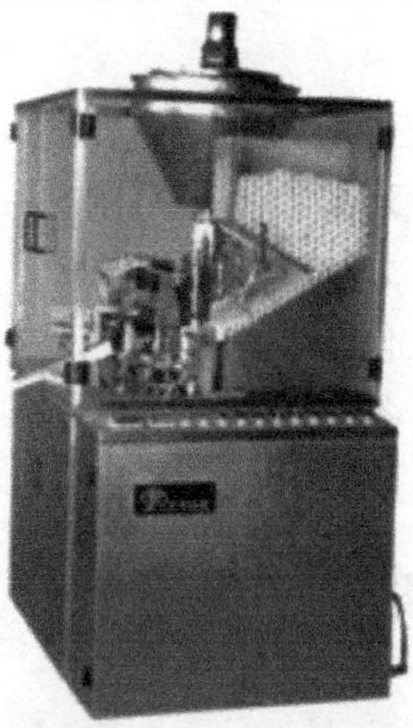 | 是一种适应市场需求并且功能齐全的灌封机。具有从自动上管到自动排料等一系列自动化功能，可对各种塑胶软管或复合软管进行膏状液体的灌装和封尾，并可根据用户需求增加温控及搅拌等辅助功能。该机全部功能由PC机控制执行，并采用先进的超声波塑料焊接技术进行封尾，从而使该机具有操作方便、性能可靠、热封速度快、质量高及外形美观等优点。广泛适用于医药、日化、食品、化工等领域的产品包装 |
| GF-400L 型自动灌装封尾机 |  | 适用于各种塑料软管和铝塑复合软管的灌装、封尾、切尾及日期打印，机器运转由程序控制，封尾外观美观、整齐，封合牢度高，配合各种不同规格的灌装头使用，可满足不同黏度的灌装要求 |

### (三) 软膏剂的质量评定

按照《中国药典》或药品标准规定的方法测定主药含量、装量、粒度、物理外观、熔点与滴点、酸碱度、黏度和稠度、水值、微生物限度、无菌、稳定性、刺激性、药物释放、穿透及吸收。

### (四) 软膏剂的包装与储藏

1. 包装材料

软膏剂常用的包装容器有锡管、金属盒、塑料盒、蜡纸盒、广口玻璃瓶等，药厂大量生产时多采用软膏管（锡管、铝管或塑料管）包装，锡管实系铅管，仅内外壁涂锡，具有使用方便、不易污染、密封性好、制品稳定的特点。塑料管质地轻便，性质稳定，具弹性且不易破裂，但不耐热，易老化；且有一定的透气、透湿性。软膏剂包装不能与药物发生理化作用，若锡管与软膏成分（如醋酸苯汞避孕软膏）起作用时，可在管内涂一薄层凡士林与蜂蜡

(4∶6) 的熔合物隔离。铝管内可涂环氧酚醛树脂保护层以避免药物与铝管可能发生变色等反应。

2. 包装方法

药厂多用软膏自动装管、扎尾、装盒联动包装。实验室可用手工包装，例如需将少量软膏包装于锡管中，可先将软膏在蜡纸上称重，卷起盛软膏的蜡纸，从锡管底部开口处塞入该纸卷，使纸卷中软膏全部进入锡管末端且纸卷长于管尾，用两指夹紧管尾，将纸卷拉出，软膏即可全部遗留在锡管中，卷口压紧即可。

3. 储藏

除另有规定外，软膏剂一般在阴凉干燥处、遮光容器中密闭储存，以免基质分层及药物化学降解而影响软膏的均匀性及疗效。无菌处理的软膏剂应密封储存。

## 活动与探究

根据处方回答问题。

| 【处方】 醋酸地塞米松 | 0.5g | 单硬脂酸甘油酯 | 70.0g |
|---|---|---|---|
| 硬脂酸 | 112.5g | 甘油 | 85.0g |
| 白凡士林 | 85.0g | 十二烷基硫酸钠 | 10.0g |
| 羟苯乙酯 | 1.0g | 纯化水 | 加至 1000.0g |

(1) 分析以上处方中各成分的作用，并简述其制备过程。

(2) 分析软膏剂配制时常见的问题及处理方法。

# 模块二　栓剂、软膏剂操作实践

## 一、栓剂、软膏剂制备标准操作规程

1. 栓剂制备标准操作规程

(1) 生产前准备

① 检查栓剂配料罐、栓剂灌封机是否清洁干净，清场状态是否符合规定，确认设备运转正常，水、电、气供应正常，容器及工具齐全。

② 根据生产指令填写领料单，从备料称量间领取原、辅料，并核对品名、批号、规格、数量、质量无误后，进行下一步操作。

(2) 制栓操作

① 开启栓剂配料罐加热和搅拌，对照批生产指令单，核对无误后将基质缓慢加入到栓剂配料罐内（块状物料需要另行加热熔融），控制一定的温度；熔融后开启搅拌器，控制转速为 15～30r/min；完全熔融后，继续搅拌 40min，栓液恒温搅拌备用。

② 将栓剂配料罐的搅拌器转速降低到 10～15r/min；对照批生产指令单，核对无误后将药物依次缓慢加入基质液中；再将转速提高持续搅拌，至目测色泽均匀一致，栓液恒温搅拌备用。

③ 按《栓剂灌封机标准操作规程》对灌封机进行设置，包括制带预热温度、制带焊接温度、制带吹泡温度、制带刻线温度、恒温罐温度、罐注温度、封口预热温度、封口温度、冷却温度及模具上的品名和批号。

④ 将灌封机空转运行，检查药用包装材料的热封情况，热封合格后进行下一步操作。

⑤ 将栓液分次移入栓剂灌封机的恒温罐内进行制栓，及时检查，控制栓重，待重量差异达到要求后，每隔 20min 对栓重检查一次，并随时观察栓板质量情况，做好相应记录。

(3) 生产结束　对灌封机进行清洁，容器及工具按《生产用工具、器具清洁消毒程序》进行清洁消毒，对生产现场按《清场管理规定》清场。

(4) 记录　生产过程中，操作人员应如实填写生产操作记录。

2. 软膏剂制备标准操作规程

(1) 生产前准备

① 检查操作间、工具、容器、设备等是否有清场合格标志，并核对是否在有效期内。否则按清场标准程序进行清场并经QA人员检查合格后，填写清场合格证，再进入下一步操作。

② 根据要求选择适宜软膏剂配制设备，设备要有“合格”标牌、“已清洁”标牌，并对设备状况进行检查，确证设备正常，方可使用。

③ 检查水、电供应正常，开启纯化水阀放水10min。

④ 检查配制容器、用具是否清洁干燥，必要时用75%乙醇溶液对乳化罐、油相罐、配制容器、用具进行消毒。

⑤ 根据生产指令填写领料单，从备料称量间领取原、辅料，核对品名、批号、规格、数量、质量无误后，进行下一步操作。

⑥ 操作前检查加热、搅拌、真空是否正常，关闭油相罐、乳化罐底部阀门，打开真空泵冷却水阀门。

⑦ 挂本次运行状态标志，进入配制操作。

(2) 配制操作

① 配制油相。加入油相基质，控制温度在70℃。待油相开始熔化时，开动搅拌至完全熔化。

② 配制水相。将水相基质投入处方量的纯化水中，加热搅拌，使溶解完全。

③ 乳化。保持上述油相、水相的温度，将油相、水相通过带过滤网的管路压入乳化锅中，启动搅拌器、真空泵、加热装置。乳化完全后，降温，停止搅拌，真空静置。

④ 根据药物的性质，在配制水相、油相时或乳化操作中加入药物。

⑤ 静置。将乳膏静置24h后，称重，送至灌封工序。

(3) 生产结束　按《操作间清洁标准操作规程》和《真空乳化搅拌设备清洁标准操作规程》对场地、设备、用具、容器进行清洁消毒，经QA人员检查合格，发清场合格证。

(4) 记录　如实填写生产操作记录。

## 二、综合实训

### 实训一　栓剂的制备

| 实践目的 | |
|---|---|
| 1. 掌握冷压法和热熔法制备栓剂的操作方法及注意事项。<br>2. 熟悉各类栓剂基质的特点及适用范围及置换价在栓剂制备中的应用。 | 学时：2 |
| **工作任务描述**<br>冷压法和热熔法是常用的栓剂制备方法，通过卧式制栓机和自动旋转式制栓机的实践操作，能更加直观地了解栓剂的制备过程，基质的选择和置换价的计算及应用等相关知识，并可对生产的栓剂产品进行质量分析，查找不足和原因，在解决问题的同时，所学知识得到巩固和加强。 | |

续表

| 媒体条件 |
|---|
| 1. 药物制剂实训室、校内生产基地。<br>2. 多媒体设备、栓模、卧式制栓机、自动旋转式制栓机、不锈钢盆、分析天平等。<br>3. 各种资料（常用药物制剂设备使用说明等）、PPT、视频、影像资料、教材、相关图书、网上资源、网络课程等。 |
| **具体任务内容** |
| 1. 根据工作任务获取学习信息，获得相关知识。<br>(1) 卧式制栓机的标准操作。<br>(2) 自动旋转式制栓机的标准操作。<br>2. 根据学习资料制订工作计划，完成工作计划。<br>3. 按照工作计划，遵守相关规定，独立完成每一个工作步骤，并进行记录、归档和提交报告。 |
| **对学生的要求** |
| 1. 积极沟通，广泛收集各种资料，不得随意损坏和丢失信息资料。<br>2. 遵守课堂纪律，上课认真做好计划和记录，服从指挥。<br>3. 积极主动、按时完成工作任务，配合组长与老师的工作。<br>4. 自学好问、仔细观察、认真分析、制作精细。<br>5. 检查评价认真、公平、全面。 |

**考核标准**

| 实践项目：栓剂的制备 | | | 学时：2 |
|---|---|---|---|
| 实践目的<br>1. 掌握冷压法和热熔法制备栓剂的操作方法及注意事项。<br>2. 熟悉各类栓剂基质的特点及适用范围及置换价在栓剂制备中的应用。 | | | |
| 序号 | 考核内容 | 考核标准 | 参考分值 |
| 1 | 学习与工作态度 | 态度端正，学习方法多样，课堂认真，积极主动，责任心强，全部出勤。 | 5 |
| 2 | 团队协作 | 服从安排，积极与小组成员合作，共同制订工作计划，共同完成工作任务。 | 5 |
| 3 | 实训计划制订 | 有工作计划，计划内容完整，时间安排合理，工作步骤正确。 | 5 |
| 4 | 实训记录 | 实训记录单设计合理，完成及时，记录完整，结果分析正确。 | 5 |
| 5 | 能以标准操作规程进行卧式制栓机的操作 | 严格按操作规程进行卧式制栓机操作，操作完毕后按要求清场。 | 15 |

续表

| 序号 | 考核内容 | 考核标准 | 参考分值 |
|---|---|---|---|
| 6 | 能以标准操作规程进行自动旋转式制栓机的操作 | 严格按操作规程进行自动旋转式制栓机操作，操作完毕后按要求清场。 | 20 |
| 7 | 设备的使用与维护 | 熟练使用和清洗卧式制栓机和自动旋转式制栓机，对出现的小故障可进行简单的维修。 | 5 |
| 8 | 排除设备运行过程中出现的一般故障 | 能排除生产所用设备运行过程中出现的故障，处理方法正确。 | 10 |
| 9 | 任务训练单 | 对老师布置的训练单，能及时上交，正确率在90%以上。 | 10 |
| 10 | 方法能力 | 能利用各种资源快速查阅获取所需知识，问题提出明确，表达清晰，有独立分析问题和解决问题的能力。 | 10 |
| 11 | 问题思考 | 开动脑筋，积极思考，提出问题，并对工作任务完成过程中的问题进行分析和解决。 | 10 |
| 12 | 合　计 | | 100 |

## 实训二　软膏剂的制备

**实践目的**

1. 进一步熟悉软膏剂岗位操作。
2. 能正确使用软膏剂设备。
3. 能掌握软膏剂生产过程中的质量控制。

学时：2

**工作任务描述**

通过软膏剂制备机械的实践操作，能对所用设备在运行过程中出现的一般故障进行排除，可以了解软膏剂的制备过程，对影响质量的工艺关键点进行控制并可对生产的产品进行质量分析，解决问题。

**媒体条件**

1. 药物制剂实训室、校内生产基地。
2. 多媒体设备、三滚筒软膏机、胶体磨、真空均质乳化机、GZC40全自动超声波灌封机、GF-400L型自动灌装封尾机等。
3. 各种资料（常用药物制剂设备使用说明等）、PPT、视频、影像资料、教材等。
4. 实践材料：琼脂、林格溶液、纯化水、软膏剂制备实验所得的软膏等。

**具体任务内容**

1. 根据工作任务获取学习信息，获得相关知识。

(1) 三滚筒软膏机的操作。

(2) 胶体磨标准操作。

(3) 真空均质乳化机标准操作。

(4) GZC40全自动超声波灌封机标准操作。

续表

| | |
|---|---|
| (5) GF-400L 型自动灌装封尾机标准操作。<br>2. 根据学习资料制订工作计划，完成工作计划。<br>3. 按照工作计划，遵守相关规定，独立完成每一个工作步骤，并进行记录、归档，和提交报告。 | |
| **对学生的要求**<br>1. 积极沟通，广泛收集各种资料，不得随意损坏和丢失信息资料。<br>2. 遵守课堂纪律，上课认真做好计划和记录，服从指挥。<br>3. 积极主动、按时完成工作任务，配合组长与老师的工作。<br>4. 自学好问、仔细观察、认真分析、制作精细。<br>5. 检查评价认真、公平、全面。 | |

**考核标准**

| 实践项目：软膏剂岗位操作 | 学时：2 |
|---|---|
| 实践目的<br>1. 进一步熟悉软膏剂岗位操作。<br>2. 能正确使用软膏剂设备。<br>3. 能掌握软膏剂生产过程中的质量控制。 | |

| 序号 | 考核内容 | 考核标准 | 参考分值 |
|---|---|---|---|
| 1 | 学习与工作态度 | 态度端正，学习方法多样，课堂认真，积极主动，责任心强，全部出勤。 | 5 |
| 2 | 团队协作 | 服从安排，积极与小组成员合作，共同制订工作计划，共同完成工作任务。 | 5 |
| 3 | 实训计划制订 | 有工作计划，计划内容完整，时间安排合理，工作步骤正确。 | 5 |
| 4 | 实训记录 | 实训记录单设计合理，完成及时，记录完整，结果分析正确。 | 5 |
| 5 | 能以标准操作规程进行三滚筒软膏机的操作 | 严格按操作规程进行三滚筒软膏机操作，操作完毕后按要求清场。 | 15 |
| 6 | 能以标准操作规程进行胶体磨和真空均质乳化机操作 | 严格按操作规程进行胶体磨和真空均质乳化机操作，操作完毕后按要求清场。 | 20 |
| 7 | 能以标准操作规程进行GZC40全自动超声波灌封机和GF-400L型自动灌装封尾机操作 | 严格按操作规程进行GZC40全自动超声波灌封机和GF-400L型自动灌装封尾机操作，操作完毕后按要求清场。 | 15 |
| 8 | 设备的使用与维护 | 熟练使用和清洗三滚筒软膏机、胶体磨、真空均质乳化机、GZC40全自动超声波灌封机、GF-400L型自动灌装封尾机，对出现的小故障可进行简单的维修。 | 5 |

续表

| 序号 | 考核内容 | 考核标准 | 参考分值 |
|---|---|---|---|
| 9 | 排除设备运行过程中出现的一般故障 | 能排除生产所用设备运行过程中出现的故障，处理方法正确。 | 10 |
| 10 | 任务训练单 | 对老师布置的训练单，能及时上交，正确率在90%以上。 | 5 |
| 11 | 方法能力 | 能利用各种资源快速查阅获取所需知识，问题提出明确，表达清晰，有独立分析问题和解决问题的能力。 | 5 |
| 12 | 问题思考 | 开动脑筋，积极思考，提出问题，并对工作任务完成过程中的问题进行分析和解决。 | 5 |
| 13 | 合　计 | | 100 |

## 三、单项训练

### 任务一　甘油栓制备

【处方】 甘油　80g　　硬脂酸　8g
　　　　无水碳酸钠　2g　　蒸馏水　10ml

【制法】 取无水碳酸钠与蒸馏水共置于蒸发皿内，搅拌溶解后，加甘油混合，水浴加热，缓缓加入锉细的硬脂酸，边加边搅拌，待泡腾停止、溶液澄明时倾入涂有润滑剂的栓模内，冷凝，制成30枚。

【功能与主治】 本品能增加肠的蠕动而发挥通便作用，为润滑性泻药。

【处方工艺分析】 甘油为主药，硬脂酸在碱性条件下发生水解（即皂化反应），生成产物硬脂酸钠作为亲水性基质，水为溶剂。

【制备过程注意事项】

① 制备甘油栓时，水浴要保持沸腾，且蒸发皿底部应接触水面，使硬脂酸细粉与碳酸钠充分反应，直至沸腾停止、溶液澄明、皂化反应完全，才能停止加热。产生的二氧化碳必须除尽，否则所制得的栓剂内含有气泡，有损药物外形。

② 碱量超过理论量10%～15%，皂化快，成品软而透明。

③ 水分含量不宜过多，否则成品浑浊，也可在制备时不加水。

④ 栓模预热至80℃左右，这样可使冷却较慢，成品硬度适宜。

### 任务二　水杨酸乳膏制备

【处方】 水杨酸　50g　　硬脂酸甘油酯　70g
　　　　硬脂酸　100g　　白凡士林　120g
　　　　液状石蜡　100g　　甘油　120g
　　　　十二烷基硫酸钠　10g　　羟苯乙酯　1g
　　　　纯化水　480ml

【制法】 称取水杨酸研细后过 60 目筛，备用。称取硬脂酸甘油酯、硬脂酸、白凡士林及液状石蜡加热熔化为油相，保持温度在 70～80℃。另将甘油及纯化水加热至 90℃，再加入十二烷基硫酸钠及羟苯乙酯溶解为水相。然后将水相缓缓倒入油相中，边加边搅，直至冷凝，即得乳剂型基质；将过筛的水杨酸加入上述机制中，搅拌均匀即得。

【功能与主治】 用于治疗手足癣及体骨癣，忌用于糜烂或继发性感染部位。

【工艺处方分析】 本品为 O/W 型乳剂。水杨酸为主药，十二烷基硫酸钠及单硬脂酸甘油酯为混合乳化剂。硬脂酸、白凡士林、液状石蜡为油相，甘油、纯化水为水相，同时甘油还具有保湿的作用，羟苯乙酯为防腐剂。

【制备过程注意事项】

① 本品为 O/W 型乳剂，采用十二烷基硫酸钠及单硬脂酸甘油酯（1∶7）为混合乳化剂，其 HLB 值为 11，接近本处方中油相所需的 HLB 值 12.7。制得的乳膏剂稳定性较好。

② 在 O/W 型乳剂中加入凡士林可以克服应用上述基质时干燥的缺点，有利于角质层的水合而有润滑作用。

③ 加入水杨酸时，基质温度不宜过高，以免水杨酸挥发损失，而且温度过高，当本品冷凝后常会析出粗大药物结晶。还应避免与铁或其他重金属器具接触，以防水杨酸变色。

## 活动与探究

结合已学知识，并通过图书馆、网络等查阅资料，掌握岗位要求。

一般软膏剂的配置操作室洁净度要求不低于 30 万级，用于深部组织创伤的软膏剂制备的暴露工序洁净度要求不低于 10 万级；室内相对室外呈正压，温度 18～26℃、相对湿度 45%～65%。

| 岗位要求 | 称量 | 配制 | 罐装 | 外包装 |
|---|---|---|---|---|
| 岗位职责 | | | | |
| 生产工艺管理要点 | | | | |
| 质量控制点 | | | | |

## 单元要点

一、栓剂

1. 栓剂是指将药物与适宜基质制成的具有一定形状供腔道给药的固体制剂。

2. 根据给药途径的不同，栓剂可分为肛门栓、阴道栓、尿道栓、喉道栓、耳用栓和鼻用栓等。

3. 栓剂的处方组成包括药物、基质和附加剂。

4. 栓剂基质可分为油脂性（可可豆脂等）和水溶性（甘油明胶、PEG 等）两大类。

5. 栓剂的制法主要有搓捏法、冷压法和热熔法三种，栓剂制备中，利用置换价可以计算基质的用量。

二、软膏剂

1. 软膏剂系指药物与适宜基质制成的一种易涂布于皮肤、黏膜或创面的膏状外用制剂。

2. 软膏剂的常用基质分为油脂性、水溶性和乳剂型基质三大类。

3. 软膏剂制备方法有研合法、熔合法和乳化法三种。

## 目标检测

一、填空题

1. 栓剂的处方组成包括（　　）、（　　）和（　　）。

2. 根据给药途径的不同，栓剂可分为肛门栓、阴道栓、尿道栓、喉道栓、耳用栓和鼻用栓等。目前，最常用的有（　　）和（　　）两种。

3. 肛门栓既可起局部治疗作用，又可起全身治疗作用；阴道栓则主要起（　　）作用。

4. 软膏剂系指药物与适宜（　　）制成的一种易涂布于皮肤、黏膜或创面的膏状外用制剂。

5. 软膏剂对皮肤、黏膜及创面主要起（　　）、（　　）和局部治疗作用，如杀菌、防腐、收敛、消炎等。

二、选择题

（一）单选题

1. 下列哪项不是对栓剂基质的要求（　　）

A. 在体温下保持一定的硬度　　B. 不影响主药的作用
C. 不影响主药的含量测定　　D. 不因晶型的转化而影响栓剂的成型

2. 下列关于栓剂的描述错误的是（　　）

A. 可发挥局部与全身治疗作用　　B. 制备栓剂可用冷压法
C. 栓剂应无刺激，并有适宜的硬度　　D. 可以使全部药物避免肝的首过效应

3. 甘油明胶作为水溶性基质正确的是（　　）

A. 常作为肛门栓的基质　　B. 药物的溶出与基质的比例无关
C. 体温下熔化　　D. 甘油与水的含量越高越易溶解

4. 制备油脂性基质的栓剂时，可选用的润滑剂是（　　）

A. 液状石蜡　　B. 植物油　　C. 软肥皂、甘油、乙醇　D. 肥皂

5. 下列有关软膏剂的叙述错误的是（　　）

A. 软膏具有保护、润滑、局部治疗及全身治疗作用
B. 软膏剂是将药物加入适宜基质中制成的一种半固体外用制剂
C. 软膏剂按分散系统可分为溶液型、混悬型两类
D. 软膏剂必须对皮肤无刺激性且无菌

6. 配制遇水不稳定的药物软膏应选择的软膏基质是（　　）

A. 油脂性　　B. O/ W 型乳剂　　C. W/O 型乳剂　　D. 水溶性

7. 软膏中常加入硅酮，因为它是良好的（　　）

A. 防腐剂　　B. 溶剂　　C. 润滑剂　　D. 保湿剂

8. 甘油常用作乳剂型软膏基质的（　　）

A. 保湿剂　　B. 防腐剂
C. 助悬剂　　D. 皮肤渗透促进剂

（二）多选题

1. 影响栓剂中药物吸收的因素（　　）

A. 塞入直肠的深度　　B. 直肠液的酸碱性　　C. 药物的溶解度
D. 药物的粒径大小　　E. 药物的脂溶性

2. 栓剂基质的要求（　　）

A. 有适当的硬度
B. 熔点与凝固点应相差很大
C. 具有润湿与乳化能力
D. 水值较高，能混入较多的水
E. 不影响主药的含量测定

3. 用热熔法制备栓剂的过程包括（　　）
A. 涂润滑剂　B. 熔化基质　C. 加入药物
D. 注模　E. 冷却、脱模

4. 软膏基质可分为（　　）
A. 油脂性基质　B. 水溶性基质　C. 乳剂基质
D. 固体基质　E. 气体基质

5. 软膏剂基质的基本组成是（　　）
A. 水相　B. 液态油相　C. 乳化剂
D. 固体油相　E. 保湿剂

6. 软膏剂制备的方法有（　　）
A. 研和法　B. 溶解法　C. 乳化法
D. 熔和法　E. 聚合法

三、简答题

1. 简述不同用途的栓剂的作用特点。
2. 栓剂的制备方法有哪些？
3. 栓剂基质的类型有哪些？列出主要代表物。
4. 栓剂的制备方法有哪些？质检的主要项目是什么？
5. 对软膏剂的基质有何要求？
6. 说出软膏剂灌封岗位的职责。
7. 软膏剂灌装过程中的质量控制点是什么？

**答案：**

一、填空题

1. 药物、基质、附加剂。
2. 肛门栓、阴道栓。
3. 局部。
4. 基质。
5. 保护、润滑。

二、选择题

（一）单选题

1. A　2. D　3. D　4. C　5. D　6. A　7. C　8. A

（二）多选题

1. ABCDE　2. ACDE　3. ABCDE　4. ABC　5. ACD　6. ACD

三、简答题

略

# 学习单元五　无菌制剂制备技术

**学习目标**

1. 注射剂与滴眼剂的含义、特点、质量要求、常用辅料种类及作用。
2. 大小容量注射剂和粉针剂、滴眼剂的制备方法与技术。
3. 热原的含义、性质、污染途径和除去方法。
4. 大小容量注射剂和粉针剂、滴眼剂的质量控制项目、生产车间各岗位的洁净度要求与工艺要求。
5. 大、小容量注射剂和粉针剂、滴眼剂常用容器及质量要求。
6. 输液和粉针剂生产中容易出现的问题及解决的办法。
7. 注射剂和滴眼剂生产所用设备的结构、工作原理。

**工作任务**

1. 对注射剂和滴眼剂所用辅料能初步进行筛选与选取。
2. 能进行大、小容量注射剂和粉针剂、滴眼剂的一般生产操作。
3. 能对大、小容量注射剂和粉针剂、滴眼剂生产所用设备进行清洁与维护。
4. 能对大、小容量注射剂和粉针剂、滴眼剂生产过程中出现的不合格品进行判断，并能找出原因同时提出解决方法。
5. 能对生产所用设备在运行过程中出现的一般故障进行排除。

无菌制剂是指采用无菌操作方法或技术制备的不含任何活的微生物繁殖体和芽孢，或采用物理、化学方法杀灭或除去所有活的微生物繁殖体和芽孢的一类药物制剂。无菌制剂根据除去活微生物的制备工艺不同可分为灭菌制剂与无菌制剂。

无菌制剂一般直接注入体内或直接与创伤面、黏膜接触。因此，在使用前必须保证处于无菌状态。在生产和储存该类制剂时，对设备、人员及环境也有特殊要求。

本单元重点介绍注射剂与眼用液体制剂。

**知识扩展**

无菌制剂主要分为：①注射用制剂，如水针剂、输液、粉针剂等；②眼用制剂，如滴眼剂、眼用膜剂、软膏剂和凝胶剂等；③植入型制剂，如植入片等；④创面用制剂，如溃疡、烧伤及外伤用溶液、软膏剂和气雾剂等；⑤手术用制剂，如止血海绵和骨蜡、用于伤口或手术后切口的冲洗液和透析液等。

## 模块一　必备知识——注射剂、输液剂、粉针剂、滴眼剂

### 一、注射剂相关知识

注射剂（injections）俗称针剂，是药物与适宜溶剂或分散介质制成的供注入人体内的溶液、乳状液或混悬液及供临用前配制或稀释成溶液或混悬液的粉末或浓溶液的无菌制剂。注射剂由药物、溶剂、附加剂及特制的容器所组成，是临床应用中最广泛的剂型之一。

### (一) 注射剂的特点

① 药效迅速、作用可靠。注射剂因直接注射入人体组织、血管或器官内，所以吸收快，作用迅速。特别是静脉注射，药液可直接进入血液循环，更适于抢救危重病症之用。并且因注射剂不经胃肠道，故不受消化系统及食物的影响，因此剂量准确，作用可靠。

② 适用于不宜口服给药的患者。在临床上常遇到昏迷、抽搐、惊厥等状态的患者，或消化系统障碍的患者均不能口服给药，采用注射给药则是有效的途径。

③ 适用于不宜口服的药物。某些药物由于本身的性质不易被胃肠道吸收，或具有刺激性，或易被消化液破坏，可将这些药物制成注射剂。如酶、蛋白等生物技术药物由于其在胃肠道不稳定，常制成粉针剂。

④ 发挥局部定位作用。如牙科和麻醉科用的局麻药等。

⑤ 注射给药不方便且安全性较低。由于注射剂是一类直接入血的制剂，使用不当更容易发生危险。且注射时疼痛，易发生交叉污染，安全性差。故应根据医嘱由技术熟练的专业人员操作，以保证安全。

⑥ 其他。注射剂制造过程复杂，生产费用较大，价格较高等。

### (二) 注射剂的质量要求

1. 无菌

注射剂成品中不得含有任何活的微生物。

2. 无热原

无热原是注射剂的重要质量指标，特别是供静脉及脊椎注射的制剂，均需进行热原检查，合格后方能使用。

3. 可见异物检查

检查存在于注射剂和滴眼剂中，在规定条件下目视可以观察到的不溶性物质，这些物质粒径或长度通常大于 50μm。

4. 安全性

注射剂不能引起对组织的刺激性或发生毒性反应，特别是一些非水溶剂及一些附加剂，必须经过必要的动物实验，以确保安全。

5. 渗透压

其渗透压要求与血浆的渗透压相等或接近。供静脉注射的大剂量注射剂还要求具有等张性。

6. pH 值

注射剂的 pH 值要求尽量与血液 pH 值（约 7.4）相等或接近，但一般情况下根据药物性质可以控制在 4～9 的范围。

7. 稳定性

注射剂多系水溶液，稳定性问题比较突出，故要求注射剂具有必要的物理稳定性和化学稳定性，以确保产品在储存期内安全、有效。

8. 其他

注射剂中降压物质、有效成分含量、最低装量及装量差异等，均应符合药品标准要求。在注射剂的生产过程中常常遇到的问题是可见异物、化学稳定性、无菌及无热原等问题，在生产过程中应注意产生上述问题的原因及解决办法。

### (三) 注射剂的分类和给药途径

1. 注射剂的分类

注射剂按照药物的分散方式不同，可分为溶液型注射剂、混悬型注射剂、乳剂型注射剂以及临用前配成液体使用的注射用无菌粉末等。见表 5-1。

**表 5-1　注射剂的分类**

| 分类 | 特点 | 举例 |
| --- | --- | --- |
| 溶液型注射剂 | 该类注射剂应澄明，包括水溶液和油溶液等 | 安乃近注射液、二巯丙醇注射液 |
| 混悬型注射剂 | 药物粒度应控制在 15μm 以下，含 15～20μm（间有个别 20～50μm）者，不应超过 10%，若有可见沉淀，振摇时应容易分散均匀。混悬型注射剂不得用于静脉或椎管注射 | 醋酸可的松注射液、鱼精蛋白胰岛素注射液 |
| 乳剂型注射剂 | 该类注射剂应稳定，不得有相分离现象，不得用于椎管注射，静脉用乳状液型注射液分散相球粒的粒度 90% 应在 1μm 以下，不得有大于 5μm 的球粒 | 静脉营养脂肪乳注射液 |
| 注射用无菌粉末 | 亦称粉针，指供注射用的无菌粉末或块状制剂 | 青霉素、蛋白酶类粉针剂 |

2. 注射剂的给药途径（见表 5-2）

**表 5-2　注射剂的给药途径**

| 给药途经 | 特点 | 举例 |
| --- | --- | --- |
| 皮内注射 | 注射于表皮与真皮之间，一次剂量在 0.2ml 以下，常用于过敏性试验或疾病诊断 | 青霉素皮试液、白喉诊断毒素 |
| 皮下注射 | 注射于真皮与肌肉之间的松软组织内，一般用量为 1～2ml。皮下注射剂主要是水溶液，药物吸收速度稍慢。由于人体皮下感觉比肌肉敏感，故具有刺激性的药物混悬液，一般不宜作皮下注射 | 胰岛素的注射、疫苗 |
| 肌内注射 | 注射于肌肉组织中，一次剂量为 1～5ml。注射油溶液、混悬液及乳浊液具有一定的延效作用，且乳浊液有一定的淋巴靶向性 | 普鲁卡因青霉素的注射 |
| 静脉注射 | 注人静脉内，一次剂量自几毫升至几千毫升，且多为水溶液。油溶液和混悬液或乳浊液易引起毛细血管栓塞，一般不宜静脉注射，但平均直径＜1μm 的乳浊液，可作静脉注射。凡能导致红细胞溶解或使蛋白质沉淀的药液，均不宜静脉给药 | 氨基酸输液、氯化钠注射液 |
| 脊椎腔注射 | 注人脊椎四周蛛网膜下腔内，一次剂量一般不得超过 10ml。由于神经组织比较敏感，且脊椎液缓冲容量小、循环慢，故脊椎腔注射剂必须等渗，pH 在 5.0～8.0 之间，注入时应缓慢 | 蛛网膜下腔麻醉，如盐酸利多卡因的注射 |

其他：包括动脉内注射、心内注射、关节内注射、滑膜腔内注射、穴位注射以及鞘内注射等。

### （四）注射剂处方组分

1. 注射用原料

注射剂必须采用注射用原料，且必须符合药典或国家药品标准。获得注射原料后，为防止批号间的质量差异，生产前需做小样试制，各项检验合格后方可使用。

2. 注射用溶剂

（1）注射用水　《药品生产质量管理规范》确定的工艺用水，包括饮用水、纯化水、注射用水及灭菌注射用水。

《中国药典》规定：①注射用水为纯化水经蒸馏所得的蒸馏水；②灭菌注射用水为经灭

菌后的注射用水；③纯化水为原水经蒸馏法、离子交换法、反渗透法或其他适宜的方法制得的供药用的水。

只有注射用水才可配制注射剂，注射用水可作为配制注射剂的溶剂或稀释剂及直接接触药品的设备、容器具的最后清洗，也可作为配制滴眼剂的溶剂，还用于无菌原料药的精制。灭菌注射用水主要用作注射用无菌粉末的溶剂或注射液的稀释剂。纯化水不得用于注射剂的配制，可作为配制普通药剂的溶剂或试验用水。

（2）注射用油　注射用油有麻油、大豆油、茶油等植物油，主要使用的是供注射用的大豆油。

《中国药典》规定注射用油的质量要求为：无异臭，无酸败味；色泽不得深于黄色 6 号标准比色液；在 10℃时应保持澄明；碘值为 79～128g/100g；皂化值为 185～200mgKOH/g；酸值不得大于 0.56mgKOH/g。碘值、皂化值、酸值是评价注射用油质量的重要指标。矿物油和碳水化合物因不能被机体代谢吸收，故不能供注射用。油性注射剂只能供肌内注射。

（3）其他注射用非水溶剂　丙二醇、聚乙二醇、二甲基乙酰胺、乙醇、甘油、苯甲醇等，由于能与水混溶，一般可与水混合使用，以增加药物的溶解度或稳定性。

3. 注射剂的主要附加剂

为确保注射剂的安全、有效和稳定，除主药和溶剂外还可加入其他物质，这些物质统称为“附加剂”。

## 活动与探究

1. 查阅资料，了解药典对注射剂中所用附加剂的类型和用量的规定。

| 附加剂 | 浓度范围/% | 作用 | 附加剂 | 浓度范围/% | 作用 |
|---|---|---|---|---|---|
|  |  |  |  |  |  |
|  |  |  |  |  |  |
|  |  |  |  |  |  |
|  |  |  |  |  |  |

由上述探究可知，附加剂的种类不同，在注射剂中的作用不同。附加剂在注射剂中的主要作用是：①增加药物的理化稳定性；②增加主药的溶解度；③抑制微生物生长，尤其对多剂量注射剂更要注意；④减轻疼痛或对组织的刺激性等。注射剂常用附加剂主要有：缓冲剂、增溶剂、抑菌剂、等渗调节剂、局麻剂、抗氧剂等。

2. 注射剂、滴眼剂、滴鼻剂等经血管、黏膜组织给药的液体药剂的渗透压应与血浆、泪液等液体的渗透压相等。如不等时，常常成为疼痛、刺激的原因，有时也能产生溶血及红细胞皱缩等不良后果，因此配制用量较大的输液及洗眼液更应注意其渗透压问题。查阅资料，了解等渗调节计算方法。

### （五）热原

1. 热原的含义与性质

热原（pyrogen）是注射后能引起人体特殊致热反应的物质，大多数细菌都能产生热原，致热能力最强的是革兰阴性杆菌，霉菌甚至病毒也能产生热原，含热原的注射液注入体内后，半小时左右就能产生发冷、寒战、体温升高、恶心、呕吐等不良反应，严重者出现昏迷、虚脱，甚至有生命危险。

2. 热原的组成

热原是微生物的一种内毒素（endotoxin），是磷脂、脂多糖和蛋白质的复合物，存在于细菌的细胞膜和固体膜之间。脂多糖是内毒素的主要成分，因而大致可认为热原＝内毒素＝脂多糖。脂多糖组成因菌种不同而异，热原的相对分子质量一般为$1\times10^6$左右。

3. 热原主要有下列性质

（1）耐热性　热原在60℃加热1h不受影响，100℃加热也不降解，但在250℃ 30～45min、200℃ 60min或180℃ 3～4h可使热原彻底破坏。一般热压灭菌法不易破坏注射剂的热原。

（2）过滤性　热原体积小，约为1～5nm，一般的滤器均可通过，微孔滤膜也不能截留，但能被活性炭吸附。

（3）水溶性　因磷脂结构上连接有多糖，所以热原能溶于水。

（4）不挥发性　热原本身不挥发，但蒸馏时可随水蒸气中的雾滴带入蒸馏水，故应设法防止。

（5）其他　热原能被强酸、强碱破坏，也能被强氧化剂（如高锰酸钾或过氧化氢等）破坏，超声波及某些表面活性剂（如去氧胆酸钠）也能使之失活。

4. 热原的主要污染途径

（1）生产过程中的污染

① 从溶剂中带入。

② 从原辅料中带入。

③ 从容器、用具、管道与设备等带入。

④ 制备过程中的污染。

（2）使用过程中的污染　临床使用的输液器具（输液瓶、乳胶管、针头与针筒等）污染会带入热原，进而引起热原反应。配药室或临床科室配药过程中，由于环境、操作、用品、混入的其他药品等的污染也可能带入热原。

5. 热原的去除方法

（1）高温法　能经受高温加热处理的容器与用具，如针头、针筒或其他玻璃器皿，在洗净后，一般于250℃加热30min以上，可破坏热原。

（2）酸碱法　玻璃容器、用具（如配液用玻璃、搪瓷器皿等），可用重铬酸钾-硫酸清洗液或稀氢氧化钠液处理，可将热原破坏，热原亦能被强氧化剂破坏。

（3）吸附法　活性炭性质稳定、吸附性强兼具助滤和脱色作用，活性炭可以吸附部分热原，故广泛用于注射剂生产过程，常用量为0.1％～0.5％，如0.2％活性炭与0.2％硅藻土合用于处理20％甘露醇注射液，除热原效果较好。应注意吸附可能造成的主药的损失。

（4）离子交换法　国内有用＃301弱碱性阴离子交换树脂10％与＃122弱酸性阳离子交换树脂8％，成功地除去丙种胎盘球蛋白注射液中的热原。临床使用的一次性注射器、输液器都普遍使用该方法，效果可靠、产品具有较长的有效期。

（5）凝胶过滤法　热原相对分子质量为$1\times10^6$左右，采用二乙氨基乙基葡聚糖凝胶（分子筛）可除去部分热原，从而制备无热原去离子水。

（6）反渗透法　用反渗透法通过醋酸纤维膜除去热原，这是近几年发展起来的有使用价值的新方法。

（7）超滤法　一般用3.0～15nm孔径的超滤膜除去部分热原。如超滤膜过滤10％～

15%的葡萄糖注射液可除去热原。Sulliven 等采用超滤法除去 $\beta$-内酰胺类抗生素中内毒素等。

(8) 其他方法　如采用离子交换法、反渗透法、微波法等也可破坏热原，也可通过吸附或滤过作用除去部分热原。

热原检查应注意的几个问题？

## 二、小容量注射剂的制备技术

小容量注射剂也称水针剂，指装量小于 50ml 的注射剂，通常采用湿热灭菌法制备。该类注射剂除一般理化性质外，无菌、无热原、澄明度、pH 等项目的检查均应符合规定。其生产过程包括原辅料和容器的前处理、称量、配制、过滤、灌封、灭菌、质量检查、包装等步骤。小容量注射剂生产工艺流程见图 5-1。

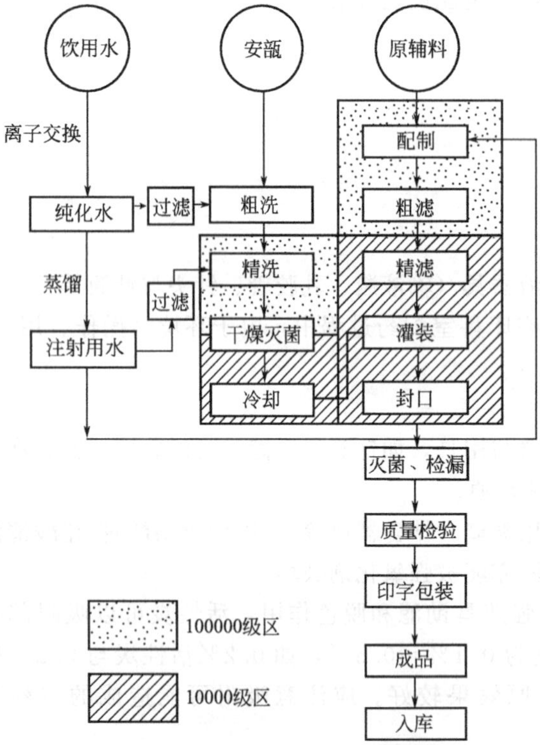


图 5-1　小容量注射剂的生产工艺流程图

### (一) 原辅料的准备

供注射剂生产所用原料必须符合《中国药典》及国家有关对注射剂原料质量标准的要求。辅料也应符合《中国药典》或国家其他有关质量标准，若有注射用规格，应选用注射用规格。对医疗上确实需要，但专供注射用的原料有时不易获得，而必须用化学试剂时，应严格控制质量，加强检验，特别是水溶性有毒物质，还应进行安全试验，证明无害并经有关部门批准后方可使用。某些品种，可另行制定内控标准。在大生产前，均应做小样试制，检验合格后方能使用。

### (二) 安瓿

1. 安瓿的一般知识

我国目前水针剂生产所用的容器都为安瓿。为避免折断安瓿瓶颈时产生玻璃屑、微粒进入安瓿污染药液，国家食品药品监督管理局（SFDA）已强制推行曲颈易折安瓿。易折安瓿有两种，色环易折安瓿和点刻痕易折安瓿。

**知识扩展**

色环易折安瓿是将一种膨胀系数高于安瓿玻璃两倍的低熔点粉末熔固在安瓿颈部成为环状，冷却后由于两种玻璃的膨胀系数不同，在环状部位产生一圈永久应力，用力一折即可平整折断，不易产生玻璃碎屑。点刻痕易折安瓿是在曲颈部位有一细微刻痕，在刻痕中心标有直径 2mm 的色点，折断时，施力于刻痕中间的背面，折断后，断面应平整。

目前安瓿多为无色，有利于检查药液的可见异物。对需要避光的药物，可采用琥珀色玻璃安瓿。琥珀色可滤除紫外线，适用于光敏药物。琥珀色安瓿含氧化铁，痕量的氧化铁有可能被药液浸取而进入产品中，如果产品中含有的成分能被铁离子催化，则不能使用琥珀色玻璃容器。

（1）制造安瓿的玻璃及安瓿的规格　安瓿的容积通常为1ml、2ml、5ml、10ml、20ml等几种规格。

**知识扩展**

玻璃质量有时可影响注射剂的稳定性，如导致pH值改变、沉淀、变色、脱片等。目前制造安瓿的玻璃主要有中性玻璃、含钡玻璃和含锆玻璃。中性玻璃是低硼酸硅盐玻璃，化学稳定性好，适合于近中性或弱酸性注射剂，如葡萄糖注射液、灭菌注射用水等。含钡玻璃的耐碱性好，可作碱性较强的注射液的容器，如磺酸嘧啶钠注射液（pH10～10.5）。含锆玻璃系含少量锆的中性玻璃，具有更高的化学稳定性，耐酸、碱性能好，可用于盛装酸碱性较强及对pH敏感等药物，如乳酸钠、碘化钠、磺胺嘧啶钠、酒石酸锑钾等注射液。

（2）安瓿的质量要求　安瓿的质量与注射剂稳定性的关系密切，安瓿用来灌装各种性质不同的注射液，不仅在制造过程中需经高温灭菌，而且应适合在不同环境下长期储藏。因此，注射剂玻璃容器应达到以下质量要求：①应无色透明，以利于检查药液的可见异物、杂质以及变质情况；②应具有低的膨胀系数、优良的耐热性，使之不易冷爆破裂；③熔点低，易于熔封；④不得有气泡、麻点及砂粒；⑤应有足够的物理强度，能耐受热压灭菌时产生的较大压力差，并能避免在生产、装运和保存过程中可能造成的破损；⑥应具有高度的化学稳定性，不与注射液发生物质交换。

（3）安瓿的检查　为了保证注射剂的质量，安瓿必须按药典要求进行一系列的检查，主要包括物理和化学检查。物理检查内容主要有安瓿外观、尺寸、应力、清洁度、热稳定性等；化学检查内容主要有容器的耐酸、碱性和中性检查等。理化性能合格后，尚需做装药试验，装药试验主要是检查安瓿与药液的相容性，证明无影响方能使用。

2. 安瓿洗涤操作技术

安瓿在制造和运输过程中难免受到污染，必须经过洗涤方可使用。安瓿的洗涤方法一般有3种，见表5-3。

**表5-3　安瓿的洗涤方法**

| 方法 | 应　　用 |
|---|---|
| 甩水洗涤法 | 将安瓿经喷淋灌水机灌满滤净的纯化水，再用甩水机将水甩出，如此反复3次。此法由于洗涤质量不高，生产中已基本不用 |
| 气水喷射洗涤法 | 指用滤过的纯化水与滤过的压缩空气由针头喷入安瓿内交替喷射洗涤，冲洗顺序一般为气→水→气→水→气。最后一次洗涤用水应是经过微孔滤膜精滤的注射用水 |
| 超声波洗涤法 | 利用超声技术清洗安瓿是国外制药工业近20年新发展起来的一项新技术。在液体中传播的超声波能对物体表面的污物进行清洗。本法具有清洗洁净度高、清洗速度快等特点。特别是对盲孔和各种几何状物体，洗净效果独特。与气水喷射洗涤法相结合效果更好 |

3. 安瓿洗涤、干燥常用设备

药厂生产一般将安瓿洗瓶机安装在安瓿干燥灭菌与灌封工序前，组成洗、烘、灌、封联动生产流水线。安瓿洗涤常用的设备见表5-4。

表 5-4 安瓿洗涤常用的设备

| 名　　称 | 设备外观图(或结构示意图) | 性能及其适用范围 |
| --- | --- | --- |
| 气水喷射式安瓿洗瓶机组 |  | 该机组主要由供水系统、压缩空气及其过滤系统、洗瓶机三大部分组成。适用于曲颈安瓿和大规格安瓿的洗涤，气水洗涤程序自动完成 |
| 超声波安瓿洗瓶机 |  | 该机主要特点是与气水喷射联用，采用先进的超声波清洗技术，符合 GMP 的生产技术要求，为自动电气控制。利用超声波清除瓶内、外黏附较牢固的物质，自动完成进瓶、超声波清洗、外洗、内洗到出瓶的全套生产过程，清洗效果好 |
| 连续电热隧道灭菌烘箱 |  | 此种烘箱为隧道式，可将其与超声波安瓿清洗机和多针拉丝安瓿灌封机配套使用，组成联动生产线 |

## （三）配制与过滤

小容量注射剂主要由药物、溶剂及其他附加剂组成。注射液配制前，应正确计算原辅料的用量，称量时应两人核对。若在制备过程中（如灭菌后）药物含量易下降，应酌情增加投料量。含结晶水药物应注意其换算。

1. 配制与过滤操作技术（见表 5-5）

表 5-5 安瓿配制操作技术

| 方　法 | 应　　用 |
| --- | --- |
| 浓配法 | 指将全部药物加入部分处方量溶剂中配成浓溶液，加热或冷藏后过滤，然后稀释至所需浓度，此法可滤除溶解度小的杂质 |
| 稀配法 | 指将全部药物加入全部处方量溶剂中，一次配成所需浓度，再行过滤，此法可用于优质原料 |
| 二级过滤法 | 先将药液进行预滤，常用滤器为钛滤器；再进行精滤，常用微孔滤膜（孔径为 0.22～0.45μm）滤器，药液经含量、pH 检验合格后方可精滤。为确保过滤质量，很多药厂将精滤后的药液灌装前再进行终端过滤，所用滤器为孔径 0.22μm 的微孔滤膜滤器 |

2. 配制与过滤常用设备（见表 5-6）

**表 5-6　安瓿配制常用的设备**

| 名　称 | 设备示意图 | 性能及其适用范围 |
| --- | --- | --- |
| 不锈钢配液罐(配制药液) |  | 配液罐在罐体上带有夹层，罐盖上装有搅拌器，顶部一般装有喷淋装置便于配液罐的清洗。夹层既可通入蒸汽加热，提高原辅料在注射用水中的溶解速度；又可通入冷水，吸收药物溶解热。搅拌器由电机经减速器带动，转速约 20r/min，加速原辅料的扩散溶解，并促进传热防止局部过热。配液罐分为浓配罐和稀配罐 |
| 钛滤器 |  | 钛棒以工业纯钛粉(纯度≥99.68%)为主要原料经高温烧结而成。主要特性有：①化学稳定性好，能耐酸、耐碱，可在较大 pH 范围内使用；②机械强度大，精度高、易再生、寿命长；③孔径分布窄，分离效率高；④抗微生物能力强，不与微生物发生作用；⑤耐高温，一般可在 300℃以下正常使用；⑥无微粒脱落，不对药液形成二次污染。该滤器常用于浓配环节中的脱炭过滤以及稀配环节中的终端过滤前的保护过滤 |
| 微孔滤膜滤器 |  | 微孔滤膜是一种高分子滤膜材料，具有很多的均匀微孔，孔径 0.025～14$\mu$m 不等，其过滤机制主要是物理过筛作用。微孔滤膜的种类很多，常用的有醋酸纤维滤膜、聚丙烯滤膜、聚四氟乙烯滤膜等。微孔滤膜的优点是孔隙率高、过滤速度快、吸附作用小、不滞留药液、不影响药物含量，设备简单、拆除方便等；缺点是耐酸、耐碱性能差，对某些有机溶剂如丙二醇适应性也差，截留的微粒易使滤膜阻塞，影响滤速，故应用其他滤器预滤后，才可使用该滤器过滤 |

## (四) 灌封

滤液经检查合格后进行灌装和封口，即灌封。

灌装药液时应注意：①剂量准确。灌装时注射液可分别按易流动液和黏稠液，根据现行版《中国药典》要求适当增加装量，以保证注射用量不少于标示量。②药液不沾瓶。为防止灌注器针头"挂水"，活塞中心常有毛细孔，可使针头挂的水滴缩回并调节灌装速度，过快时药液易溅至瓶壁而沾瓶。③易氧化的药物灌装时应通惰性气体。通惰性气体时既不使药液溅至瓶颈，又使安瓿空间空气除尽，一般采用空安瓿先充一次惰性气体，灌装药液后再充一次效果较好。

1. 灌封操作技术

安瓿封口目前都采用旋转拉丝封口，该方法封口严密，不易出现毛细孔，对药液的影响小。灌封过程中可能出现的问题有剂量不准，封口不严，出现泡头、平头、焦头等。焦头是经常遇到的问题，产生的原因有：灌药时给药太急，溅起药液挂在安瓿壁上，封口时形成炭化点；针头往安瓿里注药后，针头不能立即回药，尖端还带有药液水珠；针头安装不正，尤其是安瓿往往粗细不均，给药时药液沾瓶；压药与针头打药的行程配合不好，造成针头刚进瓶口就注药或针头临出瓶时才注完药液；针头升降轴不够润滑，针头起落迟缓等。应分析原因加以解决。

2. 灌封常用设备

灌封所用设备为拉丝灌封机。自动安瓿灌封机，可自动完成进瓶→理瓶→送瓶→前充氮→灌装→后充氮→预热→拉丝封口→出瓶等工序。可与超声波清洗机、隧道灭菌烘箱组成安瓿洗灌封联动机，完成洗涤、烘干灭菌以及药液灌封三个步骤联合起来的生产线。

### （五）检漏与灭菌

一般注射液灌封后必须尽快进行灭菌（应在12h内灭菌），以保证产品无菌。注射液的灭菌要求是杀灭所有微生物的前提下，避免药物的降解。灭菌与保持药物稳定性是矛盾的两个方面，灭菌温度高、时间长，容易把微生物杀灭，但却不利于药液的稳定，因此选择适宜的灭菌法对保证产品质量甚为重要。在避菌条件较好的情况下生产一般采用流通蒸汽灭菌，1～5ml安瓿常用流通蒸汽100℃ 30min灭菌；10～20ml安瓿常用100℃ 45min灭菌。

1. 检漏与灭菌操作技术

药厂生产一般采用热压灭菌法，要求按灭菌效果 $F_0$ 大于8进行验证。灭菌后的安瓿应立即进行漏气检查。若安瓿未严密熔合，有毛细孔或微小裂缝存在时，则药液易被微生物与污物污染或药物泄漏，因此必须剔除漏气产品。灭菌后的安瓿应立即进行漏气检查。一种方法是在灭菌后，趁热立即放色水于灭菌锅内，安瓿遇冷内部压力收缩，色水即从漏气的毛细孔进入而被检出。另一种方法是采用灭菌和检漏两用灭菌器。深色注射液的检漏，可将安瓿倒置后再进行热压灭菌，灭菌时安瓿内气体膨胀，将药液从漏气的细孔挤出，从而使药液减少或成空安瓿而被剔除。除上述方法外还可用仪器检查安瓿隙裂。

2. 检漏与灭菌常用设备

注射剂灭菌常用的设备有热压灭菌柜、水浴式灭菌柜等。检漏常用的设备为热压灭菌检漏器，灭菌、检漏可同时进行，注射剂生产中应用较多。见表5-7。

**表5-7 安瓿灌封、检漏与灭菌常用的设备**

| 名　称 | 设备外观图(或结构示意图) | 性能及其适用范围 |
|---|---|---|
| 拉丝灌封机 | 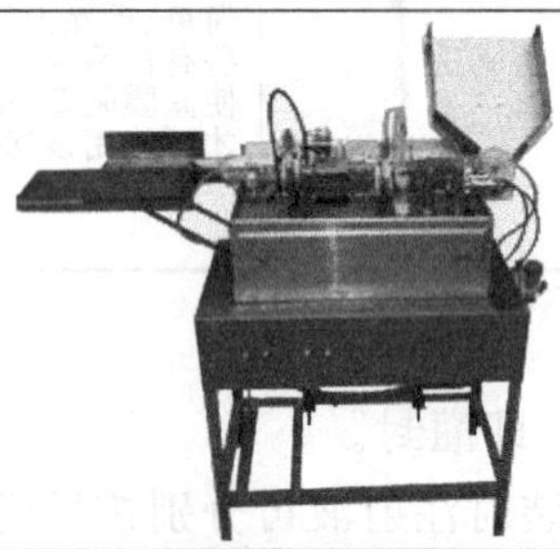 | 主要特点是生产全过程是在密闭或层流条件下工作，符合GMP要求，采用先进的电子技术和微机控制，实现机电一体化，使整个生产过程达到自动平衡、监控保护、自动控温、自动记录、自动报警和故障显示，减轻了劳动强度。其缺点是价格昂贵，部件结构复杂，对操作人员的管理知识和操作水平要求较高，维修也较困难 |
| 热压灭菌检漏器 |  | 灭菌后稍开箱门，同时放进冷水淋洗安瓿使温度降低，再关紧箱门并抽气，漏气安瓿内气体亦被抽出，当真空度为640～680mmHg① 时，停止抽气，开色水阀，至有色溶液（0.05%曙红或亚甲基蓝）盖没安瓿时止，开放气阀，再将色液抽回储器中，开启箱门，用热水淋洗安瓿后，剔除带色的漏气安瓿 |

① 1mmHg=133.322Pa。

### （六）质量检查

1. 可见异物检查

可见异物检查（即灯检），不仅可保证用药安全，而且可以发现生产中的问题。如白点可能由原料或安瓿产生；纤维主要因环境污染所致；玻璃屑往往是由圆口、灌封不当所致。我国药典对可见异物检查所用装置、人员条件、检查数量、检查方法、时限与判断标准等均有详细规定。目前仍为目力检查。国内外正在研究全自动检查机。

2. 不溶性微粒检查

除另有规定外，每 1ml 中含 10μm 以上的微粒不得超过 2 粒，含 25μm 以上的微粒不得超过 20 粒。检查方法主要有：①将药物溶液用微孔滤膜过滤，然后在显微镜下测定微粒的大小和数目（具体方法参看药典）；②采用库尔特计数器检查；③采用 ZWY-4 型注射液微粒分析仪检查；④采用 DWJ-1 型大输液微粒计数器检查。

3. 热原检查

目前各国药典法定的方法仍为家兔法。《中国药典》对家兔的要求、试验前的准备、检查法、结果判断均有明确规定。鲎试验法原理是用鲎的变形细胞溶解物与内毒素之间的胶凝反应。市场上有现成的鲎热原试剂。鲎试验法灵敏度高，操作简单，实验费用少，可迅速获得结果，鲎试验法适用于某些不能用家兔进行热原检测的品种，如放射性制剂、肿瘤抑制剂等。近几年来又发展了定量测定热原的显色基质法。

4. 无菌检查

注射剂在灭菌后，均应抽取一定数量的样品进行无菌检查。

5. 其他检查

除以上检查外，尚需进行装量检查；有的尚需进行有关物质、降压物质检查，异常毒性检查，pH 测定，刺激性、过敏试验及抽针试验等。

## 三、大容量注射剂的制备技术

大容量注射剂简称输液，指供静脉滴注输入体内的大剂量（除另有规定外，一般不小于 100ml）注射液。通常包装在玻璃或塑料的输液瓶或袋中，不含抑菌剂。使用时通过输液器调整滴速，持续而稳定地进入静脉，以补充体液、电解质或提供营养物质。由于其用量大而且直接进入人体血液，应在生产全过程中采取各种措施防止微粒、微生物、内毒素污染，确保安全。生产工艺等亦与小容量注射剂有一定差异。大容量注射剂生产工艺流程见图 5-2。

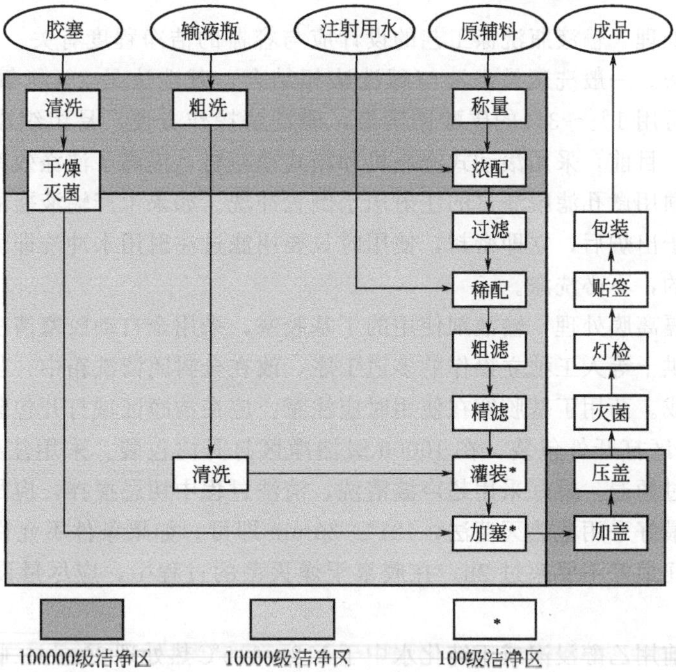


图 5-2 大容量注射剂生产工艺流程

### （一）输液容器的洗涤

1. 概述

静脉输液应用于疾病治疗以来，其容器经历了哪些变化？

（1）输液容器的种类　目前输液所用容器主要有瓶型和袋型两种。瓶型输液容器主要包括玻璃瓶和塑料瓶，玻璃瓶由硬质中性玻璃制成，塑料瓶一般采用聚丙烯材料。袋型输液容器所用材质为聚氯乙烯或复合膜。输液容器应无色透明，物理化学性质稳定，质量要求符合国家标准。

（2）质量要求　输液容器目前仍以玻璃瓶应用较多，本节重点讨论玻璃瓶包装的输液。此种包装由输液瓶、橡胶塞（含隔离膜）、铝盖（现常用铝塑组合盖）组成。输液瓶瓶口内径必须符合要求，光滑圆整，大小合适，否则将影响密封程度，在储存期间可能污染长菌。由于天然橡胶塞组成比较复杂，与注射液接触后，其中一些物质能进入药液，使药液出现混浊或产生异物，有些药物还可与胶塞发生化学反应，现已停止使用。目前生产中主要应用丁基橡胶塞，丁基橡胶塞具有气密性好，耐热性、耐酸碱性好，内在洁净度高，有较强的回弹性等特点。

2. 洗涤操作

（1）输液瓶处理　输液瓶洗涤工艺的设计应与容器的洁净程度有关。一般有直接水洗、酸洗、碱洗等方法。一般洗瓶是水洗与碱洗法相结合，碱洗法是2%氢氧化钠溶液（50～60℃）冲洗，也可用1%～3%的碳酸钠溶液，碱洗法操作方便，易组织流水线生产，也能消除细菌与热原。目前，采用滚动式洗瓶机和箱式洗瓶机，提高了洗涤效率和洗涤质量。在药液灌装前，必须用微孔滤膜滤过的注射用水倒置冲洗。如果生产输液瓶的车间达到规定净化级别要求，瓶子出炉后，立即密封，使用时只要用滤过注射用水冲洗即可。塑料袋采用无菌材料直接压制的，不必洗涤。

（2）胶塞、隔离膜处理　输液剂使用的丁基胶塞，采用全自动胶塞清洗机，将原来胶塞的洗涤、硅化、烘干等人工独立操作的多道工序，改在全封闭清洗箱中，从进料到出料，分工序连续一机完成。药用丁基胶塞在使用时应注意：应在洁净区域打开包装。药品生产企业应在10万级洁净区打开外包装，在10000级洁净区打开内包装。采用注射用水进行清洗，清洗次数不宜超过两遍，最好采用超声波清洗，清洗过程中切忌搅拌，应尽可能地减少胶塞间的摩擦。灭菌最好采用湿热灭菌法，121℃ 30min即可。如果条件不允许湿热灭菌，只能干热灭菌，则时间最好不要超过2h。在胶塞干燥灭菌的过程中，应尽量设法减少胶塞间的摩擦。

涤纶膜使用前用乙醇浸泡或于纯化水中于112～115℃热处理30min，临用前用滤清的注射用水动态漂洗。

3. 洗涤操作设备（见表 5-8）

**表 5-8　胶塞、输液瓶处理常用的设备**

| 名　称 | 设备示意图 | 性能及其适用范围 |
|---|---|---|
| 全自动胶塞清洗机 |  | 整个操作过程由可编程序控制，全自动操作，也可手动操作。胶塞的洗涤、灭菌及出料，由于在一机内连续完成，无中间转序环节，避免了交叉污染，洗涤时又采用了先进的超声技术，清洗质量十分可靠，可直接用于生产 |
| 理瓶机 | 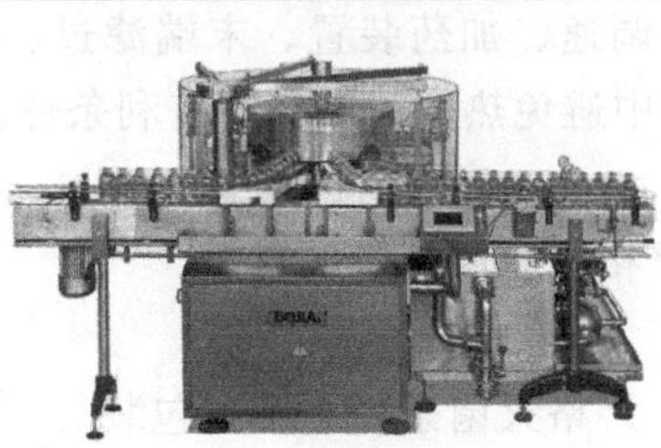 | 是将拆包取出的输液瓶按顺序排列起来，并逐个输送给洗瓶机。常用的是圆盘式理瓶机和等差式理瓶机 |
| 洗瓶机 | 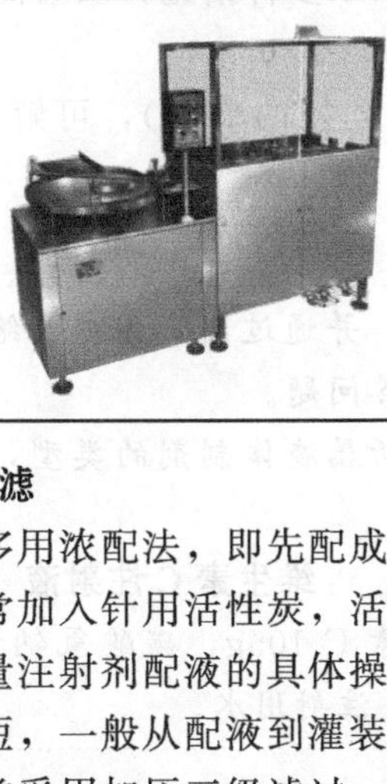 | 洗瓶机常用的有滚筒式洗瓶机和箱式洗瓶机等。滚筒式洗瓶机作为生产线时，分为粗洗段和精洗段。其主要特点是结构简单、易于操作、维修方便、占地面积小，粗洗、精洗在不同洁净区，无交叉污染等。箱式洗瓶机的特点是变频调速、程序控制、自动停车报警；洗瓶量大，冲刷准确可靠，输液瓶是倒置进入各洗涤工位，洗后瓶内不挂水，箱体密闭，无交叉污染等 |

### （二）输液配液与过滤

大容量注射剂配液多用浓配法，即先配成浓溶液，滤过后再加新鲜注射用水稀释至所需浓度。输液配制时，通常加入针用活性炭，活性炭有吸附热原、杂质和色素的作用，并在过滤时作为助滤剂。大容量注射剂配液的具体操作方法和工艺要求与小容量注射剂基本相同。输液配液过程应尽量缩短，一般从配液到灌装结束不宜超过 4h，以确保无热原。

输液剂的滤过装置常采用加压三级滤过，即按照板框式过滤器、垂熔玻璃滤器、微孔滤膜滤器的顺序进行粗滤、精滤和终端过滤。加压滤过既可以提高滤过速率，又可以防止滤过过程中产生的杂质或碎屑污染滤液，对高黏度药液可采用较高温度滤过。

配制用容器、滤过装置及输送管道，必须认真清洗。使用后应立即清洗干净，并定时进行灭菌。

### （三）输液的灌封和灭菌

输液灌封灌注设备有多种形式，常用的有量杯式负压灌装机、计量泵注射式灌装机、恒压式灌装机等。玻璃瓶输液的灌封包括灌注、塞胶塞、轧铝盖等操作。灌封要按照操作规程连续完成，即药液灌装至符合装量要求后，立即塞入丁基胶塞，轧紧铝盖。灌封要求装量准确，铝盖封紧。滤过和灌装均应在持续保温（50℃）条件下进行，防止细菌粉尘的污染。目前多采用自动灌封、放塞、落盖轧口联动机组机械化生产。灌封完成后，应进行检查，剔出轧口不严的输液剂，以免灭菌时冒塞或储存时变质。

灭菌要及时，输液从配制到灭菌的时间，一般不超过 4h。输液灭菌开始应逐渐升温，一般预热 20～30min，否则温度骤升易引起输液瓶爆炸，待达到灭菌温 115℃、68.64kPa（0.7kgf/cm$^2$[1]），维持 30min，然后停止升温，待柜内压力降到零，放出柜内蒸汽，至柜内压力与大气相等后，温度降至 80℃以下才可缓慢打开灭菌柜门，严禁带压操作，以避免造成严重的人身安全事故，对于塑料袋装输液，灭菌条件为 109℃热压灭菌 45min。

**（四）输液剂生产中存在的问题及可见异物与微粒的问题及解决办法**

1. 输液剂生产中存在的问题

（1）染菌　由于输液生产过程中严重污染、灭菌不彻底、瓶塞松动、漏气等原因，致使输液剂出现染菌现象。

（2）热原反应　使用过程中的污染引起的热原反应，所占比例不容忽视，因此尽量使用全套或一次性输液器，包括插管、导管、调速、加药装置、末端滤过、排除气泡及针头等，并在输液器出厂前进行灭菌，为使用过程中避免热原污染创造有利条件。

2. 可见异物与微粒的问题解决办法

① 按照输液用的原辅料质量标准，严格控制原辅料的质量。

② 提高丁基胶塞及输液容器质量。

③ 尽量减少制备生产过程中的污染，严格灭菌条件，严密包装。

④ 合理安排工序，加强工艺过程管理，采取多种措施，及时除去制备过程中产生的污染微粒。

⑤ 在输液器中安置终端过滤器（0.8μm 孔径的薄膜），可解决使用过程中微粒污染问题。

**想一想**

结合已学知识，并通过图书馆、网络等查阅药典、期刊及相关文献资料，回答问题。

写出下列处方所属液体制剂的类型，分析处方中各成分的作用并写出制法。

**维生素 C 注射液**

【处方】 维生素 C 105g，碳酸氢钠 49g，焦亚硫酸钠 3g，依地酸二钠 0.05g，注射用水。

## 四、注射用无菌粉末的制备

粉针剂是注射用无菌粉末的简称，一般采用无菌操作法精制、过滤、低温干燥、分装等工艺制备成无菌粉末制剂，临用前用灭菌注射用水配成溶液或混悬液注入体内。制剂中的主药大多为在水溶液中易分解失效或对热不稳定的药物，如青霉素、先锋霉素类、医用酶制剂等。

根据药物的性质与生产工艺条件不同，注射用无菌粉末可分为两种，一种是无菌粉末分装粉针剂，即灭菌溶剂结晶法或喷雾干燥法等制得固体药物粉末，再进行无菌分装，采用这种工艺方法制备的产品称为注射用无菌分装制品；另一种是冷冻干燥粉针剂，即药物溶液分装后通过冷冻干燥法制成固体块状物，采用这种工艺方法制备的产品称为注射用冷冻干燥制品。

[1] 1kgf/cm$^2$＝98.0665kPa，全书余同。

### （一）注射用无菌粉末的制备

1. 注射用无菌分装制品的制备

无菌分装粉针剂的生产工艺常采用直接分装法，系将精制的无菌粉末在无菌条件下直接进行分装，目前多采用容量分装法。生产工艺流程见图 5-3。

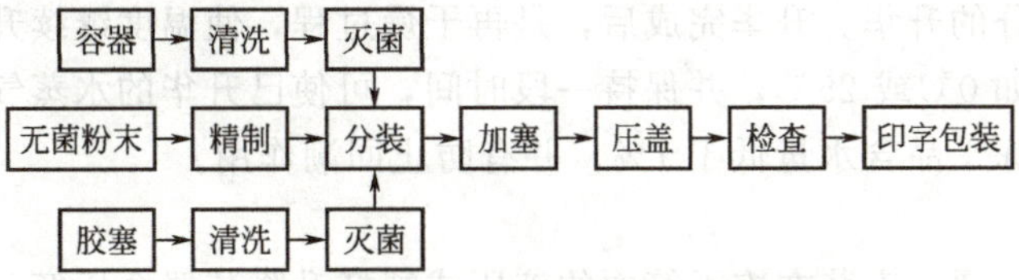


图 5-3 注射用无菌分装产品生产工艺流程
（精制和分装为 100 级或局部 100 级）

（1）药物的准备　为制定合理的生产工艺，需要掌握药物的物理化学性质，主要测定：①物料的热稳定性，以确定产品最后能否进行灭菌处理；②物料的临界相对湿度，用以设计生产中分装室的相对湿度；③物料的粉末晶型与松密度，从而选择适宜的分装容器和分装机械。

无菌原料可用灭菌结晶法或喷雾干燥法制备，必要时需进行粉碎、过筛等操作，在无菌条件下制得符合注射用的无菌粉末。安瓿或玻璃瓶及胶塞的处理按注射剂的要求进行，但均需进行灭菌处理。

（2）分装　药物的分装及安瓿的封口必须在高度洁净的无菌室中按无菌操作法进行。分装后小瓶应立即加塞并用铝盖密封。分装的机械设备有插管分装机、螺旋自动分装机、真空吸粉分装机等。此外，青霉素与其他抗生素不得轮换进行分装，以防交叉污染。

（3）灭菌及异物检查　对于不耐热品种，必须严格无菌操作。对于耐热的品种，如青霉素，为确保安全，一般可按照前述条件进行补充灭菌。异物检查一般在传送带上用目检视。应从流水线上将不合格品剔除。

（4）贴签与包装　同固体制剂包装。

2. 无菌分装工艺中存在的问题及解决办法

（1）装量差异　主要原因是物料流动性差，应根据具体情况分别采取措施。

（2）可见异物问题　应严格控制原料质量和生产环境，防止污染。

（3）无菌度问题　为解决此问题，一般都采用层流净化装置。

（4）吸潮变质问题　进行胶塞密封性能的测定，选择性能好的胶塞，且压紧铝盖后瓶口要烫蜡，以防水汽透入。

### （二）注射用冻干制品的制备

制备冻干无菌粉末冷冻干燥前药液的配制基本与水性注射剂相同，根据冷冻干燥过程最终产品的成型方式不同，可将冻干粉针剂的工艺分为托盘冻结干燥和西林瓶冻结干燥两种。托盘冻结干燥工艺是将药物经溶解、无菌过滤后注入广口托盘内冷冻干燥，干燥品按无菌分装粉针剂的生产工艺制备。冻干粉末的制备（以西林瓶冻结干燥工艺为例）分为药液配制、过滤、灌装、预冻、减压、升华、干燥、封口、压盖等处理过程。

1. 配液、过滤和灌装

将主药和辅料溶解在适当的溶剂中，先按用不同孔径的滤器对药液分级过滤，最后通过 0.22μm 级微孔膜滤器进行除菌过滤。将已经除菌的药液灌注到容器中，并用已经除菌胶塞半压塞。

2. 冷冻干燥

在无菌环境中把半压塞容器转移至冻干箱内进行预冻。预冻是恒压降温过程，首先运行冻干机，药液随温度的下降冻结成固体。然后是在抽气条件下，恒压升温，使固态水升华逸去。通常采用反复冷冻升华法，通过反复升温降温处理，制品晶体的结构被改变，由致密变为疏松，有利于水分的升华。升华完成后，是再干燥过程，使温度继续升高，具体温度根据制品的性质确定，如0℃或25℃，并保持一段时间，可使已升华的水蒸气或残留的水分被进一步抽尽。可保证冻干品含水量低于1%，并有防止回潮作用。

3. 封口

冷冻干燥完毕，通过安装在冻干箱内的液压或螺杆升降装置全压塞。为此还有专门橡皮塞，在分装液体后，橡皮塞被放置在瓶口上，因橡皮塞下部分有一些缺口，可使水分升华逸出。

4. 压盖

将已全压塞的制品容器移出冻干箱，用铝盖轧口密封。

5. 冷冻干燥中存在的问题及处理方法

(1) 含水量偏高　容器内装入药液过厚，升华干燥过程中供热不足，冷凝器温度偏高或者真空度不够，都可能导致含水量偏高。可采用旋转冷冻机进行冷冻干燥，或针对以上影响因素采取相对应的方法解决。

(2) 喷瓶　若供热太快，受热不均或预冻不完全，则易在升华过程中使制品部分液化，主真空减压条件下产生喷瓶。为防止喷瓶，必须控制预冻温度在共熔点以下10～20℃以确保冷冻完全，同时加热升华，注意温度不宜超过共熔点。

(3) 产品外形不饱满或萎缩　一些黏稠的药液由于结构过于致密，在冻干过程中内部水蒸气逸出不完全，冻干结束后，制品会因潮解而萎缩，遇到这种情况通常可在处方中加入适量甘露醇、氯化钠等填充剂，并采取反复预冻法，以改善制品的通气性，产品外观即可得到改善。

(4) 出现可见异物　注射用冷冻干燥制品的生产在无菌室内进行，应加强人流、物流与工艺的管理。严格控制环境污染，有的产品重新溶解时出现可见异物，主要是原料的质量及冻干前处理工作上有问题。采取粉末温度不超过产品共熔点等措施解决。

## 五、眼用液体制剂制备技术

### (一) 眼用液体制剂相关知识

眼用液体制剂是指供洗眼、滴眼或眼内注射用以治疗或诊断眼部疾病的液体制剂。按其用法可分为滴眼剂、洗眼剂和眼用注射剂三类，见表5-9。

**表5-9　眼用液体制剂相关知识**

| 眼用液体制剂 | 作　用 | 举　例 |
| --- | --- | --- |
| 滴眼剂 | 指直接用于眼部的外用液体制剂，包括水性、油性澄明溶液和水性混悬液。滴眼剂常用作消炎杀菌、散瞳缩瞳、降低眼压、麻醉或诊断，也可用作润滑或代替泪液等 | 去氧肾上腺素滴眼剂、庆大霉素滴眼剂 |
| 洗眼剂 | 指供临床眼部冲洗、清洁用的灭菌液体制剂 | 生理氯化钠溶液、2%硼酸溶液 |
| 眼用注射剂 | 指直接用于眼部注射用的无菌制剂。可用于结膜下、球后、前房及玻璃体内注射等局部给药，提高眼内的药物浓度，增加疗效 | 眼氨肽注射液 |

滴眼剂是最为常用的眼用液体制剂，重点介绍滴眼剂。

### (二) 滴眼剂制备技术

1. 滴眼剂的质量要求

滴眼剂虽然是外用剂型，但是它的质量要求类似于注射剂，对无菌、pH 值、渗透压、澄明度等方面都有一定的要求。见表 5-10。

**表 5-10 滴眼剂的质量要求**

| 质量要求 | 正常要求范围 | | 其　他 |
|---|---|---|---|
| 无菌 | 有眼外伤(包括手术用药) | 绝对无菌、不得加抑菌剂 | 单剂量包装 |
| | 一般滴眼剂 | 无致病菌，可加抑菌剂 | 不得含有铜绿假单胞菌和金黄色葡萄球菌 |
| pH | 正常眼睛可耐受的 pH 为 5～9，pH 为 6～8 无不适感，小于 5 和大于 11.4 则对眼有明显刺激性，甚至损伤角膜 | | pH 调节应兼顾药物的溶解度和稳定性的要求，滴眼剂的用量较小，由于泪液的稀释与缓冲作用，一过性刺激时间较短 |
| 粒度 | 滴眼剂应澄明不得含有不溶性异物 | | 混悬型滴眼剂应均匀、细腻，沉降物经振摇容易再分散，按《中国药典》附录粒度测定法测定 |
| 渗透压 | 相当于浓度为 0.6%～1.5% 的氯化钠溶液，超过 2% 时就有明显的不适感 | | 除另有规定外，滴眼剂与泪液等渗 |
| 黏度 | 4.2～5.0cPa·s | | 适当增大滴眼剂的黏度可延长药物在眼内停留时间，从而增强药物的作用，减少刺激性 |

2. 滴眼剂的制备技术

(1) 滴眼剂的原辅料　包括原料、溶剂和附加剂。

① 滴眼剂的原料。无杂质、纯度高，最好用注射用原料，或在使用前进行精制，所用原料应符合注射用标准。

② 滴眼剂的溶剂。注射用水必须符合《中国药典》对注射用水的质量要求；注射用非水溶剂必须符合注射用标准，一般用花生油、芝麻油、橄榄油、蓖麻油等。

③ 滴眼剂的附加剂。设计滴眼剂处方时，在考虑发挥滴眼剂的最佳疗效时，也要考虑减少滴眼剂的刺激性，因此必要时可添加附加剂，但选用的附加剂的品种与用量应符合 2010 年版《中国药典》标准。见表 5-11。

**表 5-11 滴眼剂的常用附加剂**

| 附加剂 | 举　例 | 作　用 |
|---|---|---|
| pH 调整剂 | 巴氏硼酸盐缓冲溶液<br>硼酸缓冲溶液<br>沙氏磷酸盐缓冲溶液 | 保证药物的稳定性、避免过强的刺激性 |
| 渗透压调整剂 | 氯化钠、葡萄糖、硼酸 | 调成等渗溶液 |
| 抑菌剂 | 有机汞类：硝酸苯汞、硫柳汞<br>季铵盐类：苯扎氯铵、苯扎溴铵<br>醇类：三氯叔丁醇<br>对羟基苯甲酸酯类：羟基苯甲酸甲酯<br>酸类：山梨酸 | 一般滴眼剂是采用多剂量包装形式，一经开口使用数日，在使用过程中无法始终保持无菌，因此选用抑菌剂十分重要 |
| 助悬剂与增稠剂 | 甲基纤维素(MC)、羧甲基纤维素钠(CMC-Na)、羟丙基甲基纤维素(HPMC)、聚乙烯醇(PVA) | 一方面它在水不溶性滴眼液中作为助悬剂以减慢微粒的沉降和合并速度；另一方面又可作为增黏剂起到保湿、延长药物在结膜囊内的滞留时间，提高疗效 |

(2) 滴眼剂的制备　滴眼剂的制备与注射剂基本相同。滴眼剂生产工艺流程如图 5-4 所示。药物性质稳定者一般在无菌环境中配制、分装，可加抑菌剂。包装容器为可直接滴药的塑料瓶，最终产品根据主药的热耐受性决定是否采用热压灭菌法补充灭菌；用于眼部手术或眼外伤的滴眼剂按小容量注射剂生产工艺进行操作，单剂量包装，保证完全无菌，不加抑菌剂或缓冲剂。洗眼液用输液瓶包装，按输液工艺制备。滴眼剂的具体制备过程见图 5-4。

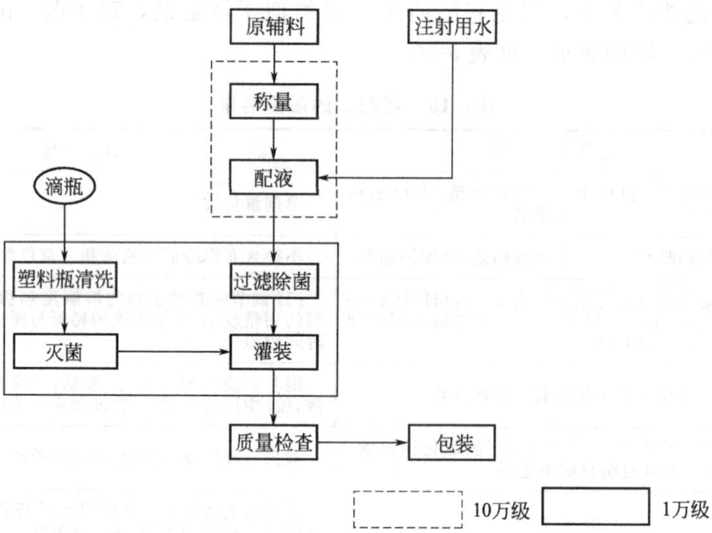


图 5-4 塑料瓶装的滴眼剂生产工艺流程图

① 容器的处理。滴眼剂有塑料瓶和玻璃瓶两种包装形式，洗涤和灭菌方法亦不同。

大多数滴眼剂采用塑料瓶包装。塑料滴眼瓶系用聚烯烃塑料经吹塑制成，当时封口，不易污染。塑料瓶的洗涤可按下法进行：切开封口，按安瓿洗涤法处理，然后用环氧乙烷气体灭菌，避菌保存备用。有些药厂在同一洁净度环境中自己生产塑料瓶，以减轻容器清洗、干燥、灭菌等处理工序的负担。玻璃滴眼瓶一般用于易氧化药物的滴眼剂，一般为中性玻璃瓶，以橡胶帽塞、铝盖密封，并配有滴管。玻璃滴眼瓶、塞的洗涤灭菌方法与小容量注射剂容器的洗涤灭菌方法相同，用前再用纯化水及新鲜的注射用水洗净。

② 配制。眼用溶液的配制可采用稀配法，即将药物与附加剂加入所需要的溶剂中，一次配成所需要的浓度。现多采用浓配法，即将药物、附加剂依次加入适量溶剂中溶解，配成浓溶液，必要时可加 0.05%～0.3%药用活性炭加热过滤，加溶剂至全量，此法适用于需加热助溶的滴眼剂。

眼用混悬液的配制，可先将药物微粉化处理后灭菌，另取表面活性剂、助悬剂与适量注射用水配成黏稠液，再与主药用乳匀机搅匀，添加注射用水至全量。配制完成后，要进行半成品检验，包括 pH 值、含量等，合格后才能过滤、灭菌、分装。

③ 过滤。滴眼剂的过滤与注射剂过滤操作几乎相同，经滤棒、垂熔玻璃滤球与膜滤器三级过滤至澄明。如需除菌过滤，滤膜宜选用 0.22～0.45μm 孔径，如工艺仅要求单纯除去异物时，滤膜可选用 0.8μm 孔径。

④ 无菌灌装。滴眼剂生产中药液的灌装方法大多采用减压灌装。将已洗净灭菌的滴眼空瓶，瓶口向下，排列在一平底盘中，将盘放入真空箱内，由管道将药液从储液瓶定量地放入盘中（稍多于实际灌装量）密闭箱门，抽气并调节真空度，即可调节灌装量，瓶中空气从液面下的小口逸出，然后通入洁净空气，恢复常压，药液即灌入滴眼瓶中，取出盘子，立刻封口即可。一般滴眼剂，每一容器的装量，除另有规定外应为 5～8ml，不应超过 10ml。

⑤ 质量检查。检查可见异物、粒度、沉降体积比、无菌、微生物限度等。

滴眼剂配液、过滤、分装示意见图 5-5。

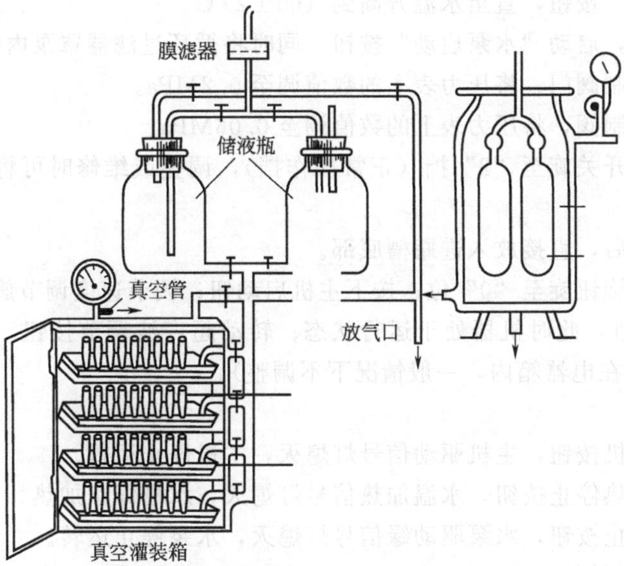


图 5-5 滴眼剂配液、过滤、分装示意图

硫酸锌滴眼剂中含硫酸锌 0.2%、硼酸 1%，欲配制 500ml，问：①需补加氯化钠多少克可使溶液成为等渗溶液？②求硼酸的氯化钠等渗当量值。

## 模块二 无菌液体制剂操作实践

### 一、小容量注射剂常用设备标准操作

1. QXC12/1-20 安瓿超声波清洗机标准操作规程

(1) 开机前的准备工作

① 检查主机、水泵电机电源是否正常，超声波发生器是否完好，整机外罩是否罩好。

② 检查各润滑点的润滑状况。

③ 检查水路连接部位有无泄露，过滤器罩是否紧牢，水阀开关是否灵活、可靠。

④ 检查各仪器仪表是否显示正常，各控制点是否可靠。

⑤ 检查外加水和压缩空气是否正常。

⑥ 检查溢水管、循环水过滤器是否正常。

⑦ 开新鲜水入槽阀门，将水槽注水，同时打开新鲜水过滤罩上的放气嘴，将空气排尽，直至达到溢水管顶部为止。

⑧ 检查水位是否上升至溢水管顶部，如水泵开启后，水位下降，需要继续增加水量直至达到溢水顶部为止。

(2) 开机

① 接通控制箱的主开关，显示主电源接通的绿色信号灯亮。

② 打开压缩空气控制阀门，观察压力表上显示的数值将压力调至 0.1MPa。

③ 打开新鲜水控制阀门，按压力表上显示的数值将压力调至 0.15MPa（注意压力值要在主机启动后才显示）。

④ 启动“加温”按钮，直至水温升高到（60±2)℃。

⑤ 关闭喷淋槽，启动“水泵启动”按钮，同时将循环过滤器罩泵内空气排尽。

⑥ 开循环水控制阀门，将压力表上的数值调至 0.2MPa。

⑦ 开喷淋水控制阀，将压力表上的数值调至 0.06MPa。

⑧ 将操作选择开关旋至“2”挡（正常操作挡)，调整或维修时可将操作选择开关旋到“1”挡（点动)。

⑨ 安瓿注满水后，直接放入进瓶槽底部。

⑩ 将速度调节旋钮旋至“0”位；按下主机启动钮；调节速度调节旋钮使速度升高，按产量确定适当的数值，此时机器处于运行状态；转动超声波调节按钮，使压力表数值处于 200V 为好（电压表在电器箱内，一般情况下不调整)。

(3) 停机

① 按下主机停机按钮，主机驱动信号灯熄灭，主机停止运行。

② 按下水温加热停止按钮，水温加热信号灯熄灭，水槽停止加热。

③ 按下水泵停止按钮，水泵驱动绿信号灯熄灭，水泵停止运转。

④ 关闭所有控制阀门。

⑤ 关闭电器箱主开关，主电源、信号灯熄灭。

2. SGZ420/20 型远红外加热杀菌干燥机标准操作规程

(1) 开机前准备工作

① 检查电的供应是否正常。

② 检查电动机、电器有无卡住、脱落部件的现象，各机构动作是否正常。

③ 检查电动机、电器及控制线路的绝缘电阻，同时还要检查各接地导线是否牢固可靠。

④ 检查各润滑点的润滑状况。

(2) 开机

① 接通电器控制箱的电源主开关。

② 在“温度控制”仪上设定工作温度。

③ 启动“日间工作”按钮。

④ 检查进出口的层流风速是否达到 0.5m/s。

⑤ 旋转“电源转换”开关，观察“电源指示”表，检查电热管加热情况，检查完后，将“电源转换”开关调至“0”。

⑥ 将“手动”、“自动”选择转向“自动”(单机操作时调至“手动”)。

(3) 停机

① 按下“日间停机”按钮，日间指示信号灯熄灭，传送带停止运行，此时各风机继续运行，电源指示灯亮，其他指示灯灭。

② 当灭菌干燥机内的温度降至 100℃以下，风机自动停止运行，此时关闭电源开关，电源指示灯灭。

③ 若有灭菌干燥后的安瓿需在机内过夜，则烘箱温度降至 100℃后，不按“日间停机”按钮，而按“夜间工作”按钮，此时加热管不加热，但各层流风机继续运行。

(4) 各机构的调整

① 进口部位挤瓶、缺瓶的调整。调节限位板，使弹簧松紧适中，使接近开关能正确感知挤、缺瓶状况。

② 出口部位挤瓶、缺瓶的调整。根据机器运行情况、烘箱内瓶子松紧程度调节出口尼

龙圆弧条的曲度。

3. ALG-6 安瓿拉丝灌封机标准操作规程

(1) 生产前准备工作

① 检查主机电源、电路系统、燃气系统是否正常，气源接口是否松动，皮管是否破裂。

② 对机器的润滑点加油，使机器处于良好润滑状态，但注意润滑油不得污染药品。

③ 将移动齿板移至最低位置，调整进料斗拦板与齿板齿形对中，使安瓿正确定位。

④ 调整齿板，使两边齿板运行同步，安瓿与地衬板垂直成 90°。

⑤ 调整针头，使其与齿板同步。

⑥ 通过调节药液装量螺钉，调节合适的装量。

⑦ 根据安瓿的规格，调节出料斗拦瓶板。

(2) 生产操作

① 手动盘车，观察机器各部位动作是否协调，盘车后，拉出盘车手柄。

② 点火时，先开煤气，再开氧气，调好火头的高低、远近及强弱。

③ 开启机台上方的排风系统。

④ 在机台下的储药瓶中注满药液。

⑤ 在出料斗处放好接收安瓿的铝盘。

⑥ 在进料斗中放好安瓿。

⑦ 接通电源，开启电磁开关，开启主电机，机器运转。

⑧ 根据每分钟产量调节走瓶速度。

(3) 生产结束　灌封完毕停机时，按此顺序关闭，关电磁开关→关机器电源→关氧气开关→关煤气开关→关氧气总阀→关煤气总阀→关总电源。

(4) 安全操作注意事项

① 每次开机前用手轮转动机器，观察转动是否正常，确定正常后将手摇柄拉出，方可开机。

② 每次调整机器后，必须将螺钉紧固，再用转动手轮观察各工位动作是否协调，方可重新开机。

③ 不得更换及改动设备上的安全防护装置。

④ 在无瓶空机试运转时，必须半闭电磁开关，以免烧坏电磁开关。

⑤ 开机后不得用手触摸机器运转部件，运转中发生异常情况应立即停机进行检查，严禁在运转中排除机器故障。

⑥ 拔丝后刚送出的安瓿，不得用于触摸，以免烫伤。

⑦ 设备的清洁应在断电、机器停转的状态下进行，清洁时不得使用易燃及腐蚀性清洁剂，电器装置严禁用水冲洗。

4. AQ-2.4 型灭菌检漏器标准操作规程

(1) 开机前准备

① 检查蒸汽源、水源、电源开关是否正常，并排放尽气管中的冷凝水。

② 检查所有的仪表、阀门是否灵敏可靠。

③ 检查管道系统中各手动阀是否关闭。

(2) 开机灭菌

① 打开电源开关。

② 打开进蒸汽阀、供水阀。

③ 放入待灭菌产品，按药品生产工艺要求设定工作参数后关门。

④ 按“启动”键，设备运行。

⑤ 在温度上升的同时开启排放截止阀，使室内冷空气及冷凝水排放出来，加快室内温度均匀，排放2～3min后，关闭截止阀。

(3) 灭菌结束

① 关闭进蒸汽阀、供水阀。

② 趁热放入有色液体或将灭菌的安瓿用冷水喷淋使温度降低，然后抽真空，再喷入有色液体，进行检漏。

③ 切断电源。

④ 打开排泄管上的手动球阀，接通排泄管路，排泄室内蒸汽和水，待灭菌室内温度低于60℃、压力降至零，打开柜门，戴上手套拉出内车，取出灭菌产品。

## 二、综合实训

### 实训一 安瓿洗涤、灭菌、灌封操作

<table>
<tr><td>实践目的<br>1. 能完成大、小容量注射剂和粉针剂、滴眼剂的一般生产操作。<br>2. 能对大、小容量注射剂和粉针剂、滴眼剂生产所用设备进行清洁与维护。<br>3. 能对大、小容量注射剂和粉针剂、滴眼剂生产过程中出现的不合格品进行判断，并能找出原因同时提出解决方法。<br>4. 能对生产所用设备在运行过程中出现的一般故障进行排除。</td><td>学时：6</td></tr>
<tr><td colspan="2">工作任务描述<br>通过安瓿超声波清洗机、远红外加热杀菌干燥机、安瓿灌封机等的实践操作，能够对设备进行正常清洁与维护，排除设备在运行过程中出现的一般故障，为今后生产工作打下基础。</td></tr>
<tr><td colspan="2">媒体条件<br>1. 药物制剂实训室、校内生产基地。<br>2. 多媒体设备、QXC12/1-20安瓿超声波清洗机、SGZ420/20型远红外加热杀菌干燥机、AGF10A/1-20安瓿灌封机等。<br>3. 各种资料（常用药物制剂设备使用说明等）、PPT、视频、影像资料、教材、相关图书、网上资源、网络课程等。<br>4. 实践材料：曲颈安瓿。</td></tr>
<tr><td colspan="2">具体任务内容<br>1. 根据工作任务获取学习信息，获得相关知识。<br>(1) QXC12/1-20安瓿超声波清洗机（见正文）。<br>(2) SGZ420/20型远红外加热杀菌干燥机（见正文）。<br>(3) AGF10A/1-20安瓿灌封机（见正文）。<br>2. 根据学习资料制订工作计划，完成工作计划。<br>3. 按照工作计划，遵守相关规定，独立完成每一个工作步骤，并进行记录、归档和提交报告。</td></tr>
<tr><td colspan="2">对学生的要求<br>1. 积极沟通，广泛收集各种资料，不得随意损坏和丢失信息资料。<br>2. 遵守课堂纪律，上课认真做好计划和记录，服从指挥。<br>3. 积极主动、按时完成工作任务，配合组长与老师的工作。<br>4. 自学好问、仔细观察、认真分析、制作精细。<br>5. 检查评价认真、公平、全面。</td></tr>
</table>

**考核标准**

| 实践项目：安瓿洗涤、灭菌、灌封操作 | | | 学时：6 |
|---|---|---|---|
| 实践目的<br>1. 进一步熟悉洗涤、灭菌、灌封岗位操作。<br>2. 能正确使用洗涤、灭菌、灌封设备。<br>3. 能掌握洗涤、灭菌、灌封过程中的质量控制。 | | | |
| 序号 | 考核内容 | 考核标准 | 参考分值 |
| 1 | 学习与工作态度 | 态度端正，学习方法多样，课堂认真，积极主动，责任心强，全部出勤。 | 5 |
| 2 | 团队协作 | 服从安排，积极与小组成员合作，共同制订工作计划，共同完成工作任务。 | 5 |
| 3 | 实训计划制订 | 有工作计划，计划内容完整，时间安排合理，工作步骤正确。 | 5 |
| 4 | 实训记录 | 实训记录单设计合理，完成及时，记录完整，结果分析正确。 | 5 |
| 5 | 能以标准操作规程进行洗瓶操作 | 严格按操作规程进行洗瓶操作，洗瓶完毕后按要求清场。 | 15 |
| 6 | 能以标准操作规程进行灭菌操作 | 严格按操作规程进行灭菌操作，灭菌完毕后按要求清场。 | 20 |
| 7 | 能以标准操作规程进行灌封操作 | 严格按操作规程进行灌封操作，灌封完毕后按要求清场。 | 15 |
| 8 | 设备的使用与维护 | 熟练使用和清洗安瓿超声波清洗机、SGZ420/20型远红外加热杀菌干燥机，对出现的小故障可进行简单的维修。 | 5 |
| 9 | 排除设备运行过程中出现的一般故障 | 能排除生产所用设备运行过程中出现的故障，处理方法正确。 | 10 |
| 10 | 任务训练单 | 对老师布置的训练单，能及时上交，正确率在90%以上。 | 5 |
| 11 | 方法能力 | 能利用各种资源快速查阅获取所需知识，问题提出明确，表达清晰，有独立分析问题和解决问题的能力。 | 5 |
| 12 | 问题思考 | 开动脑筋，积极思考，提出问题，并对工作任务完成过程中出现的问题进行分析和解决。 | 5 |
| 13 | 合　　计 | | 100 |

## 实训二 小容量注射液的制备

<table>
<tr><td>

**实践目的**

1. 能完成小容量注射剂的一般生产操作。
2. 能对小容量注射剂生产所用设备进行清洁与维护。
3. 能对小容量注射剂生产过程中出现的不合格品进行判断，并能找出原因同时提出解决方法。
4. 能对生产所用设备在运行过程中出现的一般故障进行排除。

</td><td>学时：8</td></tr>
<tr><td colspan="2">

**工作任务描述**

通过AGF10A/1-20安瓿灌封机等的实践操作，能够对设备进行正常清洁与维护，排除设备在运行过程中出现的一般故障，为今后生产工作打下基础。

</td></tr>
<tr><td colspan="2">

**媒体条件**

1. 药物制剂实训室、校内生产基地。
2. 多媒体设备。
3. 各种资料（常用药物制剂设备使用说明等）、PPT、视频、影像资料、教材、相关图书、网上资源、网络课程等。
4. 实践材料：AGF10A/1-20安瓿灌封机、安瓿、微孔滤膜；维生素C、碳酸氢钠、EDTA-2Na、焦亚硫酸钠等。

</td></tr>
<tr><td colspan="2">

**具体任务内容**

维生素C注射剂的制备

【处方】 维生素C5.2g，碳酸氢钠2.42g，EDTA-2Na 0.05g，焦亚硫酸钠0.2g，注射用水加至100ml。

【制法】 取维生素C加注射用水约80ml，溶解后分次缓缓加入碳酸氢钠，搅拌使完全溶解，另将焦亚硫酸钠和EDTA-2Na溶于适量注射用水中；将两液合并，搅匀，调pH值6.0～6.2，加注射用水至100ml。用膜滤器过滤澄明，灌注于10ml安瓿中，熔封，100℃ 30min灭菌，检漏，灯检。

安瓿处理：用新鲜注射用水洗涤3次，甩干或干燥灭菌后备用。安瓿封口采用拉丝封口方法。

配液容器的处理：将配液容器用洗涤剂或硫酸清洁液处理，用前用纯化水、新鲜注射用水洗净或干热灭菌。

垂熔滤器的处理：1%～2%硝酸钠硫酸液中浸泡12～24h，再用热纯化水、新鲜注射用水抽洗至中性且澄明。

微孔滤膜处理：70℃左右的注射用水浸泡12h以上。

1. 根据工作任务获取学习信息，获得相关知识。

(1) 学会安瓿洗涤、干热灭菌、灌封操作。

(2) 掌握维生素C注射液的制备要点。

(3) 熟悉安瓿剂的澄明度检查、pH检查方法。

漏气检查：注射液灭菌后，趁热浸入色水中，将有色的注射液检出。

澄明度检查：抽取检品，手持安瓿颈部使药液轻轻旋转，于伞棚安瓿检查灯边缘处，药品至人眼距离为20～25cm，用目检视。

2. 根据学习资料制订工作计划，完成工作计划。

3. 按照工作计划，遵守相关规定，独立完成每一个工作步骤，并进行记录、归档和提交报告。

</td></tr>
<tr><td colspan="2">

**对学生的要求**

1. 积极沟通，广泛收集各种资料，不得随意损坏和丢失信息资料。
2. 遵守课堂纪律，上课认真做好计划和记录，服从指挥。
3. 积极主动、按时完成工作任务，配合组长与老师的工作。
4. 自学好问、仔细观察、认真分析、制作精细。
5. 检查评价认真、公平、全面。

</td></tr>
</table>

考核标准参见“安瓿洗涤、灭菌、灌封操作”的考核标准。

## 活动与探究

结合已学知识，并通过图书馆、网络等查阅资料，了解洗瓶、灭菌、配液、灌封岗位要求？

安瓿洗瓶、干燥、灭菌操作室洁净度按10万级要求，室内相对室外呈正压，温度18～26℃、相对湿度45%～65%，灭菌后的安瓿在1万级洁净度下保存；浓配间洁净度按10万级，稀配、灌封间按1万级要求，精滤后药液在1万级洁净度下存放，灌封部位局部达100级。

| 岗位要求 | 洗瓶 | 干燥、灭菌 | 配液与过滤 | 灌封 |
| --- | --- | --- | --- | --- |
| 岗位职责 | | | | |
| 生产工艺管理要点 | | | | |
| 质量控制点 | | | | |

## 单元要点

一、注射剂相关知识

1. 注射剂质量要求：无菌、无热原、可见异物检查、安全性、渗透压、pH值、稳定性、其他。

2. 注射剂分类：注射剂按照药物的分散方式不同，可分为溶液型注射剂、混悬型注射剂、乳剂型注射剂以及临用前配成液体使用的注射用无菌粉末等。

3. 注射剂的处方组分：注射用原料、注射用溶剂、注射剂的主要附加剂。

4. 热原　是注射后能引起人体特殊致热反应的物质，大多数细菌都能产生热原，致热能力最强的是革兰阴性杆菌。热原是微生物的一种内毒素（endotoxin），是磷脂、脂多糖和蛋白质的复合物，脂多糖是内毒素的主要成分。热原主要有耐热性、过滤性、水溶性、挥发性等性质。

二、小容量注射剂的制备技术

1. 注射剂（injections）俗称针剂，是药物与适宜的溶剂或分散介质制成的供注入体内的溶液、乳状液或混悬液及供临用前配制或稀释成溶液或混悬液的粉末或浓溶液的无菌制剂。

2. 小容量注射剂处方组成为药物、注射用溶剂、附加剂。注射用溶剂分为注射用水、注射用油，小容量注射剂的制备过程包括原辅料和容器的前处理、称量、配制、过滤、灌封、灭菌、质量检查、包装等步骤。

三、大容量注射剂的制备技术

大容量注射剂大容量注射剂简称输液，指供静脉滴注输入体内的大剂量（除另有规定外，一般不小于100ml）注射液。通常包装在玻璃或塑料的输液瓶或袋中，不含抑菌剂。生产工艺等亦与小容量注射剂有一定差异。

四、注射用无菌粉末的制备

1. 粉针剂是注射用无菌粉末的简称，一般采用无菌操作法精制、过滤、低温干燥、分装等工艺制备成无菌粉末制剂，临用前用灭菌注射用水配成溶液或混悬液注入体内。

2. 注射用无菌粉末可分为两种，一种是无菌粉末分装粉针剂，即灭菌溶剂结晶法或喷雾干燥法等制得固体药物粉末，再进行无菌分装，采用这种工艺方法制备的产品称为注射用无菌分装制品；另一种是冷冻干燥粉针剂，即药物溶液分装后通过冷冻干燥法制成固体块状物，采用这种工艺方法制备的产品称为注射用冷冻干燥制品。

五、眼用液体制剂

1. 眼用液体制剂是指供洗眼、滴眼或眼内注射用以治疗或诊断眼部疾病的液体制剂。按其用法可分为滴眼剂、洗眼剂和眼用注射剂三类。

2. 滴眼剂的制备与注射剂基本相同。

## 目标检测

一、填空题

1. 滴眼剂也有少数（　　）但主要是澄明的水溶液。

2. 注射剂的灌封应在（　　）级洁净区，安瓿剂的配液应在（　　）级洁净区。

3. 注射液的给药途径有（　　）注射、（　　）注射、（　　）注射、（　　）注射、（　　）注射和（　　）注射。

4. 常用的渗透压调节剂用量计算方法有（　　）和（　　）。

5. 输液剂的种类有（　　）、（　　）、（　　）和（　　）。

二、选择题

（一）单选题

1. 下列关于输液剂制备的叙述，正确的是（　　）

A. 浓配法适用质量较差的原料药的配液

B. 输液从配制到灭菌的时间一般不超过12h

C. 输液配制时用的水必须是新鲜的灭菌注射用水

D. 输液剂灭菌条件为121℃、45min

2. 以下有关热原性质的描述，正确的是（　　）

A. 不能通过一般滤器　　B. 不具水溶性

C. 可被活性炭吸附　　D. 115℃、35min 热压灭菌能破坏热原

3. 安瓿剂通常采用的灭菌方法是（　　）

A. 100℃、30min　　B. 100℃、20min　　C. 115℃、30min　　D. 121℃、20min

4. 以下关于抑菌剂的叙述，错误的是（　　）

A. 抑菌剂应对人体无毒、无害　　B. 添加抑菌剂的注射剂仍须进行灭菌

C. 苯酚可作为注射剂的抑菌剂　　D. 供静脉注射用的注射剂必须添加抑菌剂

5. 下列有关微孔滤膜的叙述，错误的是（　　）

A. 吸附性小，不滞留药液　　B. 孔径小，容易堵塞

C. 截留能力强　　D. 孔径小，滤速慢

（二）多选题

1. 下列关于注射剂的特点的陈述，正确的是（　　）

A. 生产工艺复杂、成本高，使用不便　　B. 药效迅速、剂量准确、作用可靠

C. 不适于不能口服给药的药物　　D. 适于不能口服给药的病人

2. 注射剂的类型包括（　　）

A. 溶液型注射剂　　B. 乳剂型注射剂

C. 注射用无菌粉末　　D. 混悬型注射剂

3. 滴眼剂中常用的增稠剂有（　　）

A. MCC　　B. PVA　　C. CAP　　D. PVP

4. 影响注射剂湿热灭菌的因素有（　　）

A. 蒸汽的性质　　B. 细菌的数量与种类

C. 药物性质　　D. 介质的 pH

5. 下列关于输液的叙述，错误的是（　）

A. 葡萄糖输液是电解质输液　　B. 脂肪乳剂输液是营养输液

C. 右旋糖酐输液是营养输液　　D. 氨基酸输液是营养输液

三、问答题（实践练习题）

1. 冷冻干燥产品有何特点？

2. 热原污染的途径有哪些？

3. 过滤的机理有哪些，哪些因素会影响过滤效果？

4. 注射剂中常用的附加剂有哪些，各有何作用？

**答案：**

一、填空题

1. 混悬液

2. 100 、10000

3. 静脉、脊椎腔、肌内、皮下、皮内、动脉内

4. 冰点下降数据法、氯化钠等渗当量法

5. 电解质输液、营养输液、胶体输液、含药输液

二、选择题

（一）单选题

1. A　2. C　3. A　4. C　5. D

（二）多选题

1. ABD　2. ABCD　3. BD　4. ABCD　5. AC

三、问答题

略

# 学习单元六　药剂制剂的稳定性

**学习目标**

1. 药剂的基本要求，药剂稳定性的含义和意义。
2. 药剂稳定性的研究范围。
3. 药剂稳定性的主要因素及增加稳定性的方法。
4. 药剂稳定性试验方法。
5. 计算药剂的有效期。
6. 药剂稳定性考察的主要项目。

**工作任务**

1. 确定影响药剂稳定性的主要因素。
2. 完成影响因素试验、加速试验和长期试验。

随着我国药品企业的迅速发展，药品的剂型越来越多，尤其是注射剂、生化试剂等液体制剂，其稳定性问题尤为突出，我国规定，新药的申请必须呈报有关稳定性资料。因此，为了设计出合理的处方，提高制剂质量，保证药剂的安全和有效，提高经济效益，必须重视和研究药剂的稳定性。

## 模块一　必备知识——药剂的稳定性

### 一、概述

药物制剂（以下简称药剂）的基本要求是安全、有效、稳定。稳定是指药剂在体外的稳定性。药剂的稳定性通常是指药物从合成原料药、生产制剂直到成为药剂应用到临床的整个过程中，保持其物理、化学、生物学的稳定性，并保持其安全性和有效性。药剂的稳定性是药剂学的一项重要内容，贯穿于药剂的研制、生产、储运、使用的全过程。这种稳定性不仅指药物本身，还包括除了药物之外的辅料和包装材料，若一旦发生变质分解，那么可使药效降低，甚至产生毒副作用，严重影响甚至是危害到人们的生命健康。因此，药剂的稳定性是评价药品质量的一项重要指标。因此，为保证药品的质量安全，体现药剂的稳定性，必须要为每一种药品确定有效期。

### 二、药剂稳定性研究的范围

药剂的稳定性一般包括化学、物理和生物学三个方面。

1. 化学稳定性

是指药物由于水解、氧化等化学降解反应，使药物含量（或效价）降低及色泽发生变化。一般酯类药物、酰胺类药物是典型的发生水解反应的药物，容易发生氧化反应的药物有含酚类、烯醇类、芳胺类、吡唑酮类、噻嗪类结构的药物。

2. 物理稳定性

是指由于温度、湿度的影响，药剂的物理性能发生变化，如混悬剂的颗粒变大结块、结晶转型，乳剂的破乳，片剂的崩解、溶出度变化，胶体制剂的老化等。

3. 生物学稳定性

是指药剂受到微生物的污染而产生变质、腐败。

## 三、影响药剂稳定性的主要因素及解决办法

影响药剂稳定性的因素有化学、物理和生物学三个方面，但是这些是外界的因素，外在的因素要起到作用必须要有内因存在，因此，影响药剂稳定性的最重要的因素之一是药物本身的结构和性质，即药剂的处方设计非常重要。

### （一）处方因素

生产任何一种制剂，首先要进行处方设计，它是一个制剂稳定与否的关键，因为处方中的成分，如 pH 值、广义的酸碱催化影响、溶剂、离子强度、表面活性剂、辅料等因素，均可影响易于水解药物的稳定性。溶液 pH 值与药物氧化、水解反应也有密切关系。半固体、固体制剂的某些辅料，有时对主药的稳定性也有影响。

1. pH 值

许多药物做成液体制剂或注射剂，容易发生水解反应。药物的水解反应与 pH 值有密切关系。许多酯类、酰胺类药物常受 $H^+$ 或 $OH^-$ 催化水解，这种催化作用叫做专属酸碱催化或特殊酸碱催化，此类药物的水解速度，主要由 pH 值决定。如硫酸阿托品易发生水解，水溶液最稳定 pH 是 3.7，盐酸普鲁卡因最稳定的 pH 值是 3.5 左右。

因此，为了保证药物的稳定性，必须调节药液的 pH 值。生产上常用的 pH 调节剂是盐酸和氢氧化钠，但是有一些特殊情况除外，比如为了不引入其他离子而影响药物的性质，生产上常用与药物本身相同的酸和碱，如氨茶碱用乙二胺，马来酸麦角新碱用马来酸等。

2. 广义酸碱催化影响

按照酸碱理论，给出 $H^+$ 的物质叫酸，接受 $H^+$ 的物质叫碱，有些药物可以被酸碱水解，这种催化作用叫做广义酸碱催化。大多数药物是弱酸或弱碱，因此，在处方中加入缓冲剂可以延缓药物水解失效。常用的缓冲剂有醋酸盐、磷酸盐、枸橼酸盐、硼酸盐及其相应的酸。

缓冲剂的浓度常常对药物水解的速度有较大的影响，表现为随着浓度增高，分解的速度会加快，因此，在实际生产中，为了减少这种催化作用，尽量用浓度较低或是选用其他没有催化作用的缓冲剂。

3. 溶剂

溶剂的极性对药物水解的影响已被众多的研究所证实，对于易水解的药物，常采用非水溶剂，如乙醇、丙二醇、甘油等使其稳定。如苯巴比妥在水溶液中解离成带负电的苯巴比妥离子，在碱性条件下水解时，往溶液中加入 60%丙二醇可降低溶剂的极性，这样就延缓了药物的水解。相反，有一些药物，其水溶液却比非水溶液稳定，如环已烷氨基磺酸钠。

4. 离子强度

在制剂处方中，为了保持药物的稳定性，往往加入电解质调节等渗，或加入盐（如一些抗氧剂）防止氧化，或加入缓冲剂调节 pH 值。这些物质的加入改变了溶液的离子强度，对溶液中的药物降解速度产生了影响。降解速度因药物的带电性质如青霉素在磷酸缓冲液（pH=6.8）中的水解速度随离子强度的增加而增加，这是因为相同电荷离子之间的反应，青霉素带负电，并受 $OH^-$ 催化，加入磷酸盐后增加了离子强度，因此分解反应速度增加。如果是不同电荷离子之间的反应，如药物带负电，而受 $H^+$ 催化，则离子浓度增加，分解反应速度降低。如果药物是中性分子，离子强度对分解速度几乎没有影响。

5. 表面活性剂

一些容易水解的药物，加入表面活性剂可使稳定性增加，如苯佐卡因易受碱催化水解，

在5%的十二烷基硫酸钠溶液中，30℃时的$t_{1/2}$增加到1150min，不加十二烷基硫酸钠时则为64min。但要注意，表面活性剂有时反而会使有些药物分解速度加快，如吐温-80使维生素D稳定性下降。因此，须通过实验，正确选用表面活性剂。

6. 辅料

处方中的辅料包括基质和赋形剂。基质可直接影响到软膏剂和栓剂的稳定性，有人评价了一系列商品基质对氢化可的松稳定性的关系，结果聚乙二醇（PEG）可促进该药物的分解，有效期只有6个月。栓剂基质PEG也可使乙酰水杨酸分解，产生水杨酸和乙酰聚乙二醇。一些片剂的润滑剂对乙酰水杨酸的稳定性有一定影响。硬脂酸镁、钙可能与乙酰水杨酸反应形成相应的乙酰水杨酸镁及乙酰水杨酸钙，提高了系统的pH值，使乙酰水杨酸溶解度增加，分解速度加快。因此生产乙酰水杨酸片时不应使用硬脂酸镁这类润滑剂，而需用影响较小的滑石粉或硬脂酸。

**（二）外界因素**

外界因素包括温度、光线、空气（氧）、金属离子、湿度、水分和包装材料等。这些因素对制剂生产的工艺条件设计和包装设计都是十分重要的。其中，光线、空气（氧）、金属离子对易氧化药物影响较大，湿度、水分主要影响固体药物和易水解药物的稳定性。另外，包装材料是各种产品都必须考虑的问题。

1. 温度的影响

温度是外界因素中对制剂稳定性影响最大的因素之一，特别是对水解、氧化等反应影响较大。一般来说，温度升高，药物的降解速度增加。按照Van't Hoff规则，温度每升高10℃，反应速度约增加2～4倍。

药剂在制备过程中，往往需要加热溶解、灭菌等操作。此时应考虑温度对药物稳定性的影响，指定合理的工艺条件。有些产品在保证完全灭菌的前提下，可降低灭菌温度。缩短灭菌时间。那些对热特别敏感的药物，如某些抗生素、生物制品，要根据药物性质，设计合适的剂型（如固体制剂），生产中采用特殊的工艺，如冷冻干燥、无菌操作等，同时产品要降温储存，以保证产品质量。

2. 光线的影响

在制剂生产与产品的储存过程中，还必须考虑光线的影响。有些药物分子受辐射（光线）作用使分子活化而产生分解，此种反应叫光化降解。这种易被光解的物质叫做光敏感物质。硝普钠是一种强效、速效降压药，临床效果较好，本品对热稳定，但对光极不稳定，临床上用5%的葡萄糖配成0.05%的硝普钠溶液静脉滴注，在阳光下照射10min就分解13.5%，颜色也开始变化，同时pH下降。

光敏感药物还有氯丙嗪、异丙嗪、核黄素、氢化可的松、泼尼松、叶酸、维生素A、维生素B、辅酶$Q_{10}$、硝苯吡啶等。药物结构与光敏感性可能有一定的关系，如酚类和分子中有双键的药物，一般对光敏感。这类药物在生产中应避光操作，对于固体制剂可以采用合适的避光措施，如硝苯地平片采用包黄色薄膜衣避光，或采用深红色胶囊灌装，同时，应储存于棕色瓶中，储运过程中应避光。

3. 空气（氧）的影响

空气中的氧是引起药剂氧化的主要因素。空气中的氧进入制剂的主要途径，一方面是氧在水中有一定的溶解度，如25℃为5.75ml/L，50℃为3.85ml/L，100℃水中几乎没有氧；另外一方面是在药物容器空间的空气中，也存在着一定的氧气，各种药剂几乎都有与氧气接触的机会。因此，对于易氧化的品种，除去氧气是防止氧化的根本措施。生产上一般在溶液中和容器空间通入惰性气体如二氧化碳或氮气，置换其中的氧。对于固体药物，也可采取真空包装。

前面提到的药物的氧化降解常为自动氧化，在制剂中只要有少量氧存在，就能引起这类反应，因此，还必须加入抗氧剂。一些抗氧剂本身是强还原剂。它首先被氧化而保护主药免遭氧化，在此过程中抗氧剂逐渐被消耗（如亚硫酸盐等）。另一些抗氧剂是链反应的阻化剂，能与游离基结合，中断链反应进行，在此过程中其本身不被消耗。此外还有一些药物能显著增强抗氧剂的效果，通常称为协同剂，如枸橼酸、酒石酸、磷酸等。焦亚硫酸钠（或亚硫酸氢钠）常用于弱酸性药液，亚硫酸钠常用于偏碱性药液，硫代硫酸钠在偏酸性药液中可析出硫的细粒，故只能用于碱性药液中，如磺胺类注射液。抗氧剂可分为水溶性抗氧剂和油溶性抗氧剂两大类。近年来，氨基酸抗氧剂已引起药剂学工作者的重视，有人用半胱氨酸配合焦亚硫酸钠使25%的维生素C注射液储存期延长。此类抗氧剂的优点是毒性小本身不易变色，但价格稍贵。

油溶性抗氧剂如BHA、BHT等，用于油溶性维生素类（如维生素A、维生素D）制剂，有较好效果。另外维生素E、卵磷脂，为油脂中天然抗氧剂，油脂精制时若将其除去，就不易保存。

使用抗氧剂时，还应注意与主药是否发生相互作用。早有报道亚硫酸氢盐可以与邻/对-羟基苯甲醇衍生物发生反应。如肾上腺素与亚硫酸氢钠在水溶液中可形成无光学与生物活性的磺酸盐化合物。

4. 金属离子的影响

制剂中微量金属离子主要来自原辅料、溶剂、容器以及操作过程中使用的工具等。微量金属离子对自动氧化反应有显著的催化作用，如0.0002mol/L的铜能使维生素C氧化速度增大1万倍。铜、铁、钴、镍、锌、铅等离子都有促进氧化的作用，它们主要是缩短氧化作用的诱导期，增加游离基生成的速度。

要避免金属离子的影响，应选用纯度高的原辅料，操作过程中尽可能避免使用金属器具，同时还可以加入螯合剂，如依地酸盐、酒石酸、磷酸、二巯乙基甘氨酸等附加剂，有时螯合剂与亚硫酸盐类抗氧剂联合应用，效果更佳，依地酸二钠常用量为0.005%～0.05%。

5. 湿度和水分的影响

湿度和水分对固体药剂的稳定性特别重要。水是化学反应的媒介，固体药物吸附了水分之后，在表面形成一层液膜，分解反应会在液膜中进行。无论是水解反应，还是氧化反应，微量的水均能加速乙酰水杨酸、青霉素G钠盐、氨苄西林钠、对氨基水杨酸钠、硫酸亚铁等的分解。药物是否容易吸湿，取决于其临界相对湿度的大小。氨苄西林极易吸湿，经实验测定其临界相对湿度仅为47%，如果在相对湿度75%的条件下，放置24h，可吸收水分20%，同时粉末溶化，这些原料药物的水分含量必须特别注意，一般水分在1%左右比较稳定，水分含量越高分解越快。

6. 包装材料的影响

药物储藏于室温环境中，主要受热、光、水汽及空气（氧）的影响。包装设计就是为了排除这些因素的干扰，同时也要考虑包装材料与药剂的相互作用，包装容器材料通常使用的有玻璃、塑料、橡胶及一些金属，下面主要讨论常见的材料。

玻璃理化性能稳定，不易与药物作用，气体不能透过，为目前应用最多的一类容器。但它也有缺点，即释放碱性物质和脱落不溶性玻璃碎片。但棕色玻璃能阻挡小于470nm的光线透过，故光敏感的药物可以用棕色玻璃瓶包装。

塑料是聚氯乙烯、聚苯乙烯、聚乙烯、聚丙烯、聚酯、聚碳酸酯等一类高分子聚合物的总称。为了便于成型或防止老化等原因，常常在塑料中加入增塑剂、防老剂等附加剂。有些附加剂具有毒性，药用包装塑料应选用无毒塑料制品，但塑料也有缺点——透气性、透湿性、吸着性，制剂中的气体可以与大气中的气体进行交换，以使盛于聚乙烯瓶中的乳剂脱水氧化至破裂变质，还可使硝酸甘油挥发。当聚氯乙烯膜的厚度为0.03nm时，在40℃、90%相对湿度条件下透湿速度为100g/($m^2$·天)。而且，塑料中的物质可以迁移进入溶液，而溶液中的物质（如防腐剂）也可被塑料吸附，如尼龙就能吸附多种抑菌剂。一般片剂、胶囊剂的包装，采用高密度聚乙烯定型容器，但装液体制剂药慎用。

橡胶广泛用于塞子、垫圈、滴头等的制作，缺点是它可吸附溶液中的主药和抑菌剂，特别对于抑菌剂的吸附可使抑菌效能降低。橡胶成型时加入了硫化剂、填充剂、防老剂等附加剂，故橡胶与药液接触，其中的附加剂能被药液浸出而污染药液，特别对于大输液重量影响更大。

### （三）增加药剂稳定性的其他方法

1. 改进剂型和生产工艺

（1）制成固体制剂　在水溶液中易水解的药物，可考虑做成固体制剂。供口服的可做成片剂、胶囊剂、颗粒剂等，供注射用的可做成注射用无菌粉末，可使稳定性大大提高。例如青霉素钾盐极易水解，故将其制成注射无菌粉末供临用前溶解后使用。

（2）制成微囊或包合物　某些药物制成微囊后可增加药物的稳定性，如维生素A制成微囊后稳定性提高；维生素C、硫酸亚铁制成微囊，可防止氧化。

（3）采用直接压片或包衣工艺　一些遇热不稳定的药物，可采用粉末直接压片或干法制粒压片等工艺，如氯丙嗪、异丙嗪、对氨基水杨酸钠等，均制成包衣。个别对光、热、湿很敏感的药物，如酒石酸麦角胺，采用联合式压制包衣机制成包衣片。

2. 制成难溶性盐

将易水解的药物制成难溶性盐或难溶性酯类衍生物，可增加其稳定性。水溶性越低，稳定性越好，例如青霉素G钾盐，可制成溶解度小的普鲁卡因青霉素G（水中溶解度为1∶250），稳定性显著提高。

## 四、药剂稳定性试验方法

药物制剂稳定性研究，首先应查阅原料药稳定性有关资料，特别了解温度、湿度、光线对原料药稳定性的影响，并在处方筛选与工艺设计过程中，根据主药与辅料性质，参考原料药的试验方法，进行影响因素试验、加速试验与长期试验。

稳定性试验的目的是考察原料药或药物制剂在温度、湿度、光线的影响下随时间变化的规律，为药品的生产、包装、储存、运输条件提供科学依据，同时通过试验建立药品的有效期。

稳定性试验的基本要求是：①稳定性试验包括影响因素试验、加速试验与长期试验。影响因素试验用一批原料药或一批制剂进行。加速试验与长期试验要求用三批供试品进行。②原料药供试品应是一定规模生产的，供试品量相当于制剂稳定性试验所要求的批量，原料合成工艺路线、方法、步骤应与大生产一致。药物制剂供试品应是放大试验的产品，其处方与工艺应与大生产一致。药物制剂如片剂、胶囊剂，每批放大试验的规模，片剂至少应为10000片，胶囊剂至少应为10000粒。大体积包装的制剂如静脉输液等，每批放大规模的数量至少应为各项试验所需总量的10倍。特殊品种、特殊剂型所需数量，根据情况另定。③供试品的质量标准应与临床前研究及临床试验和规模生产所使用的供试品质量标准一致。

④加速试验与长期试验所用供试品的包装应与上市产品一致。⑤研究药物稳定性，要采用专属性强、准确、精密、灵敏的药物分析方法与有关物质（含降解产物及其他变化所生成的产物）的检查方法，并对方法进行验证，以保证药物稳定性试验结果的可靠性。在稳定性试验中，应重视降解产物的检查。⑥由于放大试验比规模生产的数量要小，故申报者应承诺在获得批准后，从放大试验转入规模生产时，对最初通过生产验证的三批规模生产的产品仍需进行加速试验与长期稳定性试验。

药剂稳定性试验分为原料药与药物制剂两大类进行。

药品稳定性试验箱见图 6-1。

图 6-1　药品稳定性试验箱

**（一）原料药**

原料药要进行以下试验。

1. 影响因素试验

此项试验是在比加速试验更激烈的条件下进行。其目的是探讨药物的固有稳定性、了解影响其稳定性的因素及可能的降解途径与降解产物，为制剂生产工艺、包装、储存条件和建立降解产物分析方法提供科学依据。供试品可以用一批原料药进行，将供试品置适宜的开口容器中（如称量瓶或培养皿），摊成≤5mm 厚的薄层，疏松原料药摊成≤10mm 厚薄层，进行以下试验。若试验结果发现降解产物有明显的变化，应考虑其潜在的危害性，必要时应对降解产物进行定性或定量分析。

① 高温试验供试品开口置适宜的洁净容器中，60℃温度下放置 10 天，于第 5 天和第 10 天取样，按稳定性重点考察项目进行检测。若供试品含量低于规定限度则在 40℃条件下同法进行试验。若 60℃无明显变化，不再进行 40℃试验。

② 高湿度试验供试品开口置恒湿密闭容器中，在 25℃分别于相对湿度 90%±5%条件下放置 10 天，于第 5 天和第 10 天取样，按稳定性重点考察项目要求检测，同时准确称量试验前后供试品的重量，以考察供试品的吸湿潮解性能。若吸湿增重 5%以上，则在相对湿度 75%±5%条件下，同法进行试验；若吸湿增重 5%以下，其他考察项目符合要求，则不再进行此项试验。恒湿条件可在密闭容器如干燥器下部放置饱和盐溶液，根据不同相对湿度的要求，可以选择 NaCl 饱和溶液（相对湿度 75%±1%，15.5～60℃），$KNO_3$ 饱和溶液（相对湿度 92.5%，25℃）。

③ 强光照射试验供试品开口放在装有日光灯的光照箱或其他适宜的光照装置内，于照度为 4500lx±500lx 的条件下放置 10 天，于第 5 天和第 10 天取样，按稳定性重点考察项目进行检测，特别要注意供试品的外观变化。

关于光照装置，建议采用定型设备“可调光照箱”，也可用光橱，在箱中安装日光灯数支使达到规定照度。箱中供试品台高度可以调节，箱上方安装抽风机以排除可能产生的热量，箱上配有照度计，可随时监测箱内照度，光照箱应不受自然光的干扰，并保持照度恒定，同时防止尘埃进入光照箱内。

此外，根据药物的性质必要时可设计试验，探讨 pH 值与氧及其他条件对药物稳定性的影响，并研究分解产物的分析方法。创新药物应对分解产物的性质进行必要的分析。

2. 加速试验

此项试验是在加速条件下进行。其目的是通过加速药物的化学或物理变化，探讨药物的稳定性，为制剂设计、包装、运输、储存提供必要的资料。供试品要求三批，按市售包装，在温度40℃±2℃、相对湿度75%±5%的条件下放置6个月。所用设备应能控制温度±2℃、相对湿度±5%，并能对真实温度与湿度进行监测。在试验期间第1个月、第2个月、第3个月、第6个月末分别取样一次，按稳定性重点考察项目检测。在上述条件下，如6个月内供试品经检测不符合制定的质量标准，则应在中间条件下即在温度30℃±2℃、相对湿度65%±5%的情况下（可用$Na_2CrO_4$饱和溶液，30℃，相对湿度64.8%）进行加速试验，时间仍为6个月。加速试验，建议采用隔水式电热恒温培养箱（20～60℃）。箱内放置具有一定相对湿度饱和盐溶液的干燥器，设备应能控制所需温度，且设备内各部分温度应该均匀，并适合长期使用。也可采用恒湿恒温箱或其他适宜设备。对温度特别敏感的药物，预计只能在冰箱（4～8℃）中保存，此种药物的加速试验，可在温度25℃±2℃、相对湿度60%±10%的条件下进行，时间为6个月。

3. 长期试验

长期试验是在接近药物的实际储存条件下进行，其目的是为制定药物的有效期提供依据。供试品三批，市售包装，在温度25℃±2℃、相对湿度60%±10%的条件下放置12个月，或在温度30℃±2℃、相对湿度65%±5%的条件下放置12个月，这是从我国南方与北方气候的差异考虑的，至于上述两种条件选择哪一种由试验者自己确定。每3个月取样一次，分别于0个月、3个月、6个月、9个月、12个月取样按稳定性重点考察项目进行检测。12个月以后，仍需继续考察，分别于18个月、24个月、36个月，取样进行检测。将结果与0个月比较，以确定药物的有效期。由于实验数据的分散性，一般应按95%可信限进行统计分析，得出合理的有效期。如三批统计分析结果差别较小，则取其平均值为有效期，若差别较大则取其最短的为有效期。如果数据表明，测定结果变化很小，说明药物是很稳定的，则不作统计分析。对温度特别敏感的药物，长期试验可在温度6℃±2℃的条件下放置12个月，按上述时间要求进行检测，12个月以后，仍需按规定继续考察，制订在低温储存条件下的有效期。长期试验采用的温度为25℃±2℃、相对湿度为60%±10%，或温度30℃±2℃、相对湿度65%±5%。

原料药进行加速试验与长期试验所用包装应采用模拟小桶，但所用材料与封装条件应与大桶一致。

**（二）药物制剂**

药物制剂应进行以下试验。

1. 影响因素试验

药物制剂进行此项试验的目的是考察制剂处方的合理性与生产工艺及包装条件。供试品用一批进行，将供试品如片剂、胶囊剂、注射剂（注射用无菌粉末如为西林瓶装，不能打开瓶盖，以保持严封的完整性），除去外包装，置适宜的开口容器中，进行高温试验、高湿度试验与强光照射试验，试验条件、方法、取样时间与原料药相同，重点考察项目见表6-1。

2. 加速试验

此项试验是在加速条件下进行，其目的是通过加速药物制剂的化学或物理变化，探讨药物制剂的稳定性，为处方设计、工艺改进、质量研究、包装改进、运输、储存提供必要的资料。供试品要求三批，按市售包装，在温度40℃±2℃、相对湿度75%±5%的条件下放置6个月。所用设备应能控制温度±2℃、相对湿度±5%，并能对真实温度与湿度进行监测。在试验期间第1个月、第2个月、第3个月、第6个月末分别取样一次，按稳定性重点考察项目检测。在上述条件下，如 6 个月内供试品经检测不符合制订的质量标准，则应在中间条件下即在温度 30℃±2℃、相对湿度 65%±5%的情况下进行加速试验，时间仍为 6 个月。溶液剂、混悬剂、乳剂、注射液等含有水性介质的制剂可不要求相对湿度。试验所用设备与原料药相同。

对温度特别敏感的药物制剂，预计只能在冰箱（4～8℃）内保存使用，此类药物制剂的加速试验，可在温度 25℃±2℃、相对湿度 60%±10%的条件下进行，时间为 6 个月。

乳剂、混悬剂、软膏剂、乳膏剂、糊剂、凝胶剂、眼膏剂、栓剂、气雾剂、泡腾片及泡腾颗粒宜直接采用温度 30℃±2℃、相对湿度 65%±5%的条件进行试验，其他要求与上述相同。

对于包装在半透性容器中的药物制剂，例如低密度聚乙烯制备的输液袋、塑料安瓿、眼用制剂容器等，则应在温度 40℃±2℃、相对湿度 25%±2%的条件（可用 $CH_3COOK \cdot 1.5H_2O$ 饱和溶液）进行试验。

3. 长期试验

长期试验是在接近药品的实际储存条件下进行，其目的是为制订药品的有效期提供依据。供试品三批，市售包装，在温度 25℃±2℃、相对湿度 60%±10%的条件下放置 12 个月，或在温度 30℃±2℃、相对湿度 65%±5%的条件下放置 12 个月，这是从我国南方与北方气候的差异考虑的，至于上述两种条件选择哪一种由试验者自己确定。每 3 个月取样一次，分别于 0 个月、3 个月、6 个月、9 个月、12 个月取样，按稳定性重点考察项目进行检测。12 个月以后，仍需继续考察，分别于 18 个月、24 个月、36 个月取样进行检测。将结果与 0 个月比较以确定药品的有效期。由于实测数据的分散性，一般应按 95%可信限进行统计分析，得出合理的有效期。如三批统计分析结果差别较小，则取其平均值为有效期限。若差别较大，则取其最短的为有效期。数据表明很稳定的药品，不作统计分析。

对温度特别敏感的药品，长期试验可在温度 6℃±2℃的条件下放置 12 个月，按上述时间要求进行检测，12 个月以后，仍需按规定继续考察，制订在低温储存条件下的有效期。

对于包装在半透性容器中的药物制剂，则应在温度 25℃±2℃、相对湿度 40%±5%，或 30℃±2℃、相对湿度 35%±5%的条件进行试验，至于上述两种条件选择哪一种由试验者自己确定。

此外，有些药物制剂还应考察临用时配制和使用过程中的稳定性。

**（三）经典恒温法**

关于有效期确定的统计方法有多种，可以进行统计分析，也可以用经典恒温法，特别是对于溶液药剂，经典恒温法的预测结果，有一定的参考价值。本法的理论依据是 Arrhenius 方程 $K=Ae^{-E/(RT)}$，其对数形式为：

$$\lg K=-\frac{E}{2.303RT}+\lg A$$

以 $\lg K$ 对 $1/T$ 作图得一直线，此图称 Arrhenius 图，直线斜率为 $-\frac{E}{2.303RT}$，由此可计算出活化能 $E$。若将直线外推至室温，就可求出室温时的速度常数（$K_{25℃}$）。由 $K_{25℃}$ 可求出分解 10%所需的时间（即 $t_{0.9}$）或室温储藏若干时间以后残余的药物浓度。

**（四）稳定性重点考察项目**

《中国药典》2010 版规定，原料药及主要剂型的重点考察项目见表 6-1，表中未列入的考察项目及剂型，可根据剂型及品种的特点制订。

表 6-1 稳定性重点考察项目

| 剂 型 | 稳定性重点考察项目 |
|---|---|
| 原料药 | 性状、熔点、含量、有关物质、吸湿性以及根据药品性质选定的考察项目 |
| 片剂 | 性质、含量、有关物质、崩解时限或溶出度或释放度 |
| 胶囊剂 | 外观、内容物色泽、含量、有关物质、崩解时限或溶出度、水分；软胶囊检查内容物有无沉淀 |
| 注射剂 | 性状、含量、pH 值、可见异物、有关物质、应考察无菌 |
| 栓剂 | 性状、含量、融变时限、有关物质 |
| 软膏剂 | 性质、均匀性、含量、粒度、有关物质 |
| 乳膏剂 | 性状、均匀性、含量、粒度、有关物质、分层现象 |
| 糊剂 | 性状、均匀性、含量、粒度、有关物质 |
| 凝胶剂 | 性状、均匀度、含量、有关物质、粒度、乳胶剂应检查分层 |
| 眼用制剂 | 如为溶液，应考察性状、澄明度、含量、pH 值、有关物质；如为混悬液，还应考察粒度、再分散性；洗眼剂还应考察无菌度；眼丸剂应考察粒度与无菌度 |
| 丸剂 | 性状、含量、有关物质、溶散时限 |
| 糖浆剂 | 性状、含量、澄明度、相对密度、有关物质、pH 值 |
| 口服溶液剂 | 性状、含量、澄明度、有关物质 |
| 口服乳剂 | 性状、含量、分层现象、有关物质 |
| 口服混悬剂 | 性状、含量、沉降体积比、有关物质、再分散性 |
| 散剂 | 性状、含量、粒度、有关物质、外观均匀度 |
| 气雾剂 | 泄漏率、每瓶主药含量、有关物质、每瓶总揿次、每揿主药含量、雾滴分布 |
| 粉雾剂 | 排空率、每瓶总吸次、每吸主药含量、有关物质、雾滴分布 |
| 喷雾剂 | 每瓶总吸次、每吸喷量、每吸主药含量、有关物质、雾滴分布 |
| 颗粒剂 | 性状、含量、粒度、有关物质、溶化性或溶出度或释放度 |
| 贴剂(透皮贴剂) | 性状、含量、有关物质、释放度、黏附力 |
| 冲洗剂、洗剂、灌肠剂 | 性状、含量、有关物质、分层现象(乳状型)、分散性(混悬型)，冲洗剂应考察无菌 |
| 搽剂、涂剂、涂膜剂 | 性状、含量、有关物质、分层现象(乳状型)、分散性(混悬型)，涂膜剂还应考虑成膜性 |
| 耳用制剂 | 性状、含量、有关物质，耳用散剂、喷雾剂与半固体制剂分别按相关剂型要求检查 |
| 鼻用制剂 | 性状、pH 值、含量、有关物质，鼻用散剂、喷雾剂与半固体制剂分别按相关剂型要求检查 |

注：有关物质（含降解产物及其他变化所产生的产物）应说明其生成产物的数目及量的变化。如有可能应说明有关物质中何为原料药中的中间体，何为降解产物，稳定性试验中重点考察降解产物。

### （五）固体药剂稳定性试验的特殊要求和特殊方法

根据固体药剂稳定性的特点，其稳定性试验的特殊要求主要有：①在试验中必须测定每个试样的水分。②试样必须使用密封容器。可将其开口容器相比较，以考察包装材料的影响。③测定水分与含量的试样需分别单独包装。④试样含量应均匀。⑤药物颗粒的大小对结果也有影响，故样品要用一定规定的筛号过筛，试样应过筛，并用 BET 方法测定。⑥试验温度不宜过高，以60℃以下为宜。

此外应研究赋形剂对药物稳定性的影响。通常可用以下方法设计试验：药物与赋形剂 1∶5配料，药物与润滑剂按 20∶1 配料。常用赋形剂和润滑剂有淀粉、糊精、蔗糖、磷酸氢钙、硫酸钙、硬脂酸镁、硬脂酸等。配好料后，其中一半用小瓶密封，另吸收或加入 5%

水，也用小瓶密封。然后在5℃、25℃、50℃、60℃温度和4000lx光照下进行加速试验，定期取样测含量或薄层分析，并观察外观、色泽等变化，以判断赋形剂是否影响药物的稳定性。

## 模块二　药物稳定性试验操作实践

### 一、测定药物稳定性操作实践

药剂稳定性试验方法：影响因素试验，加速试验，长期试验。

稳定性试验标准操作规程（SOP）

① 先启动机器，确定工作正常。

② 按主机启动开关，设定温度、湿度、光照等参数。

③ 待参数设置达到预设的数值后，放入待检测的药物。

④ 关闭机器，定期开箱取样检测。

### 二、综合实训　影响因素试验、加速试验、长期试验操作

| **实践目的**<br>1. 掌握稳定性试验的基本操作。<br>2. 区分原料药、药剂需进行的稳定性试验类别。 | 学时：12 |
|---|---|
| **工作任务描述**<br>掌握各项试验针对的药物对象，能够熟练地进行该项试验操作，对原料药、药剂把关，确保药剂成品的稳定性。 | |
| **媒体条件**<br>1. 药剂实训室、校内生产基地。<br>2. 多媒体设备、药品稳定性试验箱、天平等。<br>3. 各种资料（常用药剂设备使用说明等）、PPT、视频、影像资料、教材、相关图书、网上资源、网络课程等。<br>4. 实践材料：待检测的原料药、药剂等。 | |
| **具体任务内容**<br>1. 根据工作任务获取学习信息，获得相关知识。<br>2. 根据学习资料制订工作计划，完成工作计划。<br>3. 按照工作计划，遵守相关规定，独立完成每一个工作步骤，并进行记录、归档和提交报告。 | |
| **对学生的要求**<br>1. 积极沟通，广泛收集各种资料，不得随意损坏和丢失信息资料。<br>2. 遵守课堂纪律，上课认真做好计划和记录，服从指挥。<br>3. 积极主动、按时完成工作任务，配合组长与老师的工作。<br>4. 自学好问、仔细观察、认真分析、制作精细。<br>5. 检查评价认真、公平、全面。 | |

**考核标准**

| 实践项目：影响因素试验、加速试验、长期试验操作 | | | 学时：12 |
|---|---|---|---|
| 实践目的<br>1. 掌握稳定性试验的基本操作。<br>2. 区分原料药、药剂需进行的稳定性试验类别。 | | | |
| 序号 | 考核内容 | 考核标准 | 参考分值 |
| 1 | 学习与工作态度 | 态度端正，学习方法多样，课堂认真，积极主动，责任心强，全部出勤。 | 5 |
| 2 | 团队协作 | 服从安排，积极与小组成员合作，共同制订工作计划，共同完成工作任务。 | 5 |
| 3 | 实训计划制订 | 有工作计划，计划内容完整，时间安排合理，工作步骤正确。 | 5 |
| 4 | 实训记录 | 实训记录单设计合理，完成及时，记录完整，结果分析正确。 | 5 |
| 5 | 能以标准操作规程进行操作 | 严格按操作规程进行粉碎操作，完毕后按要求清场。 | 50 |
| 6 | 设备的使用与维护 | 熟练使用药品稳定性试验箱，对出现的小故障可进行简单的维修。 | 5 |
| 7 | 排除设备运行过程中出现的一般故障 | 能排除生产所用设备运行过程中出现的故障，处理方法正确。 | 10 |
| 8 | 任务训练单 | 对老师布置的训练单，能及时上交，正确率在90%以上。 | 5 |
| 9 | 方法能力 | 能利用各种资源快速查阅获取所需知识，问题提出明确，表达清晰，有独立分析问题和解决问题的能力。 | 5 |
| 10 | 问题思考 | 开动脑筋，积极思考，提出问题，并对工作任务完成过程中的问题进行分析和解决。 | 5 |
| 11 | 合　　计 | | 100 |

## 单元要点

一、药物制剂的基本要求、药剂稳定性的含义和研究范围

1. 药剂的基本要求是安全、有效、稳定。

2. 药剂的稳定性通常是指药物从合成原料药、生产制剂直到成为药剂应用到临床的整个过程中，保持其物理、化学、生物学的稳定性，并保持其安全性和有效性。

3. 药剂的稳定性一般包括化学、物理和生物学三个方面。

二、药剂稳定性的主要因素

1. 处方因素包括pH值、广义酸碱催化影响、溶剂、离子强度、表面活性剂、辅料等。

2. 外界因素包括温度、光线、空气（氧)、金属离子、湿度和水分、包装材料等。

三、计算药剂的有效期

$$\text{经典恒温法}\ \lg K=-\frac{E}{2.303RT}+\lg A$$

四、考察稳定性的主要项目

1. 考察稳定性的主要项目是原料药和药剂的影响因素试验、加速试验和长期试验。

2. 原料药的影响因素试验目的是探讨药物的固有稳定性、了解影响其稳定性的因素及可能的降解途径与降解产物，为制剂生产工艺、包装、储存条件和建立降解产物分析方法提供科学依据。

3. 药剂的影响因素试验目的是考察制剂处方的合理性与生产工艺及包装条件。

4. 原料药和药剂的加速试验目的是通过加速药物的化学或物理变化，探讨药物的稳定性，为制剂设计、包装、运输、储存提供必要的资料。

5. 原料药和药剂的长期试验目的是为制定药物（药品）的有效期提供依据。

## 目标检测

一、填空题

1. 药剂稳定性是指（　　）、（　　）与（　　）三个方面。

2. 影响药剂稳定性的处方因素有（　　）、（　　）、（　　）、（　　）、（　　）和（　　）。

3. 影响药剂稳定性的外界因素一般包括（　　）、（　　）、（　　）、（　　）、（　　）和（　　）。

二、选择题

（一）单选题

1. 药剂的基本要求是（　　）

A. 安全、有效、稳定　　B. 安全、经济、有效

C. 有效、稳定、方便　　D. 安全、稳定、经济

E. 经济、方便、有效

2. 对于药物降解，常用降解百分之多少所需的时间为药物的有效期（　　）

A. 5%　　B. 10%　　C. 30%

D. 50%　　E. 90%

3. 盐酸普鲁卡因降解的主要途径是（　　）

A. 水解　　B. 光学异构化　　C. 氧化

D. 聚合　　E. 脱羧

4. 维生素C降解的主要途径是（　　）

A. 脱羧　　B. 氧化　　C. 光学异构化

D. 聚合　　E. 水解

5. 酚类药物降解的主要途径是（　　）

A. 水解　　B. 光学异构化　　C. 氧化

D. 聚合　　E. 脱羧

6. 酯类降解的主要途径是（　　）

A. 光学异构体　B. 聚合　C. 水解

D. 氧化　E. 脱羧

7. 影响易于水解药物的稳定性，与药物氧化反应也有密切关系的是（　　）

A. pH　B. 广义的酸碱催化　C. 溶剂

D. 离子强度　E. 表面活性剂

8. 影响药剂稳定性的制剂因素不包括（　　）

A. 溶剂　B. 广义酸碱　C. 辅料

D. 温度　E. 离子强度

9. 影响药物稳定性的环境因素不包括（　　）

A. 温度　B. pH 值　C. 光线

D. 空气中的氧　E. 包装材料

10. 影响药剂稳定性的外界因素是（　　）

A. 温度　B. 溶剂　C. 离子强度

D. pH 值　E. 表面活性剂

11. 焦亚硫酸钠（或亚硫酸氢钠）常用于（　　）

A. 弱酸性药液　B. 偏碱性药液　C. 碱性药液

D. 油溶性药液　E. 非水性药液

12. 适合油性药液的抗氧剂有（　　）

A. 焦亚硫酸钠　B. 亚硫酸氢钠　C. 亚硫酸钠

D. 硫代硫酸钠　E. BHA

13. 关于稳定性试验的基本要求叙述错误的是（　　）

A. 稳定性试验包括影响因素试验、加速试验与长期试验

B. 影响因素试验适用原料药和制剂处方筛选时稳定性考察，用一批原料药进行

C. 加速试验与长期试验适用于原料药与药剂，要求用一批供试品进行

D. 供试品的质量标准应与各项基础研究及临床验证所使用的供试品质量标准一致

E. 加速试验与长期试验所用供试品的容器和包装材料及包装应与上市产品一致

14. 影响因素试验中的高温试验要求在多少温度下放置 10 天（　　）

A. 40℃　B. 50℃　C. 60℃

D. 70℃　E. 80℃

15. 加速试验要求在什么条件下放置 6 个月（　　）

A. 40℃ RH75%　B. 50℃ RH75%　C. 60℃ RH60%

D. 40℃ RH60%　E. 50℃ RH60%

（二）多选题

1. 药物降解主要途径是水解的药物主要有（　　）

A. 酯类　B. 酚类　C. 烯醇类

D. 芳胺类　E. 酰胺类

2. 药物降解主要途径是氧化的药物主要有（　　）

A. 酯类　B. 酚类　C. 烯醇类

D. 酰胺类　E. 芳胺类

3. 对于药物稳定性叙述错误的是（　　）

A. 一些容易水解的药物，加入表面活性剂都能使稳定性增加
B. 在制剂处方中，加入电解质或加入盐所带入的离子，应减少了药物的水解反应
C. 须通过实验，正确选用表面活性剂，使药物稳定
D. 聚乙二醇能促进氢化可的松药物的分解
E. 滑石粉可使乙酰水杨酸分解速度加快

4. 影响制剂降解的处方因素有（　　）
A. pH 值　B. 溶剂　C. 温度
D. 离子强度　E. 金属离子

5. 适合弱酸性药液的抗氧剂（　　）
A. 焦亚硫酸钠　B. 亚硫酸氢钠　C. 亚硫酸钠
D. 硫代硫酸钠　E. BHT

6. 适合油性药液的抗氧剂有（　　）
A. 焦亚硫酸钠　B. BHA　C. 亚硫酸钠
D. 硫代硫酸钠　E. BHT

7. 防止药物氧化的措施（　　）
A. 驱氧　B. 避光　C. 加入抗氧
D. 加金属离子络合剂　E. 选择适宜的包装材料

8. 包装材料塑料容器存在三个问题是（　　）
A. 有透气性　B. 不稳定性　C. 有透湿性
D. 有吸着性　E. 有毒性

9. 凡是在水溶液中证明不稳定的药物，一般可制成（　　）
A. 固体制剂　B. 微囊　C. 包合物
D. 乳剂　E. 难溶性盐

10. 影响因素试验包括（　　）
A. 高温试验　B. 高湿度试验
C. 强光照射试验　D. 在 40℃ RH75%条件下试验
E. 长期试验

11. 在药物稳定性试验中，有关加速试验叙述正确的是（　　）
A. 为新药申报临床与生产提供必要的资料
B. 原料药需要此项试验，制剂不需此项试验
C. 供试品可以用一批原料进行试验
D. 供试品按市售包装进行试验
E. 在温度 40℃±2℃、相对湿度 75%±5%的条件下放置三个月

三、简答题

1. 影响药剂稳定性的因素有哪些？
2. 怎样进行原料药和药物制剂的稳定性测定？

**答案：**

一、填空题

1. 化学、物理、生物学。
2. pH、广义酸碱催化影响、溶剂、离子强度、表面活性剂、辅料。
3. 温度、光线、空气（氧）、金属离子、湿度和水分、包装材料。

二、选择题

（一）单选题

1. A 2. B 3. A 4. B 5. C 6. C 7. A 8. D 9. B 10. A 11. A 12. E 13. C 14. C 15. A

（二）多选题

1. AE 2. BCE 3. ABE 4. ABD 5. AB 6. BE 7. ACDE 8. ACD 9. ABCE 10. ABC 11. AD

（三）简答题

略

# 学习单元七　药剂生产新技术

**学习目标**

1. 了解缓释、控释制剂的含义及制备的有关原理。
2. 熟悉控释制剂的理论与工艺。
3. 熟悉经皮吸收制剂的定义、分类。
4. 熟悉靶向制剂的定义、分类。

**工作任务**

1. 掌握缓释、控释制剂的制备方法。
2. 掌握经皮吸收制剂的制备工艺。
3. 掌握靶向制剂的制备方法。

普通制剂，常常一日口服或注射给药几次，不仅使用不便，而且血药浓度起伏很大，有"峰谷"现象。血药浓度高时（峰），可能产生副作用，甚至中毒；低时（谷）可在治疗浓度以下，以致不能显现疗效。缓释、控释制剂可较缓慢、持久地传递药物，减少用药频率，避免或减少血药浓度峰谷现象，提高患者的顺应性并提高药物药效及安全性。近 30 年来，缓释、控释制剂具有给药次数少、血药浓度峰谷波动小、胃肠道刺激反应轻、疗效持久安全等优点，越来越引起人们的重视和兴趣。缓释、控释制剂发展迅速，上市品种繁多，专利技术不断涌现。

给药系统（简称 DDS）包括：①控速释药系统，控释制剂、缓释制剂、经皮给药系统或称经皮给药制剂（简称 TDDS、TTS）等；②靶向给药系统亦称靶向制剂。本项目重点介绍药物新剂型的主要制备工艺流程。

## 模块一　必备知识——新剂型药剂生产技术

### 一、缓释、控释制剂

缓释制剂系指用药后能在较长时间内持续缓慢释放药物以达到延长药效目的的制剂。其中药物体外释放符合一级过程或 Higuchi 方程。如萘普生缓释片、硝苯地平缓释片及盐酸地尔硫䓬缓释片等。

控释制剂系指药物从制剂中按一定规律缓慢、恒速释放，使机体内药物浓度保持相对恒定，体内释药不受 pH 影响。其体外释放符合零级或近似零级过程。如维拉帕米、格列吡嗪渗透泵片、氯化钾渗透泵片等。

#### （一）缓释、控释制剂的特点

① 对生物半衰期短的或需要频繁给药的药物，可以减少服药次数。这样可以大大提高病人服药的顺应性；使用方便。特别适用于需要长期服药的慢性疾病患者，如心血管疾病、心绞痛、高血压、哮喘等。

② 使血药浓度平稳，避免峰谷现象，有利于降低药物的毒副作用。特别对于治疗指数较窄的药物，制成缓释、控释制剂后，可避免频繁用药引起中毒危险。

③ 可减少用药的总量，以最小剂量达到最大药效。

④ 某些有首过效应的药物，制备成缓释、控释制剂可能使生物利用度降低或升高，如普萘洛尔。

**（二）缓释、控释制剂的主要类型**

① 骨架型缓释、控释制剂：包括亲水凝胶骨架片、溶蚀性骨架片、不溶性骨架片和骨架型小丸等。

② 膜控型缓释、控释制剂：包括微孔膜包衣片、肠溶膜控释片、膜控释小片、膜控释小丸等。

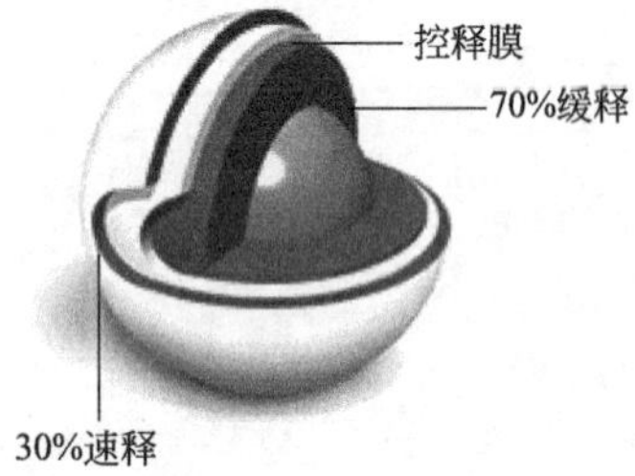


图 7-1 缓释、控释制剂的剖视图

③ 渗透泵控释制剂。

④ 多层缓释、控释片：二层片与三层片。

⑤ 注射控释制剂。

⑥ 植入型缓释、控释制剂。

⑦ 经皮给药系统。

⑧ 脉冲式释药系统或自调式释药系统。

缓释、控释制剂的剖视图见图 7-1。

**（三）缓释、控释制剂释药机理**

1. 溶出原理

包括用缓释、控释高分子聚合物包衣；或将药物与具有延缓溶出的载体混合；制成溶解度小的盐或酯等。具体方法有下列几种，见表 7-1。

**表 7-1 缓释、控释制剂溶出原理和方法**

| 方法 | 作用机理及实例 |
| --- | --- |
| 将药物包藏于溶蚀性骨架中 | 以蜡质类、脂肪酸及其酯等材料为主要基质制成的缓释片。药物溶于或混合于这些基质中，其释放速度与脂肪酸酯被水解的难易有关，随着骨架材料溶蚀，药物逐渐释放 |
| 将药物包藏于水溶性凝胶骨架中 | 以亲水凝胶为骨架制成缓释片剂。该缓释片口服后，在胃肠道内由于高分子聚合物遇消化液逐渐吸水膨胀，药物随亲水凝胶逐渐溶解缓释扩散到表面而溶于体液中。常用的亲水凝胶材料有羟丙基甲基纤维素、卡波普、羟丙基纤维素、海藻酸钠、瓜耳豆胶及脱乙酰壳多糖等 |
| 制成溶解度小的盐或酯 | 例如青霉素的普鲁卡因盐或二苄基乙二胺盐，药效比青霉素钾（钠）盐显著延长。醇类药物经酯化后水溶性减小，药效延长，如睾丸素丙酸酯、环戊丙酸酯、庚酸酯等，一般以油注射液供肌内注射，药物由油相扩散至水相（液体），然后水解为母体药物而产生治疗作用，药效约延长 2～3 倍 |
| 与高分子化合物生成难溶性盐 | 鞣酸为高分子化合物，与生物碱类药物可形成难溶性盐，其药效比母体药物延长，例如 *N*-甲基阿托品鞣酸盐、丙咪嗪鞣酸盐。海藻酸与毛果芸香碱结合成的盐在眼用膜剂中的药效比毛果芸香碱盐酸盐显著延长。胰岛素注射液在人体有效时间极短，一般皮下注射，每日需注射 3～4 次。碱性蛋白如鱼精蛋白可与胰岛素结合成溶解度小的鱼精蛋白胰岛素，加入锌盐成为鱼精蛋白锌胰岛素，药效可维持 18～24h 或更长 |
| 控制粒子大小 | 药物的表面积与溶出速度有关，故难溶性药物的颗粒直径增加可使其吸收减慢。例如超慢性胰岛素中所含胰岛素锌晶粒甚粗（大部分超过 10μm），故其作用可长达 30h；含晶粒较小（不超过 2μm）的半慢性胰岛素锌，作用时间则为 12～14h |

2. 扩散原理

药物释放以扩散作用为主有三种：水不溶性膜材包衣的制剂、包衣膜中含有部分水溶性聚合物和水不溶性骨架片（骨架呈多孔型或无孔型）。

利用扩散原理达到缓释、控释作用的方法，包括包缓释、控释衣；制成微囊；不溶性骨架片；增加黏度以减少扩散系数；植入剂；药树脂和乳剂等。见表 7-2。

表 7-2　药物的释放以扩散为主的结构

| 方法 | 作用机理 |
| --- | --- |
| 包缓释、控释衣 | 将药物的片剂或小丸用缓释、控释材料包衣。可以一部分小丸为速释部分，另一部分小丸为缓释部分，分别包厚度不等的阻滞衣层，包衣小丸的衣层崩解或溶解后，其释药特性与不包衣小丸相同，结果延长药效。阻滞材料有水不溶性阻滞剂如乙基纤维素、二醋酸纤维素等 |
| 制成不溶性骨架片剂 | 以不溶性聚合物如无毒聚氯乙烯、聚乙烯、硅橡胶等为骨架材料。适于制备这类片剂的为水溶性药物，因为难溶性药物从骨架中释放速度太慢，而使骨架片剂的体内生物自用度较低 |
| 制成微囊 | 采用微囊技术制备控释或缓释制剂是较新的方法。微囊膜为半透膜，在胃肠道中，水分可渗透进入囊内，溶解囊内药物，形成饱和液，然后扩散于囊外的消化液中而被机体吸收。囊膜的厚度、微孔的孔径、微孔的弯曲度等决定药物的释放 |
| 增加黏度以减少扩散速度 | 增加溶液黏度以延长药物作用的方法，主要用于缓释注射液或其他缓释液体制剂 |
| 制成乳剂 | 水溶性的药物，可将其溶液制成水/油型乳剂。以精制羊毛脂或植物油为油相。临用时加入注射液，猛力振摇，即成水/油乳剂型注射剂。在体内（肌内），水相中的药物向油相扩散，再由油相分配到体液，具有缓释作用 |
| 制成药树脂 | 阳离子交换树脂与有机胺类药物的盐交换，或阴离子交换树脂与有机羧酸盐或磺酸盐交换，即成药树脂。干燥的药树脂制成胶囊剂或片剂供口服用，在胃肠液中，药物再被交换而释放于消化液中。解离型的药物适用于制备药树脂。离子交换树脂的交换容量甚少，故剂量大的药物不适于制备药树脂。药树脂外面，还可包缓释衣，最后可制成混悬型缓释制剂 |
| 制成植入剂 | 植入剂为固体灭菌制剂。系将不溶性药物熔融后倒入模型（含硅橡胶等高分子聚合物）中形成，一般不加赋形剂，用外科手术埋藏于皮下，药效可长达数月甚至数年。例如左炔诺酮的植入剂 |

3. 溶蚀与扩散、溶出结合

溶蚀与扩散、溶出结合原理可归为两类：溶出控制型和扩散控制型。生物溶蚀型给药系统的释药特性则很复杂。对于骨架释药系统，药物既可从骨架中扩散，且骨架本身又具有溶解过程。该骨架片的释药是外层表面的溶蚀—分散—溶出过程。扩散不是释药的主要途径，释药速率受生理因素影响较大。这类制剂可通过改变骨架材料的用量或采用多种混合骨架材料和增加包衣工艺等来调节骨架片的释药速率。

此类释药系统的优点：骨架材料的生物溶蚀性能，最后不会形成空骨架；其缺点是受多种因素影响，且该溶蚀性骨架系统释药动力学很难控制。

制备生物溶蚀型缓释制剂的另一种方法是通过化学键将药物和聚合物直接结合。药物通过水解或酶反应从聚合物中释放出来。此类系统载药量很高，而且释药速率较易控制。

结合扩散和溶蚀的第三种方法是采用膨胀型控释。这种类型系统，药物溶于聚合物中，聚合物为膨胀型的。首先进入骨架，药物溶解，从膨胀的骨架中扩散出来，其释药速率主要取决于聚合物膨胀速率、药物溶解率和骨架中可溶部分的大小。

4. 渗透压原理

利用渗透压原理制成的控释制剂，能均匀恒速地释放药物，比骨架型缓释制剂更优越。以口服单室渗透泵型片剂为例说明其原理和构造：片芯为水溶性药物和水溶性聚合物和具有高渗透压的渗透促进剂，加其他辅料制成，外面用水不溶性聚合物的半渗透膜包衣，水可渗透进入膜内，而药物则不能渗出。然后用激光在片芯包衣膜上开一个或一个以上的释药小孔，口服后胃肠道的水分通过半透膜进入片芯，使药物溶解成饱和溶液或混悬液，加之具高渗透压辅料的溶解，故此种片剂膜内的溶液为高渗溶液，渗透压可达 4053～5066kPa，而体液渗透压仅为 760kPa 左右。由于膜内外存在大的渗透压差，药物溶液是通过释药小孔持续流出，其流出量与渗透进入膜内的水量相等，直到片芯的药物溶尽。

从小孔流出的溶液与通过半透膜的水量相等，只要片芯中药物未被完全溶解，释药速率按恒速进行。当片芯中药物逐渐低于饱和浓度，释药速率也逐渐下降至零，控制水的渗入速率即可控制药物的释放速率，而水的渗入速率取决于膜的通透性能和片芯的渗透压。故渗透泵型片剂片芯的吸水速度决定于膜的渗透性能和片芯的渗透压。药物以零级速度释放。

胃肠液中的离子不会渗透进入半透膜，故渗透泵型片剂的释药速率与 pH 无关，在胃中与在肠中的释药速率相等。

影响渗透泵片释药的因素，可控制下述三个关键因素：①通过半透膜包衣的渗透压差；②包衣膜对水的渗透性；③释药孔的大小。因此半渗透膜的厚度、孔径和孔率、片芯的处方组成，以及释药小孔的直径，是制备渗透泵片剂的成败关键。释药小孔的直径太小，则释药速率减少；太大，则释药太快。

5. 离子交换作用

由水不溶性交联聚合物组成的树脂，其聚合物链的重复单元上含有成盐基团，药物可结合于树脂。当带有适当电荷的离子与离子交换基团接触时，通过交换将药物游离释放出来。

$$\text{树脂}^{+}-\text{药物}^{-}+X^{-}\longrightarrow\text{树脂}^{+}-X+\text{药物}^{-}$$

或

$$\text{树脂}^{-}-\text{药物}^{+}+Y^{+}\longrightarrow\text{树脂}^{-}-Y+\text{药物}^{-}$$

$X^-$ 和 $Y^+$ 为消化道中的离子，交换后，游离的药物从树脂中扩散出来。药物从树脂中的扩散速度受扩散面积、扩散路径长度和树脂的刚性（为树脂制备过程中交联剂用量的函数）的控制。如阿霉素羧甲基葡聚糖微球，以 $RCOO^-NH_3^+R'$表示，在水中不释放，置于 NaCl 溶液中，则释放出阿霉素 $R'NH_3+Cl^-$，并逐步达到平衡。

$$RCOO^-NH_3^+R'+Na^+Cl^-=R'NH_3^+Cl^-+RCOO^-Na^+$$

该制剂可用于动脉栓塞治疗肝癌，栓塞到靶组织后，由于阿霉素羧甲基葡聚糖微球在体内与体液中阳离子进行交换，阿霉素逐渐释放，发挥栓塞与化疗双重作用。

## 活动与探究

查阅资料，分析下列几种药物的释药机理是什么方法？并能总结出这种方法的优缺点。

扑尔敏控释胶囊，氢溴酸右旋美沙芬缓释片，布洛芬缓释胶囊（芬必得），酒石酸美托洛尔缓释片，硫酸亚铁缓释片，氯化钾控释片，碳酸锂缓释片，维生素 $B_6$ 缓释片，硫酸庆大霉素控释片，磷酸丙吡胺缓释胶囊，硝酸异山梨酯缓释胶囊，盐酸苯丙醇胺缓释胶囊，枸橼酸钾缓释胶囊，盐酸普萘洛尔与双氢氯噻嗪缓释胶囊，富马酸亚铁与丁二酸二辛酯磺酸钠缓释片，葡萄糖酸奎宁丁缓释片，硝酸异山梨酯缓释片。

**（四）缓释、控释制剂的处方和制备工艺**

1. 骨架型缓释、控释制剂

骨架型制剂是指药物和一种或多种惰性固体骨架材料通过压制或融合技术制成片状、小粒或其他形式的制剂。大多数骨架材料不溶于水，其中有的可以缓慢地吸水膨胀。骨架型制剂主要用于控制制剂的释药速率，一般起控释、缓释作用。多数的骨架型制剂可用常规的生产设备、工艺制备，也有用特殊的设备和工艺。例如微囊法、熔融法等。骨架型制剂常为口服剂型。

骨架型制剂的分类，按骨架材料性质主要有：生物溶蚀性骨架制剂、亲水凝胶骨架制剂、不溶性骨架制剂和离子交换树脂骨架制剂。

按用药途径主要有：口服骨架型制剂、腔道用骨架型制剂（栓型）、植入型骨架型制剂、口腔用骨架型制剂、眼用骨架型制剂及透皮用骨架型制剂等。

按制剂类型主要有：骨架片、胃内滞留片、生物黏附片、骨架小丸剂、胶囊剂等。以下主要按制剂分类介绍三类如骨架片、胃内滞留片和生物黏附片等。

（1）骨架片　采用不同性质的骨架材料制成不溶性骨架片、亲水凝胶骨架片和生物溶蚀性骨架片等。

① 不溶性骨架片处方和工艺。不溶性骨架片是指不溶于水或水溶性极小的高分子聚合物或无毒塑料等。这些材料与药物混合制成片剂形成骨架，药物宜为水溶性。胃肠液渗入骨架孔隙后，药物溶解并通过骨架中错综复杂的极细孔径的通道，缓缓向外扩散而释放，在药物的整个释放过程中，骨架几乎没有改变，随大便排出。

此种骨架片的制备方法有三种：a. 药物与不溶性聚合物混合均匀后，可直接粉末压片、湿法制粒压片；b. 将药物粉末与不溶性聚合物混匀，加入有机溶剂作润湿剂，制成软材，制粒压片；c. 将药物溶于含聚合物的有机溶剂中，待溶剂蒸发后成为药物在聚合的固体溶液或药物颗粒外层留一层聚合物层，再制粒，压片。适于制备不溶性骨架片的有氮化钾、氯苯那敏、茶碱和曲马唑嗪等水溶性药物。

呋喃妥因赖氨酸片由于聚甲基丙烯酸甲酯骨架材料的缓释作用，显著增加生物利用度，并可减轻胃肠道反应。

② 凝胶骨架片处方和工艺。凝胶骨架片材料可分为四类，见表 7-3。

**表 7-3　凝胶骨架片材料**

| 凝胶骨架片材料 | 实　例 |
|---|---|
| 天然凝胶 | 海藻酸钠、西黄蓍胶、明胶及瓜耳豆胶等 |
| 纤维素衍生物 | 羟丙基甲基纤维素(HPMC)、羟丙基纤维素(HPC)、羟乙基纤维素(HEC)、羧甲基纤维素钠(CMC-Na)等 |
| 乙烯聚合物和丙烯酸树脂 | 聚乙烯醇和卡波沫(Carbomer)等 |
| 非纤维素多糖 | 壳多糖、半乳糖、甘露聚糖和脱乙酰壳多糖 |

凝胶骨架片多数可用常规的生产设备和工艺制备，机械化程度高、生产成本低、重现性好、适合工业生产。制备工艺主要有直接压片或湿法制粒压片。

## 活动与探究

吲哚洛尔缓释片

1. 处方　　用量(g)

| | |
|---|---|
| 吲哚洛尔 | 1000 |
| 乳糖 | 5400 |
| 微晶纤维素 | 900 |
| 羟丙基甲基纤维素(HPMC)(4000cPa·s) | 400 |
| 聚山梨酯 80 | 10 |
| 硬脂酸镁 | 60 |

2. 制备：将主药粉碎过 100 目筛，与乳糖、微晶纤维素置 V 形混合器中混合 20min。将聚山梨酯 80 溶于乙醇中，加入 HPMC 和纯化水 1400g 制粒，于 65℃干燥 6h。粉碎，整粒，加硬脂酸镁，再置 V 形混合器中混合 5min。压片，缓释片直径 6.0mm，片重 80.0mg(每片含主药 10mg)，压力 6～8kg。

3. 根据处方和制备工艺，学生可动手操作，在操作过程中试分析各物质的作用及操作的注意事项，并能比较与一般片剂的不同点。

③ 生物溶蚀性骨架片处方和工艺。生物溶蚀性骨架片是指将药物与蜡质、脂肪酸及其酯等物质混合制备的缓释片。这类骨架片是通过孔道扩散与溶蚀控制药物释放，部分药物被不穿透水的蜡质包囊，药物从骨架中的释放是由于这些材料的逐渐溶蚀。胃肠道的 pH、消化酶能明显影响脂肪酸酯的水解。

此类骨架片的制备工艺有三种，见表 7-4。

**表 7-4 生物溶蚀性骨架片的制备工艺**

| 制备工艺 | 操作流程 |
| --- | --- |
| 溶剂蒸发技术 | 将药物与辅料或分散体加入熔融的蜡质相中，然后将溶剂蒸发除去，干燥混合制成团块，再制成颗粒，然后装胶囊或制备成片剂 |
| 熔融技术 | 将药物与辅料直接加入熔融的蜡质中，温度控制在略高于蜡质熔点即 90℃，熔融的物料铺开冷却、再固化、粉碎，或者倒入一旋转的盘中使成薄片，再研磨过筛制成颗粒。若加入聚维酮(PVP)或聚乙烯月桂醇醚，则其体外释放呈零级过程。另外以胰脂酶与碳酸钙有关，因钙离子为胰酶的促进剂 |
| 混合技术 | 将药物与十六醇在 60℃混合，团块用玉米朊乙醇溶液制粒，此法得到的片剂释放性能稳定 |

氨茶碱缓释片药物释放，其释药速率随处方中微晶纤维素与单硬脂酸甘油酯添加量的比例增大而加快。

(2) 缓释、控释颗粒（微囊）压制片　缓释、控释颗粒压制片在胃中崩解后，作用类似于胶囊剂，具有缓释胶囊的特点，并兼有片剂的优点。以下介绍缓释、控释颗粒压制片的三种制备工艺。

① 制备具有不同释药速率的颗粒。将三种不同释药速率的颗粒混合后，压片，一种是以明胶为黏合剂制备的颗粒，另一种是醋酸乙烯为黏合剂制备的颗粒，第三种是用虫胶为黏合剂制备的颗粒，药物释放受颗粒在肠中的溶蚀作用所控制，明胶制的颗粒崩解释药速率＞醋酸乙烯的颗粒＞虫胶的颗粒。

② 微囊压制片。如阿司匹林结晶，采用乙基纤维素为载体进行微囊化，制备微囊，在压制成片剂。本方法适于药物含量高的处方。

③ 将药物制备成小丸，然后在压制成片剂，最后包薄膜衣。先将药物与淀粉、糊精或微晶纤维素滚成小丸，用乙基纤维素水分散体包衣，有时还可用熔融的十六醇与十八醇的混合物处理，再压片。

(3) 胃内滞留片　胃内滞留片是指一类能滞留于胃液中，延长药物释放时间，改善药物吸收的骨架片剂。目前多数口服缓释或控释片剂在其吸收部位的滞留时间仅有 2～3h，而制成胃内滞留片后在胃内滞留时间可达 5～6h，具有骨架片释药的特性。

① 胃内滞留片的释药原理。胃内滞留片系由药物、一种或多种亲水胶体及其他辅助材料组成制得的口服片剂。又称胃漂浮片，即为一种不崩解的亲水性骨架片，与胃液接触时，亲水胶体便开始产生水化作用，在片剂的表面形成一水不透性胶体屏障膜，其控制了漂浮片内药物与溶剂的扩散速率；为提高滞留或漂浮能力，可加入如疏水性而相对密度小的酯类、脂肪醇类、脂肪酸类或蜡类，并滞留于胃内，直至所有的负荷剂量药物释放完为止。药物的释放速率受亲水性材料骨架种类和浓度的影响。

② 胃内滞留片具有如下的特性：a. 片剂接触胃液后于体温下能在表面水化形成凝胶屏障膜，并膨胀。b. 处方的漂浮辅料相对密度小于 1，并使片剂在胃内滞留时间较长。c. 主药的性质、用量、赋形剂的选择都应符合胃内滞留片要求的体内外释药特性，能缓慢溶解、扩散，能维持胃内较长释药时间，一般能在胃内滞留达 5～6h。

③ 制备工艺。一般采用全粉末直接压片和干法制粒压片的工艺。用湿法制粒压片不利

于片剂在胃内水化而滞留。其次在压制片剂时，压力大小对片剂成型后的滞留作用影响较大。既要使片剂硬度适宜，又使片剂内部保持有适当的空隙，有利于成型的片剂相对密度小于1和片剂表面的亲水性高分子颗粒间留有一定的孔隙利于水化作用。

### 活动与探究

地西泮胃内漂浮控释片

| 1. 处方 | 用量(g) |
|---|---|
| 地西泮 | 15 |
| HPMC | 55 |
| 单硬脂酸甘油酯 | 29.4 |
| 乳糖 | 65 |
| 甘露醇 | 24 |
| CMC-Na | 105 |
| PVP | 15 |
| MC | 76.5 |
| 滑石粉 | 8.0 |
| 硬脂酸镁 | 5.0 |

2. 根据地西泮胃内漂浮控释片及胃内滞留片的一般制备工艺，试分析该处方的制备方法。

（4）生物黏附片　生物黏附片是指其有生物黏附性，能黏附于黏膜并释放（或输送）药物以达到治疗目的的片状制剂。生物黏附片基本结构组成是由具有生物黏附性的聚合物与药物混合组成片芯，然后由此聚合物围成外周，再加覆盖层而成。生物黏附片应用于口腔、鼻腔、眼眶、阴道及胃肠道的特定区段，通过该处上皮细胞黏膜输送药物。该剂型可加强药物与黏膜接触的紧密性及持续性，有利于药物的吸收；而且黏膜黏附片容易控制药物吸收的速率及吸收量；生物黏附片可起局部作用和用于全身治疗；口腔、鼻腔等局部给药可使药物直接进入大循环而避免首过效应。

2. 膜控释型缓释、控释制剂

（1）微孔膜包衣片　微孔膜包衣片的释药原理：当微孔膜包衣片与胃肠液接触时，膜上存在的致孔剂遇水部分溶解或脱落，在片剂的薄膜上形成无数肉眼不可见的微孔或弯曲小道，使衣膜具通透性。胃肠道中体液通过微孔渗入膜内，溶解片芯药物产生一定渗透压，由于膜内外渗透压差，药物便通过微孔向膜外扩散释放。

膜控释包衣过程：将醋酸纤维素、乙基纤维素等包衣材料用溶剂乙醇或丙酮溶解，加入水溶性致孔剂材料，亦可加入一些水不溶性的粉末如滑石粉、二氧化硅等，甚至将药物加在包衣膜内作为速释部分，用此包衣液包在制成片芯上，即成微孔膜包衣片。

### 活动与探究

复方异烟肼盐酸氯丙嗪控释片

| 1. 片芯处方 | 用量(g) |
|---|---|
| 异烟肼 | 60 |

盐酸氯丙嗪 20
聚乙烯醇 25
淀粉 4.8
10%淀粉浆 适量
十二烷基硫酸钠 0.4
滑石粉 5.6

2. 包衣处方

醋酸纤维素 17.0g
PEG-1500 3.0g
聚山梨酯 80 0.2g
丙酮 400ml

3. 制备 片芯制备：将异烟肼或盐酸氯丙嗪分别与淀粉、聚乙烯醇混合均匀，用黏合剂10%淀粉浆制软材，过筛制粒，置烘箱50～60℃干燥2h，整粒。得颗粒A和B，两者混合均匀，加入十二烷基硫酸钠和滑石粉，混合5min，压片。

4. 包衣过程 将醋酸纤维素用丙酮溶解后，加如PEG-1500和聚山梨酯80分散均匀，制备成包衣液。用此包衣液采用流化床设备进行包衣。

(2) 膜控释小片 是将药物与辅料按常规方法制粒，压制成小片（minitablet），其直径约为3mm，用缓释膜包衣后装入硬胶囊使用。每粒胶囊可装入几片或20片不等。胶囊中的小片可包上不同缓释作用的衣料或由不同包衣厚度的小片组成。此类制剂无论在体内外皆可获得恒定的释药速率，是一种较理想的口服控释剂型。而制成小片可使包衣个体差异较小，质量均匀，释药恒定，可以达到零级释药过程。在生产工艺上也较控释小丸剂等简便，质量上易于控制。

### 活动与探究

茶碱微孔膜控释小片

1. 处方 无水茶碱粉末适量，淀粉适量，5%CMC-Na浆液，0.5%硬脂酸镁等。

2. 制备

① 制成颗粒。无水茶碱粉末用5%CMC-Na浆液制成颗粒，干燥后加0.5%硬脂酸镁，压制成直径3mm的小片，每片含茶碱15mg，片重为20mg。

② 流化床包衣法包衣。分别用两种不同的包衣液包衣。一种包衣材料为乙基纤维素，加一种水溶性聚合物如PEG1540、Eugragit L或聚山梨酯20为致孔剂，乙基纤维素与致孔剂的比例为2∶1，用异丙醇和丙酮混合溶剂；另一种包衣材料为Eudragit RL100和Eudragit RS100，不加致孔剂。

③ 将20片包衣小片装入一只硬胶囊内即得。

(3) 肠溶膜控释片 肠溶膜控释片系将药物压制成片芯，外包肠溶衣，再包上含药的糖衣层而得。含药的糖衣层在胃液中释药，当肠溶衣片芯进入肠道后，衣膜溶解，片芯中的药物释出，因而延长了释药的时间。

此片基本以零级速率在肠道中缓慢释药，可维持药效12h以上。肠溶衣材料可用羟丙基甲基纤维素酞酸酯或羟丙基甲基纤维素琥珀酸酯，也可以用水不溶性膜材料如乙基纤维素混合制成在肠道中释药的微孔膜包衣片，在肠道中肠溶衣溶解，包衣膜上形成微孔，纤维素微孔膜则控制片芯内药物的释放。

(4) 膜控释小丸　将小丸包缓释衣或包肠溶衣制成缓释、控释制剂。将药物粉末和辅料制成粒径小于2.5mm的圆球状实体。制成的小丸再包缓释衣，亦可用脂蜡类物质如脂肪酸、脂肪醇及酯类、蜡类等包衣。然后再将这些包衣小丸压成片剂或装入胶囊等。制备方法主要有滚动成丸法、挤压-滚圆成丸法、离心-流化造丸法（流化床制粒）、喷雾冻凝法和喷雾制粒等。

3. 渗透泵片（见图7-2、图7-3）

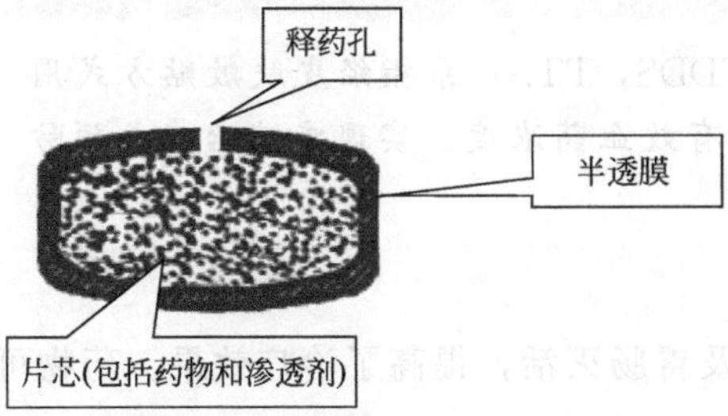


图7-2　单室渗透泵片切面示意图

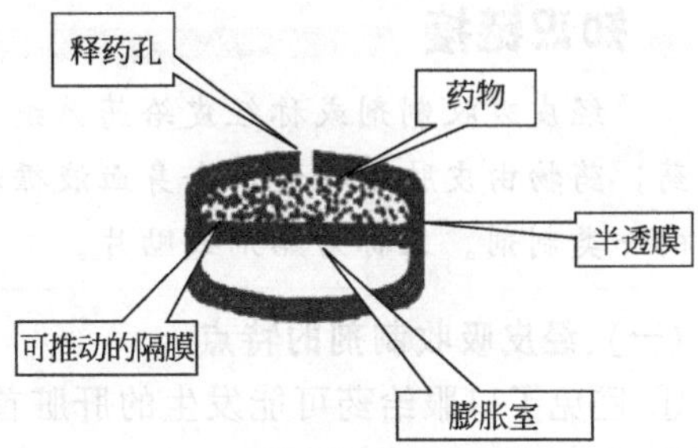


图7-3　渗透泵片切面示意图

## 活动与探究

格列吡嗪渗透泵片

1. 处方组成

| | | 用量(g) |
|---|---|---|
| 含药层 | 格列吡嗪 | 66 |
| | 羟丙基甲基纤维素 | 369 |
| | (平均相对分子质量60000) | |
| | 聚乙烯吡咯烷酮 | 162 |
| | 硬脂酸镁 | 3 |
| 促释层 | 羧甲基纤维素钠 | 389 |
| | (平均相对分子质量700000) | |
| | 氯化钠 | 174 |
| | 羟丙基甲基纤维素 | 30 |
| | (平均相对分子质量11200) | |
| | 氧化铁(40目) | 6 |
| | 硬脂酸镁 | 1.5 |
| 半透膜 | 醋酸纤维素(乙酰基值39.8%) | 93% |
| | 聚乙二醇3350 | 7% |
| | 丙酮∶水 | 适量 |

2. 制备

① 片芯制备。含药层：将格列吡嗪、羟丙基甲基纤维素与聚乙烯吡咯烷酮混匀，混合物置于流化床中，喷入醇水溶液制成颗粒，将颗粒过20目筛，与硬脂酸镁混合5min。促释层：将羧甲基纤维素钠、氯化钠、羟丙基甲基纤维素和氧化铁过40目筛混合均匀，置室温干燥16h，过20目筛整粒，最后与硬脂酸镁混合5min。按一定配比压制双层片（片径9mm）。

② 包衣过程。用空气悬浮包衣技术包衣，包至每个芯片上的衣增重为4%～5%。

③ 打孔。在包衣片上以机械方法，于片剂上面打一释药小孔，孔径为0.635mm。于50℃干燥1h。

## 二、经皮吸收制剂

自1981年美国上市第一个用于治疗运动病的TTS——东莨菪碱贴剂以来，现已有多种透皮吸收制剂，如硝酸甘油、雌二醇、芬太尼、可乐定、睾酮、尼群地平、噻吗洛尔等TTS应用于临床，受到普遍欢迎。

**知识链接**

经皮吸收制剂或称经皮给药系统（简称TDDS，TTS）系指经皮肤敷贴方式用药，药物由皮肤吸收进入全身血液循环并达到有效血药浓度，实现疾病治疗或预防的一类制剂。又称为贴剂或贴片。

### （一）经皮吸收制剂的特点

① 避免了口服给药可能发生的肝脏首过效应及胃肠灭活，提高了治疗效果。药物可长时间持续扩散进入血液循环。

② 维持恒定的血药浓度或生理反应，增强了治疗效果，减少了胃肠给药的副作用。普通剂型每天因多次用药，易产生血药浓度峰谷波动现象，而TDDS利用相对固定的皮肤部位给药，在用药期间吸收速度和吸收总量不会出现明显变化。

③ 延长作用时间，减少用药次数，改善患者用药顺应性。一般口服缓释或控制剂，维持有效作用的时间少于24h。TDDS每次给药可维持1天或1天以上，如东莨菪碱TDDS和雌二醇TDDS都是3天用药1次，而可乐定TDDS只需1星期用药1次。

④ 患者可以自主用药，减少个体间差异和个体内差异。

⑤ TDDS也有其局限性，如起效缓慢，且多数药物不能达到有效治疗浓度；TDDS的剂量较小，一般认为每日超过5mg的药物就已经不容易制备成理想的TDDS。对皮肤有刺激性和过敏性的药物不宜设计成TDDS。另外，TDDS的生产工艺和条件也比较复杂等。

经皮吸收制剂的分类见表7-5，膜控释型TDDS和黏胶分散型TDDS分别见图7-4、图7-5。

**表7-5 经皮吸收制剂的分类**

| 经皮吸收制剂分类 | 各类经皮吸收制剂的比较 |
|---|---|
| 膜控释型 | 膜控释型TDDS的基本构造主要由背衬层、药物储库、控释膜层、黏胶层和防黏层(保护层)五部分组成 |
| 黏胶分散型 | 黏胶分散型TDDS的药物储库层及控释层均由压敏胶组成 |
| 骨架扩散性 | 药物均匀分散或溶解在疏水或亲水的聚合物骨架中，然后分剂量成固定面积大小及一定厚度的药膜，与压敏胶层、背衬层及防黏层复合即成为骨架扩散性TDDS |
| 微储库型 | 微储库型系统TDDS兼具膜控制型和骨架型的特点。其一般制备方法是先把药物分散在水溶性聚合物(如聚乙二醇)的水溶液中，再将该混悬液均匀分散在疏水性聚合物中，在高切变机械力作用下，使形成微小的球形液滴，然后迅速交联疏水聚合物分子使之成为稳定的包含有球形液滴药库的分散系统，将此系统制成一定面积及厚度的药膜，置于黏胶层中心，加防黏层即得 |

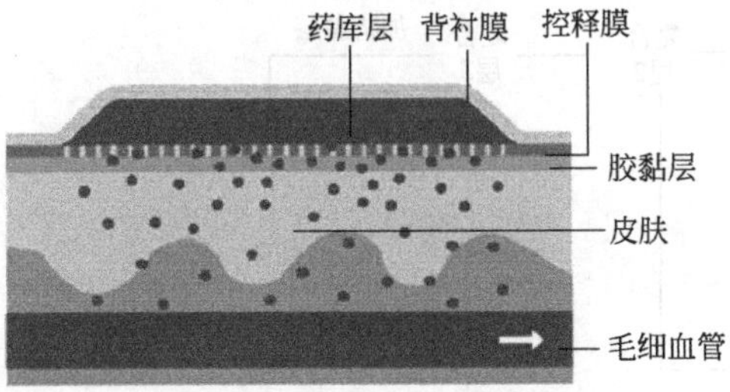


图 7-4　膜控释型 TDDS 示意图

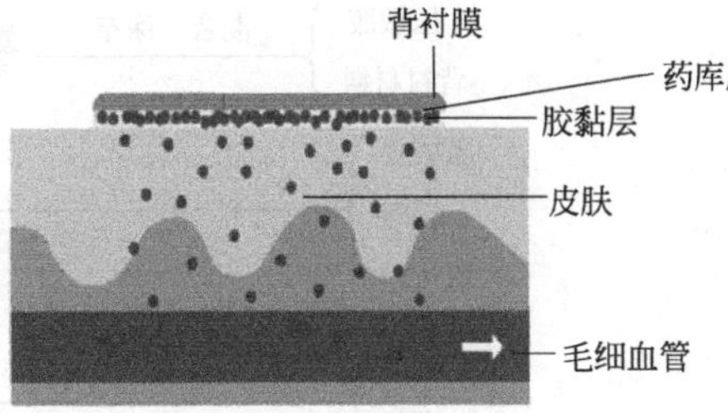


图 7-5　黏胶分散型 TDDS 示意图

**（二）经皮吸收制剂的设计**

1. 渗透促进剂在 TDDS 中的应用

渗透促进剂是指那些能加速药物渗透穿过皮肤的物质。理想的经皮吸收促进剂应具备的条件如下。

① 对皮肤及机体无药理作用、无毒、无刺激性及无过敏反应。

② 应用后立即起作用，去除后皮肤能恢复正常的屏障功能。

③ 不引起体内营养物质和水分通过皮肤损失。

④ 不与药物及其他附加剂产生物理化学作用。

⑤ 无色、无臭。

渗透促进剂的作用机理见图 7-6。

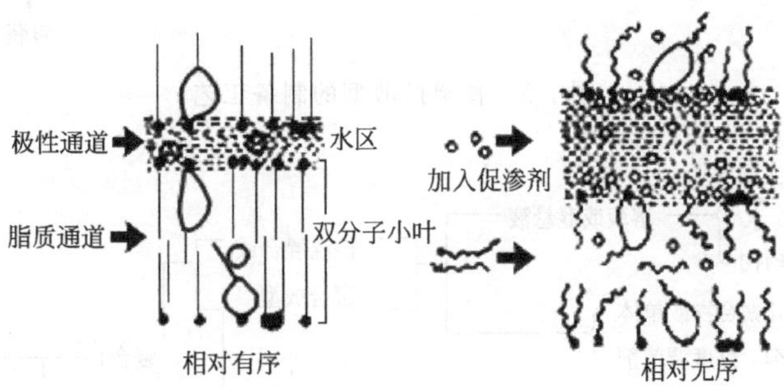


图 7-6　渗透促进剂的作用机理

2. 经皮吸收制剂的制备

（1）经皮吸收制剂的制备工艺　见图 7-7～图 7-10。

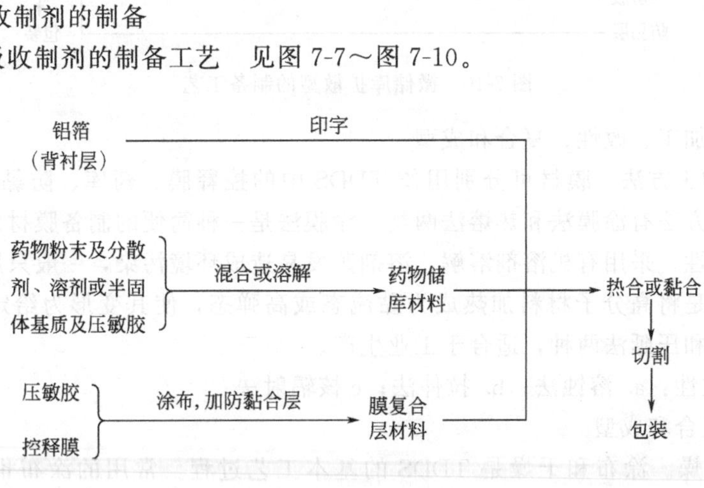


图 7-7　经皮吸收制剂膜控释型的制备工艺

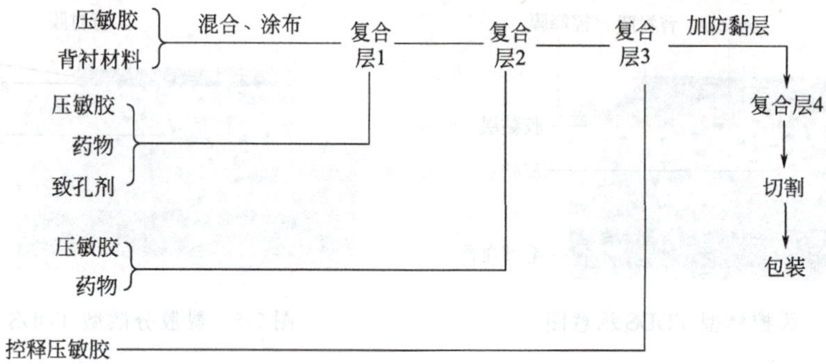


图 7-8　经皮吸收制剂黏胶分散型的制备工艺

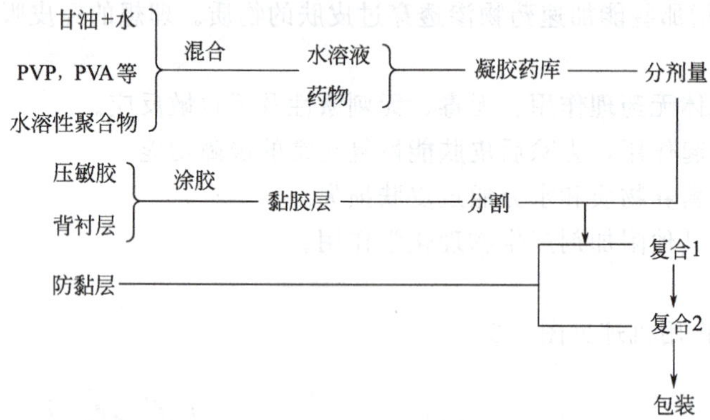


图 7-9　骨架扩散型的制备工艺

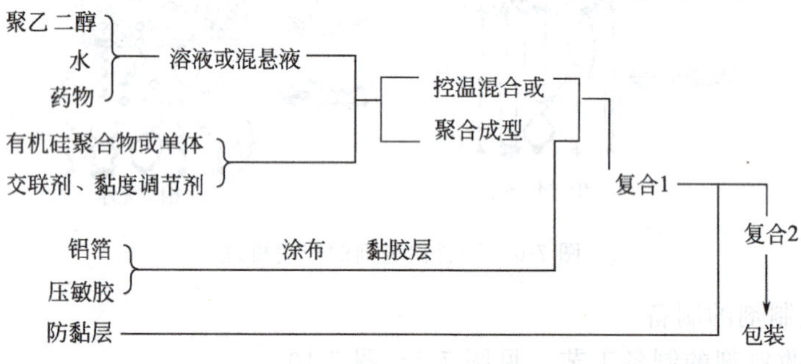


图 7-10　微储库扩散型的制备工艺

(2) 膜材的加工、改性、复合和成型

① 膜材的加工方法。膜材可分别用作 TDDS 中的控释膜、药库、防黏膜和背衬层等。膜材的常用加工方法有涂膜法和热熔法两类。涂膜法是一种简便的制备膜材的方法，高分子材料多为水不溶性，采用有机溶剂溶解，溶剂蒸发易造成环境污染，一般只用于实验室小量制备。热熔成膜是将高分子材料加热成为黏流态或高弹态，使其变形为给定尺寸膜材的方法，包括挤出法和压延法两种，适合于工业生产。

② 膜材的改性：a. 溶蚀法；b. 拉伸法；c 核辐射法

③ 膜材的复合和成型

a. 涂布和干燥。涂布和干燥是 TDDS 的基本工艺过程。常用的涂布也有压敏胶溶液（或混悬液）、药库溶液（或混悬液）或其他成膜溶液和防黏纸上的硅油等。将涂布溶液涂布在相应的材料上，如铝箔、膜材或防黏材料上，干燥除去溶剂即得。

b. 复合。把各个层次复合在一起就形成了多层的 TDDS，如膜控释型的硝酸甘油 TDDS，系将涂布有压敏胶层的控释膜先与防黏纸黏合，然后通过压热法使控释膜的边缘与铝箔上的复合聚乙烯层熔合。对于骨架型和黏胶型 TDDS，大多采用黏合的方式复合。如对于多层黏胶型系统，是把涂布在不同基材上的压敏胶层相对压合在一起，移去一侧基材，就得到具双层压敏胶结构的涂布面，重复该过程，将第三层压合在上述双层上，直至全部复合工艺完成。

## 三、靶向制剂

### （一）靶向制剂的定义

靶向制剂亦称靶向给药系统（TDS），是指载体将药物通过局部给药或全身血液循环而选择性地浓集定位于靶组织、靶器官、靶细胞或细胞内结构的局部给药系统。最直接的靶器官给药方式是输入泵动脉给药，即由微渗泵将药物直接注入相应靶组织的供血动脉。见图 7-11。

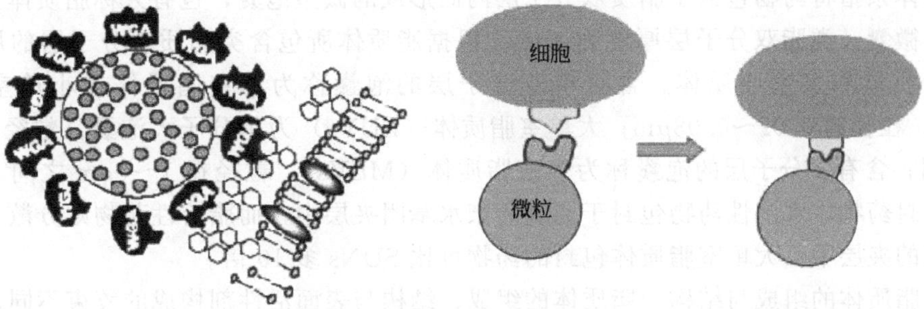


图 7-11　靶向制剂的作用原理

### （二）靶向制剂的意义

可提高药效，降低毒副作用，提高药品的安全性、时效性、可靠性和患者的顺从性；具体来讲，靶向制剂可以解决以下问题：①药剂学方面的稳定性低与溶解度小；②生物药剂学方面的低吸收或生物不稳定性（酶、pH 值等）；③药物的生物半衰期短和分布面广缺乏特异性；④药物的治疗指数（中毒剂量和治疗剂量之比）低。

### （三）靶向制剂的分类

药物的靶向按到达的部位可分为三级：第一级指到达特定的靶组织或靶器官；第二级指到达特定的细胞；第三级指到大细胞内的特定部位。靶向制剂从方法上分类，大体可分为以下三类。

1. 被动靶向制剂

利用液晶、液膜、脂质、类脂质、蛋白质、生物材料等作为载体，将药物包裹或嵌入其中制成的各类胶体或混悬微粒系统，即自然靶向制剂。被动靶向的微粒经静脉注射后，这些微粒的粒径选择性地聚集于肝、脾、肺或淋巴等部位。其在体内的分布取决于微粒的粒径，小于 100nm 的纳米囊与纳米粒可缓慢积聚于骨髓；小于 3$\mu$m 时可被肝、脾中的巨噬细胞摄取；小于 7$\mu$m 的微粒通常被肺的最小毛细血管床以机械滤过方式截留，被单核白细胞摄取进入肺组织或肺气泡。除粒径外，微粒表面性质如荷电对分布也起着重要作用。

被动靶向制剂主要有脂质体、乳剂（微乳和复乳）、微球、纳米囊和纳米球等。

2. 主动靶向制剂

主动靶向制剂是修饰的药物载体作为“导弹”，将药物定向地运送到靶区浓集发挥药效。如载药微粒表面经修饰后，不被巨噬细胞识别、或因连接有特定的配体可与靶细胞的受体集合，或连接单克隆抗体成为免疫微粒等原因，而能避免巨噬细胞的摄取，防止在肝内浓集，改变了微粒在体内的自然分布而到达特定的靶部位；亦可将药物修饰成前体药物，即能在活性部位被激活的药理惰性物，在特定靶区激活发挥作用。

主动靶向制剂包括：经过修饰的药物载体及前体药物两大类制剂。修饰的药物载体有修饰脂质体、长循环脂质体、免疫脂质体、修饰微球、修饰微乳、修饰纳米囊和纳米球、免疫纳米球；前体药物包括抗癌药及其他前体药物、脑部位和结肠部位的前体药物等。

3. 物理化学靶向制剂

用某些物理化学方法使靶向制剂在特定部位发挥药效。物理化学靶向制剂包括：磁性靶向制剂、栓塞靶向制剂、热敏靶向制剂、pH 敏感靶向制剂等。

**(四）被动靶向制剂**

这类靶向制剂主要有脂质体、乳剂（微乳和复乳）、微球、纳米囊和纳米球等。

1. 脂质体

脂质体系指将药物包封于脂质双分子层内而形成的微型泡囊，也有人称脂质体为类脂小球或液晶微囊。类脂双分子层厚度为 4nm。根据脂质体所包含类脂质双分子层的层数，分为单室脂质体和多室脂质体。含有单双分子层的泡囊称为单室脂质体或小单室脂质体（SUVs)，粒径约 0.02～0.08μm；大单室脂质体（LUVs）为单分子大泡囊，粒径在 0.1～1μm 之间；含有多分子层的泡囊称为多室脂质体（MLVs)，粒径在 1～5μm 之间。其中每层均可包封药物，水溶性药物包封于泡囊的亲水基团夹层中，而脂溶性药物则分散于泡囊的疏水基团的夹层中。大单室脂质体包封的药物可比 SUNs 多 10 倍。

(1）脂质体的组成与结构　脂质体的组成、结构与表面活性剂构成的胶束不同，后者是由单分子层所组成，而脂质体由双分子层所组成。脂质体的组成成分是由磷脂为膜及附加剂组成。如把脂质的醇溶液倒入水面，醇很快地溶于水中，而类脂分子则排列在空气-水的界面上，极性部分在水内，而非极性部分则伸向空气中，类脂分子在空气-水界面上布满后，则转入水中，被水完全包围时，其极性基团面向外侧的水相，而非极性的烃基彼此面对面形成板状双分子层或球状。

磷脂为两性物质，含有一个磷酸基和一个季铵盐，均为亲水性基团，还有两个较长的烃基为疏水链。胆固醇亦属于两亲性物质，其结构中亦有疏水与亲水两种基团，其疏水性较亲水性强。用磷脂与胆固醇作脂质体的膜材料时，必须用有机溶剂先将其配成溶液，然后蒸发除去有机溶剂，在器壁上形成均匀的薄膜，此薄膜是由磷脂与胆固醇混合分子相互间隔定向排列的双分子层所组成。

当薄膜形成后，加入磷酸盐缓冲溶液震荡或搅拌即可形成单室或多室的脂质体。在不断搅拌中，使水膜中容纳大量的水溶性药物，而脂溶性药物则结合于双分子层的疏水链部分。磷脂分子形成脂质体时，两条疏水链指向内部，亲水基在膜的内外两个表面上，磷脂双层构成一个封闭小室，内部包含水溶液，小室中水溶液被磷脂双层包围而独立，磷脂双室形成泡囊又被水相介质分开。脂质体可以是单层的封闭双层结构，也可以是多层的封闭双层结构。见图 7-12、图 7-13。

(2）脂质体的特点　脂质体有包封脂溶性药物或水溶性药物的特性，药物自脂质体包封后其主要特点如下。

① 靶向性和淋巴定向性。

② 缓解性。许多药物在体内由于迅速代谢或排泄，故作用时间短。将药物包封成脂质体，可减少肾排泄和代谢而延长药物在血液中的滞留时间，使药物在体内缓慢释放，从而延长了药物的作用时间。

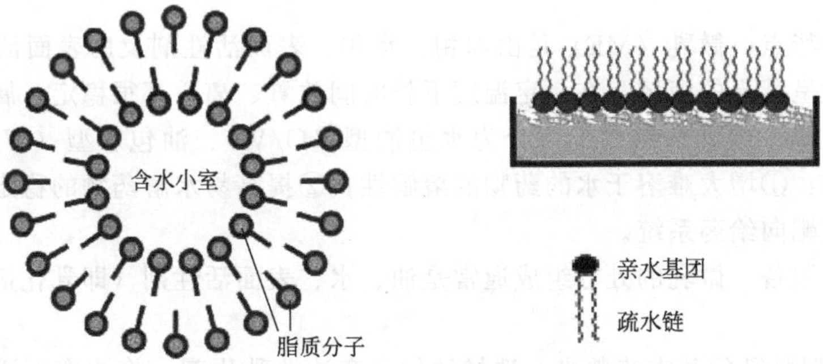


图 7-12　脂质体结构示意图（一）

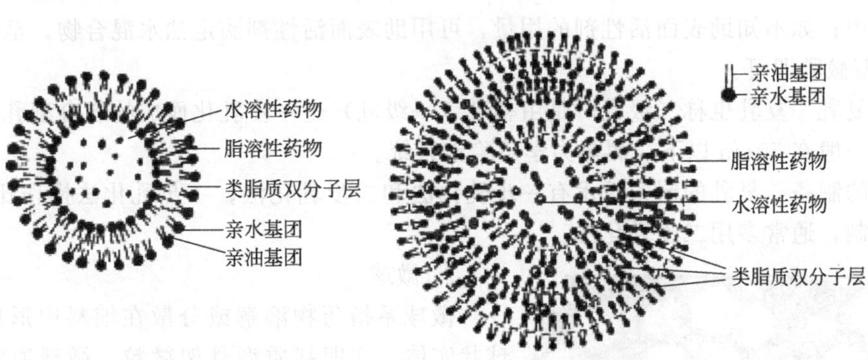


(a) 单室脂质体结构　　(b) 多室脂质体结构

图 7-13　脂质体结构示意图（二）

③ 细胞亲和性与组织相容性。
④ 降低药物毒性。
⑤ 提高药物稳定性。

（3）脂质体的制备方法　见表 7-6。

**表 7-6　脂质体的制备方法**

| 制备方法 | 制 备 工 艺 |
|---|---|
| 薄膜分散法 | 将磷脂、胆固醇等类脂质及脂溶性药物溶于氯仿（或其他有机溶剂）中，然后将氯仿溶液在玻璃瓶中旋转蒸发，使在烧瓶内壁上形成薄膜；将水溶性药物溶于磷酸盐缓冲液中，加入烧瓶中不断搅拌，即得脂质体。此法称为薄膜分散法 |
| 注入法 | 将磷脂与胆固醇等类脂质及脂溶性药物共溶于有机溶剂中（一般多采用乙醚）；然后将此药液经注射器缓缓注入加热至 50～60℃（磁力搅拌下）的磷酸盐缓冲液（可含有水溶性药物）中，加完后，不断搅拌至乙醚除尽为止，即制得脂质体，其粒径较大，不适宜静脉注射。再将脂质体混悬液通过高压乳匀机 2 次，则所得的成品，大多为单室脂质体，少数为多室脂质体，粒径绝大多数在 2μm 以下 |
| 超声波分散法 | 将水溶性药物溶于磷酸盐缓冲液，加入磷脂、胆固醇与脂性药物共溶于有机溶剂的溶液，搅拌蒸发除去有机溶剂，残液经超声波处理，然后分离出脂质体，再混悬于磷酸盐缓冲液中，制成脂质体混悬型注射剂。凡经超声波分散的脂质体混悬液，绝大部分为单室脂质体 |
| 逆相蒸发法 | 逆向蒸发法系将磷脂等膜材溶于有机溶剂如氯仿、乙醚中，加入待包封药物的水溶液［水溶液：有机溶剂＝(1∶3)～(1∶6)］进行短时超声，直到形成稳定的 W/O 型乳剂，然后减压蒸发除去有机溶剂，达到胶态后滴加缓冲液，旋转使器壁上的凝胶脱落，室温减压下继续蒸发，制得水溶性混悬液，通过凝胶色谱法或超速离心法，除去未包入的药物，即得大单室脂质体。本法特点是包封的药物量大，体积包封率可大于超声波分散法的 30 倍，适合于包封水溶性药物及大分子生物活性物质如各种抗生素、胰岛素、免疫球蛋白、碱性磷脂酶、核酸等 |
| 冷冻干燥法 | 将磷脂经超声处理高度分散于缓冲盐溶液中，加入冻结保护剂（如甘露醇、葡萄糖、海藻酸等）冷冻干燥后，再将干燥物分散到含药物的缓冲盐溶液或其他水性介质中，即可形成脂质体，此法适合包封对热敏感的药物，如环磷酰胺脂质体 |

2. 乳剂

(1) 微乳的特点 微乳（ME）是由油相、水相、表面活性剂及助表面活性剂组成的一种外观澄明或微呈乳光的液体，在一定温度下长时间放置、离心都很稳定，属热力学及动力学都很稳定的系统。微乳从结构上可分为水包油型（O/W）、油包水型（W/O）及双连续型。其优点包括：①增大难溶于水的药物的溶解性；②提高易水解药物的稳定性；③可作为缓释给药系统或靶向给药系统。

(2) 微乳的制备 微乳的处方组成通常是油、水、表面活性剂（即乳化剂）和助表面活性剂。

制备 O/W 型微乳的基本步骤是：选择油相及亲油性乳化剂，将该表面活性剂溶于油相中。在搅拌下将溶有表面活性剂的油相加入水相中，如已知助表面活性剂的用量，则可将其加入水相中；如不知助表面活性剂的用量，可用助表面活性剂滴定油水混合物，至形成透明的 O/W 型微乳即可。

(3) 复乳 复乳也称二级乳，是由初乳（一级乳）进一步乳化而成的复合型乳剂，复乳乳滴粒径一般在 50μm 以下，属热力学不稳定系统。

复乳的制备：复乳的制备技术有一步乳化法和二步乳化法，一步乳化法操作比较简单，但不易控制，通常多用二步乳化法。

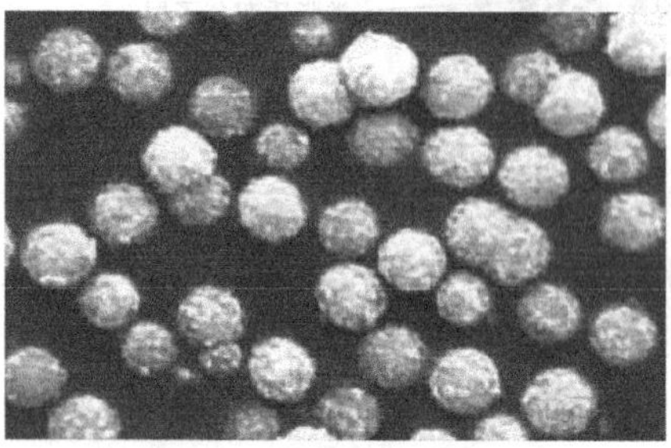

图 7-14 脲醛树脂磁性微球

3. 微球

微球系指药物溶解或分散在辅料中形成的微小球状实体，亦即基质型骨架微粒。微球通常粒径在 1～250μm 之间。药物制成微球后的主要特点为：①缓释长效；②起靶向作用。靶向微球的材料多数是生物降解材料如蛋白类（明胶等）、糖类（葡聚糖、壳聚糖等）、合成聚酯类（如聚乳酸、丙交酯乙交酯共聚物等）。见图 7-14。

微球的制备：若药物能溶解或分散在材料溶液中，就可用于制备微球。

① 乳化-固化法。

② 喷雾干燥法制备。

③ 液中干燥法制备。

4. 纳米囊和纳米球

纳米囊属药库膜壳型，纳米球属基质骨架型，它们均是高分子物质组成的固态胶体粒子，粒径多在 10～1000nm 范围内，可分散在水中形成近似胶体溶液。注射纳米囊或纳米球不易阻塞血管，可靶向肝、脾和骨髓。纳米囊或纳米球（见图 7-15）亦可由细胞内或细胞间穿过内皮壁到达靶部位。例如注射用的胰岛素纳米囊，平均粒径 101nm，靶向于肝脏。

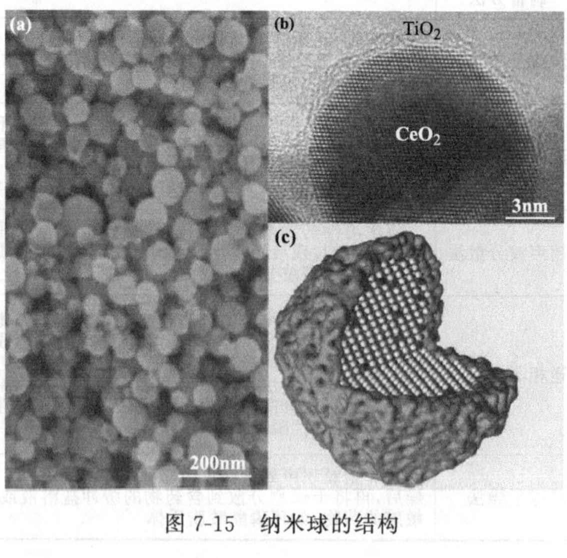


图 7-15 纳米球的结构

纳米囊和纳米球具有缓释、靶向、

保护药物、提高疗效和降低毒副作用等优点。

制备纳米囊和纳米球的方法有乳化聚合法、液中干燥法、胶束聚合法、盐析固化法和界面聚合法等五种。

**(五) 主动靶向制剂**

主动靶向制剂包括经过修饰的药物载体及前体药物两大制剂。修饰的药物载体有修饰的脂质体、长循环脂质体、免疫脂质体、修饰微球、修饰纳米球、修饰微乳、免疫纳米球等；前体药物包括抗癌药、脑部位前体药物和结肠部位的前体药物等。

1. 修饰的药物载体

(1) 修饰的脂质体

① 长循环脂质体。

② 免疫脂质体。

(2) 修饰的微球

(3) 修饰的纳米球

2. 前体药物

前体药物是活性药物衍生而成的药物惰性物质，能在体内经化学反应或酶反应，使活性母体药物再生而发挥其治疗作用。欲使前体药物在特定的靶部位再生为母体药物，基本条件是：①使前体药物转化的反应物或酶均应仅在靶部位才存在或表现出活性；②前体药物能同药物的受体充分接近；③酶需有足够的量以产生足够量的活性药物；④产生的活性药物应能在靶部位滞留，而不漏入循环系统产生毒副作用。有的前体药物或者由于不够稳定，或者由于在体内转运受到阻碍，为了提高稳定性和运转能力，可制备其衍生物，称为双重前体药物(proprodrug)。

常用的前体药物的类型如下。

(1) 抗癌药前体药物　某些抗癌药制成磷酸酯或酰胺类前体药物可在癌细胞定位，因为癌细胞比正常细胞含较高浓度的磷酸酯酶和酰胺酶；若干肿瘤能产生大量的纤维蛋白溶酶原活化剂，可活化血清纤维蛋白溶酶原成为活性纤维蛋白溶酶，故将抗癌药与合成肽联结，成为纤维蛋白溶酶的底物，可在肿瘤部位使抗癌药再生。

(2) 脑部靶向前体药物　只有强脂溶性药物可穿过血脑屏障，而强脂溶性前体药物对其他组织的分配系数也很高，从而引起明显的毒副作用。故必须采取一定措施，使药物尽量在脑部发挥作用。如口服多巴胺的前体药物 L-多巴胺，进入脑部纹状体的 L-多巴经再生可起治疗作用，但进入外围组织的药再生后却可引起许多不良反应。要降低毒副作用，可应用抑制剂（芳香氨基脱羧酶，如卡比多巴），抑制剂使外围组织中的 L-多巴再生受到抑制，不良反应降低，而卡比多巴不能进入脑部，故不会妨碍 L-多巴胺在脑部的再生。

(3) 结肠靶向前体药物　口服结肠定位给药系统（OCSDDS）可避免口服药物在消化道上段的破坏或释放，而到人体结肠释药发挥局部或全身治疗作用。结肠释药对治疗结肠局部病变（如 Crohn 病、溃疡性结肠炎、结肠癌等）特别有用，而在胃肠道上段易降解的肽类和蛋白质类药物，均可制成 OCSDDS 使用。

糖皮质激素类抗肠炎药的全身毒性较大，可制成靶向性前体药物。如将抗炎药对联苯醋酸同 α-C 戊 YD、β-CYD、γ-CYD 中的羟基酯化形成前体药物。

(4) 其他前体药物　如戊环尿苷与月桂酸酰氯和棕榈酰氯分别生成亲脂性前体药物——戊环尿苷月桂酸酯和戊环尿苷棕榈酸酯，再分别制成脂质体。体外抗疱疹病毒实验表明，前体药物进入细胞的量增加，从而使抗病毒的能力增强。

### （六）物理化学靶向制剂

1. 磁性靶向制剂

磁性靶向制剂的制备：磁性微球或磁性纳米囊可用一步法或两步法制备，一步法是在成球前加入磁性物质，聚合物将磁性物质包裹成球；两步法先制成微球，再将微球磁化。

2. 栓塞靶向制剂

制备方法主要有乳化-液中干燥法和乳化-化学交联法等。栓塞复乳的制备一般先将药物制成微球，然后再制成复乳。如阿霉素白蛋白微球（AD-S），与碘油及50%泛影葡胺注射液制成阿霉素白蛋白微球碘油复乳（AD-S/O/W）。经犬肝动脉插管试验，以阿霉素碘油乳作对照，结果显示，复乳组在体内的作用时间显著延长。复乳组脾、心、肾、肺的药物浓度低于对照组，可降低阿霉素的毒副作用。

3. 热敏靶向制剂

（1）热敏脂质体　利用相变温度不同可制成热敏脂质体。将不同比例类脂质的二棕榈酸磷脂（DPPC）和二硬脂酸磷脂（DSPC）混合，可制得不同相变温度的脂质体，在相变温度时，可使脂质体的类脂质双分子层从胶态过渡到液晶态，增加脂质体膜的通透性，此时包封的药物释放速率亦增大，而偏离相变温度时则释放减慢。

（2）热敏免疫脂质体　在热敏脂质体膜上将抗体交联，可得热敏免疫脂质体，在交联抗体时，可完成对水溶性药物的包封。这种脂质体同时具有物理化学靶向与主动靶向的双重作用，如阿糖胞苷热敏免疫脂质体等。

4. pH 敏感的靶向制剂

该类靶向制剂主要有 pH 敏感脂质体和 pH 敏感的口服结肠定位给药系统。

pH 敏感脂质体：利用肿瘤组织液的 pH 值比周围正常组织显著低的特点，设计了 pH 敏感脂质体。这种脂质体在低 pH 值范围内可释放药物，通常采用对 pH 敏感的类脂如 DPPC、十七烷酸磷脂为类脂质膜，其原理是 pH 降低时，可导致脂肪酸羧基的质子化形成六方晶相的非相层结构而使膜融合加速释药。

## 模块二　阿莫西林凝胶骨架片的制备

### 一、药剂生产新技术操作实践

### （一）处方筛选

| $Rp_1$ | 200 片用量(g) | $Rp_2$ | 200 片用量(g) |
|---|---|---|---|
| 阿莫西林 | 50 | 阿莫西林 | 50 |
| HPMC K4M | 10 | HPMC K15M | 10 |
| 乳糖 | 12 | 乳糖 | 12 |
| 磷酸氢钙 | 14 | 磷酸氢钙 | 14 |
| 2%HPMC | QS | 2%HPMC | QS |
| 0.4%微粉硅胶 | QS | 0.4%微粉硅胶 | QS |
| $Rp_3$ | 200 片用量(g) | $Rp_4$ | 200 片用量(g) |
| 阿莫西林 | 50 | 阿莫西林 | 50 |
| HPMC K100M | 10 | Carbopol 974 | 8 |
| 乳糖 | 12 | 乳糖 | 12 |
| 磷酸氢钙 | 14 | 磷酸氢钙 | 14 |
| 2%HPMC | QS | 2%HPMC | QS |
| 0.4%微粉硅胶 | QS | 0.4%微粉硅胶 | QS |

**（二）制备工艺**

将阿莫西林按以上处方与 HPMCK4M、K15M、K100M 分别混匀（含 Carbopol 974 处方 $Rp_4$ 可采用辅料混匀后，直接粉末压片），依次分别加入乳糖、磷酸氢钙等辅料，过 40 目不锈钢筛混合 3～4 次。用 2%HPMC 制软材，过 16 目尼龙筛制粒，置 45～50℃烘箱中干燥 3～4h，整粒，加入润滑剂压片，压力 6～8kgf/$cm^2$。

## 二、综合实训　凝胶骨架片的制备

<table>
<tr><td>实践目的<br>1. 进一步熟悉凝胶骨架片剂制备岗位操作。<br>2. 能正确使用制粒设备。<br>3. 能掌握制粒、压片过程中的质量控制。</td><td>学时：4</td></tr>
<tr><td colspan="2">工作任务描述<br>利用已掌握的粉碎、混合、筛分等技能，正确操作，采用直接粉末压片和湿法制粒法制备缓释制剂。</td></tr>
<tr><td colspan="2">媒体条件<br>1. 药物制剂实训室、校内生产基地。<br>2. 多媒体设备、20B 型万能粉碎机、S365 旋振筛、V 形混合机、不锈钢盆、托盘、天平等。<br>3. 各种资料（常用药物制剂设备使用说明等）、PPT、视频、影像资料、教材、相关图书、网上资源、网络课程等。<br>4. 实践材料：阿莫西林，HPMC K100M、K4M、K15M，Carbopol 974、乳糖、磷酸氢钙、2%HPMC、0.4%微粉硅胶。</td></tr>
<tr><td colspan="2">具体任务内容<br>1. 根据工作任务获取学习信息，获得相关知识。<br>（1）分析四个处方的异同点，总结制备过程中的注意事项。<br>（2）根据四个处方的异同点设计制备方案。<br>（3）湿法制粒法制备颗粒，再压制成片。<br>（4）直接压片法制备缓释片剂。<br>2. 根据学习资料制订工作计划，完成工作计划。<br>3. 按照工作计划，遵守相关规定，独立完成每一个工作步骤，并进行记录、归档，和提交报告。</td></tr>
<tr><td colspan="2">对学生的要求<br>1. 积极沟通，广泛收集各种资料，不得随意损坏和丢失信息资料。<br>2. 遵守课堂纪律，上课认真做好计划和记录，服从指挥。<br>3. 积极主动、按时完成工作任务，配合组长与老师的工作。<br>4. 自学好问、仔细观察、认真分析、制作精细。<br>5. 检查评价认真、公平、全面。</td></tr>
</table>

**考核标准**

| 实践项目：凝胶骨架片的制备 | | | 学时：4 |
|---|---|---|---|
| 实践目的<br>1. 进一步熟悉凝胶骨架片剂制备岗位操作。<br>2. 能正确使用制粒设备。<br>3. 能掌握制粒、压片过程中的质量控制。 | | | |
| 序号 | 考核内容 | 考核标准 | 参考分值 |
| 1 | 学习与工作态度 | 态度端正，学习方法多样，课堂认真，积极主动，责任心强，全部出勤。 | 5 |
| 2 | 团队协作 | 服从安排，积极与小组成员合作，共同制订工作计划，共同完成工作任务。 | 5 |
| 3 | 实训计划制订 | 有工作计划，计划内容完整，时间安排合理，工作步骤正确。 | 5 |
| 4 | 实训记录 | 实训记录单设计合理，完成及时，记录完整，结果分析正确。 | 5 |
| 5 | 能以标准操作规程进行粉碎、筛分和混合操作 | 严格按操作规程进行粉碎、筛分和混合操作，完毕后按要求清场。 | 15 |
| 6 | 能以标准操作规程进行制粒操作 | 严格按操作规程进行制粒操作，完毕后按要求清场。 | 20 |
| 7 | 能以标准操作规程进行压片操作 | 严格按操作规程进行压片操作，完毕后按要求清场。 | 15 |
| 8 | 设备的使用与维护 | 熟练使用和清洗粉碎机、旋振筛、V形混合机，对出现的小故障可进行简单的维修。 | 5 |
| 9 | 排除设备运行过程中出现的一般故障 | 能排除生产所用设备运行过程中出现的故障，处理方法正确。 | 10 |
| 10 | 任务训练单 | 对老师布置的训练单，能及时上交，正确率在90%以上。 | 5 |
| 11 | 方法能力 | 能利用各种资源快速查阅获取所需知识，问题提出明确，表达清晰，有独立分析问题和解决问题的能力。 | 5 |
| 12 | 问题思考 | 开动脑筋，积极思考，提出问题，并对工作任务完成过程中的问题进行分析和解决。 | 5 |
| 13 | 合　计 | | 100 |

## 单元要点

1. 缓释制剂与控释制剂的分类：骨架型缓释、控释制剂，膜控型缓释、控释制剂，渗透泵控释制剂，多层缓释、控释片，注射控释制剂，植入型缓释、控释制剂，经皮给药系统和脉冲式释药系统或自调式释药系统。

2. 缓释制剂与控释制剂释药机理：溶出原理，扩散原理，溶蚀与扩散、溶出结合，渗透压原理和离子交换作用。

3. 缓释制剂与控释制剂的制备工艺：骨架型缓释、控释制剂的制备工艺，膜控释型缓释、控释制剂的制备工艺，渗透泵片的制备工艺。

4. 经皮吸收制剂的分类：膜控释型，黏胶分散型，骨架扩散性和微储库型。

5. 经皮吸收制剂的制备工艺：经皮吸收制剂膜控释型的制备工艺，经皮吸收制剂黏胶分散型的制备工艺，骨架扩散型的制备工艺和微储库扩散型的制备工艺。

6. 靶向制剂的分类：被动靶向制剂，主动靶向制剂和物理化学靶向制剂。

7. 被动靶向制剂主要有脂质体、乳剂（微乳和复乳）、微球、纳米囊和纳米球等。

8. 主动靶向制剂包括经过修饰的药物载体及前体药物两大制剂。修饰的药物载体有修饰的脂质体、长循环脂质体、免疫脂质体、修饰微球、修饰纳米球、修饰微乳、免疫纳米球等；前体药物包括抗癌药、脑部位前体药物和结肠部位的前体药物等。

9. 物理化学靶向制剂主要有磁性靶向制剂，栓塞靶向制剂，热敏靶向制剂，pH 敏感的靶向制剂等。

## 目标检测

一、填空题

1. 膜控片的包衣增塑剂主要为（　　）、（　　）、（　　）和（　　）等；致孔剂为（　　）、（　　）和（　　）等。

2. 常用的经皮渗透促进剂可分为如下几类：（　　）、（　　）、（　　）（　　）、（　　）和（　　）。

3. 脂质体的主要组成是磷脂，它的（　　）指向内部，（　　）在膜的内外两个表面上，磷脂双层构成一个（　　），内部包含（　　）。

4. 常用于制备脂质体的方法有（　　）、（　　）、（　　）和（　　）。

5. 常用乳化设备有（　　）、（　　）、（　　）、（　　）和（　　）。

二、选择题

（一）单选题

1. 关于缓控释制剂叙述错误的是（　　）

A. 缓释制剂系指在用药后能在较长时间内持续释放药物以达到延长药效目的的制剂

B. 控释制剂系指药物能在设定的时间内自动地以设定的速度释放的制剂

C. 口服缓（控）释制剂，药物在规定溶剂中，按要求缓慢地非恒速释放药物

D. 对半衰期短或需频繁给药的药物，可以减少服药次数

E. 使血液浓度平稳，避免峰谷现象，有利于降低药物的毒副作用

2. 下列哪种药物适合制成缓控释制剂（　　）

A. 抗生素　　B. 半衰期小于 1h 的药物

C. 药效剧烈的药物　　D. 吸收很差的药物

E. 氯化钾

3. 制备口服缓控释制剂，不可选用（　　）

A. 制成胶囊　　B. 用蜡类为基质做成溶蚀性骨架片

C. 用PEG类作基质制备固体分散体　　　　D. 用不溶性材料作骨架制备片剂

E. 用EC包衣制成微丸，装入胶囊

4. 关于渗透泵型控释制剂，错误的叙述为（　）

A. 渗透泵型片剂与包衣片剂很相似，只是在包衣片剂的一端用激光开一细孔，药物由细孔流出

B. 渗透泵型片剂的释药速度与pH无关，在胃内与肠内的释药速度相等

C. 半渗透膜的厚度、渗透性、片芯的处方、释药小孔的直径是制备渗透泵的关键

D. 渗透泵型片剂以零级释药，为控释制剂

E. 渗透泵型片剂工艺较难，价格较贵

5. 脂质体的制备方法不包括（　）

A. 注入法　　B. 薄膜分散法　　C. 复凝聚法

D. 逆相蒸发法　　E. 冷冻干燥法

（二）多选题

1. 骨架型缓、控释制剂包括（　）

A. 骨架片　　B. 压制片　　C. 泡腾片

D. 生物黏附片　　E. 骨架型小丸

2. 下列属于控制溶出为原理的缓控释制剂的方法（　）

A. 制成溶解度小的盐　B. 控制粒子大小　　C. 制成微囊

D. 制成不溶性骨架片　E. 制成乳剂

3. 经皮吸收制剂的基本组成中包括（　）

A. 吸水层　　B. 药物储库　　C. 控释膜

D. 黏附层　　E. 保护层

4. TDDS中下列哪些可作为渗透促进剂（　）

A. 表面活性剂　　B. DMSO　　C. Azone

D. CMS-Na　　E. 丙二醇

5. 脂质体的特点（　）

A. 具有靶向性　　B. 具有缓释性　　C. 具有细胞亲和性与组织相容性

D. 增加药物毒性　　E. 降低药物稳定性

三、问答题

1. 植入给药系统的特点是什么？

2. 试述制备微储库型经皮吸收制剂的基本工艺。

3. 试简述明胶微球的制备工艺？

4. 前体药物的基本条件有哪些？试简述前体药物的主要类型。

**答案：**

一、填空题

1. 聚乙二醇、蓖麻油、邻苯二甲酸二乙酯、柠檬酸三乙酯、PVP、PVA、HPMCCMC-Na

2. 有机酸或脂肪醇类、表面活性剂、月桂氮䓬酮、醇类化合物、角质保湿剂、其他渗透促进剂

3. 疏水性、亲水基、封闭小室、水溶液

4. 注入法、薄膜分散法、超声波法、逆相蒸发法

5. 电动搅拌器、胶体磨、高压乳匀机、高速搅拌器、超声波

二、选择题

（一）单选题

1. C　2. E　3. C　4. A　5. C

（二）多选题

1. ADE　2. AB　3. BCDE　4. ABCE　5. ABCE

三、问答题

略

# 参 考 文 献


[1] 徐荣周，缪立德，薛大权，夏鸿林．药物制剂生产工艺与注解．北京：化学工业出版社，2008.
[2] 张健泓．药物制剂技术．北京：人民卫生出版社，2009.
[3] 李亚琴，周建平．药物制剂工程．北京：化学工业出版社，2008.
[4] 袁其明，赵会英．现代药物制剂技术．北京：化学工业出版社，2005.
[5] 张劲．药物制剂技术．北京：化学工业出版社，2005.
[6] 邓才彬，王泽．药物制剂设备．北京：人民卫生出版社，2009.
[7] 孙传瑜，张维洲．药物制剂设备．山东：山东大学出版社，2007.
[8] 奚念朱．药剂学．北京：人民卫生出版社，1995.
[9] 邓铁宏．中药药剂学．北京：中国中医药出版社，2006.
[10] 汪小根，刘德军．中药制剂技术．北京：人民卫生出版社，2009.
[11] 高宏．药剂学．北京：人民卫生出版社，2008.
[12] 胡兴娥，刘素兰．药剂学．北京：高等教育出版社，2006.
[13] 张琦岩，孙耀华．药剂学．北京：人民卫生出版社，2009.
[14] 凌沛学．药物制剂技术．北京：中国轻工业出版社，2007.
[15] 常忆凌．药剂学．北京：中国医药科技出版社，2008.
[16] 陈优生．药用辅料．北京：中国医药科技出版社，2009.
[17] 毕殿洲．药剂学．第4版．北京：人民卫生出版社，2001.
[18] 孙耀华，江丰．药剂学．北京：人民卫生出版社，2007.
[19] 孙耀华．药剂学．北京：人民卫生出版社，2006.
[20] 崔丽德．药剂学．北京：人民卫生出版社，2008.
[21] 张劲．药物制剂技术．北京：化学工业出版社，2005.
[22] 朱盛山．药物制剂工程．北京：化学工业出版社，2009.
[23] 朱世斌．药品生产质量管理工程．北京：化学工业出版社，2001.
[24] 杨凤琼．实用药物制剂技术．北京：化学工业出版社，2009.
[25] 王晓杰．药品质量管理．北京：化学工业出版社，2008.
[26] 胡英．生物药物制剂技术．北京：化学工业出版社，2010.